土木工程类专业应用型人才培养系列教材

PKPM实用教程

主　编　陶小委

副主编　马健华　刘海宽　李小争　宋崇阳
　　　　高卫亮　陶亚萍

主　审　姬程飞　薛　军

北京理工大学出版社
BEIJING INSTITUTE OF TECHNOLOGY PRESS

内 容 简 介

本书共分为8章。第1章建筑结构设计基础知识，主要讲述结构设计的基本概念、要素，建筑结构设计的步骤和基本原则；第2章PMCAD-结构平面计算机辅助设计，主要讲述PMCAD结构建模的基本步骤和操作方法；第3章荷载输入，主要讲述建筑结构恒、活荷载的确定和输入方法；第4章楼层组装，主要讲述楼层的组装步骤和方法；第5章上部结构计算-前处理及计算，解释了结构设计主要参数的含义及如何正确输入参数；第6章设计结果，主要讲述设计结果和文本查看主要内容及如何根据计算结果调整模型；第7章设计结果应用，主要讲述如何根据计算结果对结构构件进行配筋和绘制施工图；第8章JCCAD基础工程辅助设计软件，主要讲述基础模型的输入、计算结果输出和基础施工图的绘制。

本书可作为高等院校土木工程专业的教材，也可供从事土建类建筑设计及相关行业人员阅读参考。

版权专有 侵权必究

图书在版编目（CIP）数据

PKPM实用教程/陶小委主编．—北京：北京理工大学出版社，2020.11（2025.1重印）

ISBN 978－7－5682－9244－3

Ⅰ.①P…　Ⅱ.①陶…　Ⅲ.①建筑结构－计算机辅助设计－应用软件－教材　Ⅳ.①TU311.41

中国版本图书馆CIP数据核字（2020）第222988号

出版发行 / 北京理工大学出版社有限责任公司
社　　址 / 北京市海淀区中关村南大街5号
邮　　编 / 100081
电　　话 / （010）68914775（总编室）
（010）82562903（教材售后服务热线）
（010）68948351（其他图书服务热线）
网　　址 / http：//www.bitpress.com.cn
经　　销 / 全国各地新华书店
印　　刷 / 河北世纪兴旺印刷有限公司
开　　本 / 787毫米×1092毫米　1/16
印　　张 / 14
字　　数 / 371千字
版　　次 / 2020年11月第1版　2025年1月第2次印刷
定　　价 / 42.00元

责任编辑 / 陆世立
文案编辑 / 赵　轩
责任校对 / 刘亚男
责任印制 / 李志强

图书出现印装质量问题，请拨打售后服务热线，本社负责调换

前　言

本书是主要为土木工程专业房屋建筑方向学生编写的教材，内容包含软件的基本操作介绍、分析运行参数的解释及设计基本知识的介绍。学生通过 PKPM 软件对建筑结构进行建模、分析计算和施工图绘制后，不但可以综合应用大学阶段所学的相关知识，还可以为未来的工作做好准备。

本书根据最新版的 PKPM 结构软件，以最新的规范标准为基础，以结构软件为工作平台，用通俗易懂的方法向学生讲解新版 PKPM 结构软件的运行与使用。本书在编写过程中充分考虑了教学的要求，旨在讲清基本操作方法和概念，力求深入浅出，着重阐明基本建模步骤和分析运算基本参数的含义，不包罗万象，不拘泥细节，与工程建设相关规范精神保持一致。通过本书的学习，学生能尽快掌握 PKPM 结构软件的使用方法，并在建筑结构设计这一领域提高水平。

本书具体编写分工如下：黄河交通学院陶小委编写第 5 章；河南省交通科学技术研究院有限公司刘海宽编写第 1 章；黄河交通学院高卫亮编写第 2 章；黄河交通学院陶亚萍编写第 3 章、第 4 章；黄河交通学院李小争编写第 6 章；郑州地产集团投资管理有限公司宋崇阳编写第 7 章；黄河交通学院马健华编写第 8 章。全书由陶亚萍统稿，黄河交通学院姬程飞、机械工业第六设计研究院薛军主审。

在本书编写过程中，编者参阅了大量的规范和文献，并从中引用了部分资料，特此表示衷心感谢！限于编者理论水平，书中错误或不当之处在所难免，恳请读者批评指正。

编　者

目 录

第1章

建筑结构设计基础知识

★内容提要

本章主要内容包括建筑结构设计的概念、建筑结构设计的基本过程、建筑结构设计的基本原则及要求、PKPM 结构系列软件的简介。

★能力要求

通过本章的学习，学生应了解建筑结构设计的概念、建筑结构设计的依据，掌握建筑结构设计的内容及设计步骤；了解 PKPM 结构系列软件各模块的作用、熟悉 PKPM 软件常用的快捷键。

1.1 建筑结构设计概述

建造房屋，从拟订计划到建成使用，通常有编制计划任务书、选择和勘测地基、设计、施工及交付使用后的回访等几个阶段。房屋设计包括建筑设计、结构设计及施工组织设计等几个部分。本书内容主要针对结构设计这个阶段。

1.1.1 建筑结构设计的对象

建筑结构设计的对象就是结构工程师从建筑及其他专业图纸中所提炼简化出来的结构元素，包括墙、柱、梁、板、楼梯、基础等。这些结构元素用来构成建筑物或者构筑物的结构体系，包括水平承重结构体系、竖向承重结构体系及底部承重结构体系。

各结构体系的组成和主要作用如下：

(1) 水平承重结构体系通常是指房屋中的楼盖结构和屋盖结构，包含的主要结构元素为梁和板。水平承重结构体系将作用在楼盖、屋盖上的荷载传递给竖向承重结构。

(2) 竖向承重结构体系通常是指房屋中的框架、排架、刚架、剪力墙、筒体等结构，包含的主要结构元素为墙、柱。竖向承重结构体系将自身的质量及水平承重结构传来的荷载传递给基础和地基。

（3）底部承重结构体系通常是指房屋中的地基和基础。它们主要承受竖向结构传递来的荷载。

这三类承重结构的荷载传递关系如图 1-1 所示。

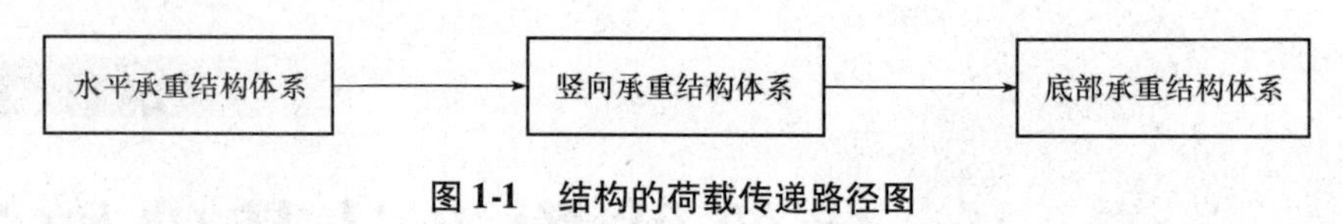

图 1-1　结构的荷载传递路径图

1.1.2　建筑结构的分类

建筑结构的分类有多种方法。

民用建筑按使用功能可分为居住建筑和公共建筑两大类。其中，居住建筑可分为住宅建筑和宿舍建筑。

民用建筑按地上建筑高度或层数进行分类应符合下列规定：

（1）建筑高度不大于27.0 m的住宅建筑、建筑高度不大于24.0 m的公共建筑及建筑高度大于24.0 m的单层公共建筑为低层或多层民用建筑。

（2）建筑高度大于27.0 m的住宅建筑和建筑高度大于24.0 m的非单层公共建筑，且高度不大于100.0 m的为高层民用建筑。

（3）建筑高度大于100.0 m为超高层建筑。

建筑结构按所用的材料不同可分为以下三种：

（1）混凝土结构：包括素混凝土结构、钢筋混凝土结构及预应力钢筋混凝土结构；

（2）钢结构：是指以钢材为主制作的结构；

（3）砌体结构：是指由块材（如烧结普通砖、硅酸盐砖、石材等）通过砂浆砌筑而成的结构。

建筑结构按其承重结构的类型又可分为以下七种：

（1）墙承重结构：用墙体来承受由屋顶、楼板传来的荷载的建筑，称为墙承重受力建筑，如砖混结构的住宅、办公楼、宿舍。

（2）排架结构：采用柱和屋架构成的排架作为其承重骨架，外墙起围护作用，单层厂房是典型排架结构。

（3）框架结构：以柱、梁、板组成的空间结构体系作为骨架的建筑。

（4）剪力墙结构：剪力墙结构的楼板与墙体均为现浇或预制钢筋混凝土结构，多被用于高层住宅楼和公寓建筑。

（5）框架-剪力墙结构：在框架结构中设置部分剪力墙，使框架和剪力墙两者结合起来，共同抵抗水平荷载的空间结构。

（6）筒体结构：框架内单筒结构、单筒外移式框架单筒结构、框架外筒结构、筒中筒结构和成组筒结构。

（7）大跨度空间结构：该类建筑往往中间没有柱子，而是通过网架等空间结构将荷载传递到建筑四周的墙、柱，如体育馆、游泳馆、剧场等。

1.1.3　建筑结构体系的选择

根据建筑类型来确定结构体系。结构体系的选择应考虑建筑功能要求、建筑的重要性、建筑所在场地的抗震设防烈度、地基主要持力层及其承载力、建筑场地的类别，以及建筑的功能和层数等。结构的布置应遵循以下原则：

（1）结构规则整体性好，受力可靠。在满足使用要求的前提下，结构便于施工、经济合理。平面布置和竖向布置尽可能简单、规则、均匀、对称。以避免发生突变，结构整体刚度和楼盖结构刚度大小合理。若刚度太小，则不符合规范要求。反之，则不经济。

结构的刚心与质心尽可能接近，两个主轴的动力特性相近，避免结构在风荷载或者水平向的地震作用下产生大的扭转效应。

抗侧力结构刚度和承载力沿竖向均匀变化，避免突变；沿平面布置均匀合理，利于结构整体性能和抗震延性的实现。

（2）荷载传递路线要明确，结构计算简图要简单且易于确定。重力荷载传递直接。楼盖结构布置应使重力荷载传递到竖向构件的路径最短。竖向构件的布置，尽量使其重力荷载作用下的压应力水平接近。

（3）水平荷载传递直接。整体抗侧力结构体系明确，传力直接。楼盖要具有一定的刚度和强度，有效地把作用在建筑物上的水平力传递给各竖向结构构件。

1.1.4　建筑结构分析方法

在结构分析时，宜根据结构类型、构件布置、材料性能和受力特点选择下列分析方法：

1. 线弹性分析方法

线弹性分析方法就是假定构件的受力和变形时满足线性变形的特点，并且假定变形是可恢复的一种变形方法。线弹性分析方法可用于结构的承载能力极限状态及正常使用极限状态的作用效应分析。

2. 考虑塑性内力重分布的分析方法

房屋建筑中的钢筋混凝土连续梁和连续单向板，宜采用考虑塑性内力重分布的分析方法。框架、框架－剪力墙结构的双向板，经过弹性分析求得内力后，也可对支座弯矩进行调幅，并相应地调整跨中弯矩值。按照塑性内力重分布方法设计的构件，还应满足正常使用极限状态的要求或按照规范的有关规定采取有效的构造措施。

3. 非线性分析方法

特别重要的或者受力状况特殊的大型杆系结构和二维、三维结构，必要时还应对结构的整体或其部分进行受力过程的非线性分析。

1.2　建筑结构设计过程

建筑结构设计过程大致可以分为方案设计阶段、结构初步设计阶段和施工图设计阶段。

1.2.1　方案设计阶段

1. 方案设计阶段目标

确定建筑物的整体结构可行性，柱、墙、梁的大体布置，以便建筑专业人员在此基础上对建筑结构进一步深化认识，形成一个各专业都可行、大体合理的建筑方案。

2. 方案设计阶段内容

（1）结构选型：结构体系及结构材料的确定，如混凝土结构几大体系（框架、框架－剪力墙、剪力墙、框架－筒体、筒中筒等）、混合结构、钢结构以及个别构件采用组合构件，等等。

（2）结构分缝：如建筑群或体型复杂的单体建筑，需要考虑是否分缝，并确定防震缝的宽度。

（3）结构布置：柱墙布置及楼面梁板布置。主要确定构件支承和传力的可行性和合理性。

（4）结构估算：根据工程设计经验采用手算估计主要柱、墙、梁的间距、尺寸，或构建概念模型进行估算。

1.2.2 结构初步设计阶段

1. 结构初步设计阶段目标

在方案设计阶段成果的基础上调整、细化，以确定结构布置和构件截面的合理性和经济性，以此作为施工图设计实施的依据。

2. 结构初步设计阶段内容

（1）结构各部位抗震等级的确定。

（2）计算参数选择（设计地震动参数、场地类别、周期折减系数、剪力调整系数、地震调整系数、梁端弯矩调整系数、梁跨中弯矩放大系数、基本风压、梁刚度放大系数、扭矩折减系数、连梁刚度折减系数、地震作用方向、振型组合、偶然偏心等）。

（3）混凝土强度等级和钢材类别。

（4）荷载取值（包括隔墙的密度和厚度）。

（5）振型数的取值（平扭耦联时取≥15，多层取 $3n$，大底盘多塔楼时取≥$9n$，n 为楼层数）。

（6）结构嵌固端的选择。输入正确的参数和结构信息后结构计算由计算软件进行，但是结构计算结果需要由结构设计人员根据自己的知识储备和结构设计经验进行判断。需要判断的内容：①地面以上结构的单位面积重度是否在正常数值范围内，数值太小可能是漏了荷载或荷载取值偏小，数值太大则可能是荷载取值过大，或活载该折减的没折减，计算时建筑结构面积务必准确取值；②竖向构件（柱、墙）轴压比是否满足规范要求：在此阶段轴压比必须严加控制；③楼层最大层间位移角是否满足规范要求：理想结果是层间位移角略小于规范值，且两个主轴方向侧向位移值相近；④周期及周期比；⑤剪重比和刚重比；⑥扭转位移比的控制；⑦有转换层时，必须验算转换层上下刚度比及上下剪切承载力比等。

1.2.3 施工图设计阶段

1. 施工图设计阶段目标

施工图设计阶段主要目标是满足施工要求，即在初步设计或技术设计的基础上，综合建筑、结构、设备各工种，相互交底、核实核对，深入了解材料供应、施工技术、设备等条件，把满足工程施工的各项具体要求反映在图纸中，做到整套图纸齐全统一，明确无误。

2. 施工图设计阶段内容

（1）结构计算：建筑及设备专业在初步设计基础上有修改、深化、调整，结构专业在该修改的基础上再完善模型并进行计算，确定各构件的截面尺寸和配筋。

（2）结构计算书：结构计算书应完整，包括荷载取值（从建筑做法到结构荷载，不仅仅是荷载简图），整体计算的输入输出信息（包括控制信息和简图），未含在整体电算内的构件计算、节点计算、连接计算等。

（3）图纸目录编排：应按图纸内容的主次关系、施工先后顺序，有系统、有规律地排列，排在前面的应是结构设计（或施工）总说明（含地下室结构总说明、钢结构总说明、平法变更等），继而是基础（平面及大样）、竖向构件（定位及配筋图）、楼层结构（模板、板配筋、梁配筋），最后是节点、楼梯、水池及其他。

（4）图幅控制及布图技巧：图纸目录的编排与图幅控制有关，图幅控制又与布图技巧有关，三者都应具有逻辑性和科学性。施工图最理想、最方便使用的图幅为 A1，其次是 A0，应尽量避免采用加长图。如 A1 容纳不了，可通过缩小画图比例（由 1∶100 改为 1∶150）或分块绘制（分块绘制时需在图纸右上角以小比例图示出分块在总平面上的位置），使图幅控制在理想图幅之内。布图技巧，一张图的内容应布置得疏密有序，布图不能过于饱满，也不能太空旷。如建筑平面狭长，宜将同一楼层的“模板平面图”与“楼板配筋平面图”在同一图幅的上、下或左、右位置画出；如建筑平面较小（如别墅之类），则可将若干楼层平面同处一张图中。

（5）文字说明：包括整个工程的结构设计总说明、地下室结构设计说明、钢结构设计说明、平法变更，以及每张图纸的特殊说明。结构设计总说明采用圆圈及局部填写形式，局部填写时要准确；具体图纸中的说明是特别说明，内容应简短，文字要简洁、准确，要特别注意其包容性。文字叙述的内容应是该图中极少数的特殊情况或者是具有代表性的大量情况。

（6）构件配筋：对于混凝土结构，各构件的用钢类别、钢筋直径、数量/间距都必须明确标出，对于组合构件或钢结构，必须标出型钢规格（必要时应给出图例）。

1.3　建筑结构设计的原则及要求

建筑结构设计的原则即指设计师在满足功能要求和建筑设计标准规范的基础上，使用当下最先进的技术，以最经济、合理、科学的方法进行设计。建筑结构的功能要求有安全性、适用性、耐久性。

1.3.1　安全性

在任何生产活动中，安全都是第一位的，对于建筑结构设计也不例外。建筑结构在使用的过程中会受到各种不同荷载的作用产生变形，有时会遭遇一些偶然事件，如强风、地震等自然现象的侵害。在这些外力的冲击下，建筑结构仍然要保持其整体的稳定性，不能因为局部的损坏导致坍塌断裂等。所以建筑结构设计一定要遵循安全性原则。

1.3.2　适用性

建筑的建设就是为了满足人们生活或者生产的需要，所以建筑结构在设计的时候，一定要考虑具备良好的适用性，这样才能达到最初建设的目的。适用性是指结构在正常使用期间具有良好的工作性能，如不发生影响正常使用的过大变形、振动，或产生让使用者感到不安的过大裂缝。

1.3.3　耐久性

建筑工程无论是工程量还是工程资金投入都比较庞大，所以，短期重建或重修是不可取的，这样会给国家造成巨大的经济损失。在建筑结构设计的时候要考虑使用年限的问题。也就是按照规定设计的建筑，在正常施工、使用一级维护的前提条件下，保证不需要进行大幅度的修整就可以达到预期的使用寿命。建筑结构的使用寿命一般为 50 年。

1.4 PKPM 结构系列软件简介

1.4.1 PKPM 结构系列软件概述

PKPM 结构系列软件是由中国建筑科学研究院研发的，该系统采用独特的人机交互输入方式，避免了填写烦琐的数据文件。输入时用鼠标或键盘在屏幕上勾画出整个建筑物。PKPM 结构系列软件有详细的中文菜单指导用户操作，并提供了丰富的图形输入功能，可有效地帮助输入。经过 30 多年的研发和升级换代，软件日臻完善，系统涵盖结构设计的各个方面，是国内最有影响力的结构设计软件，深受广大用户的青睐。PKPM 结构系列软件的操作界面，如图 1-2 所示。

图 1-2　PKPM 结构系列软件的操作界面

1.4.2 PKPM 结构系列软件的模块组成

PKPM 结构系列软件（V5.1.1 版本）包含了“结构”“砌体”“钢结构”“鉴定加固”“预应力”“工具工业”六个版块，每个版块下，又包含了若干模块。其中，“结构”版块，由“SATWE 核心的集成设计”“PMSAP 核心的集成设计”“Spas + PMSAP 集成设计”“PK 二维设计”以及“TCAD、拼图和工具”等模块组成。

1.4.3 PKPM 结构系列软件的模块功能

1. PMCAD

PMCAD 软件采用人机交互方式，引导用户逐层地布置各层平面和各层楼面，再输入层高就可建立起一套描述建筑物整体结构的数据。PMCAD 具有较强的荷载统计和传导计算功能，除计算结构自重外，还自动完成从楼板到次梁，从次梁到主梁，从主梁到承重的柱墙，再从上部结构传递到基础的全部计算，加上局部的外加荷载，PMCAD 可方便地建立整栋建筑的荷载数据。

PMCAD 是 PKPM 结构系列软件的核心，它为各分析设计模块提供必要的数据接口。它还是三维建筑设计软件 APM 与结构设计 CAD 相连接的必要接口。因此，它在整个系统中起着承前启后的重要作用。

2. SATWE

SATWE 是专门为多、高层建筑结构分析与设计而研制的空间结构有限元分析软件。它适用于各种复杂体型的高层钢筋混凝土框架、框剪、剪力墙、筒体结构等，以及钢 - 混凝土混合结构和高层钢结构。其主要功能包括从结构建模版块建立的模型中自动提取生成 SATWE 所需的几何信息和荷载信息；完成建筑结构在恒荷载、活荷载、风荷载、地震力作用下的内力分析、荷载效应组合及配筋计算，并为基础设计版块提供设计荷载。

SATWE 的使用限制如下：

（1）结构层数（高层版）≤200；

（2）每层梁数≤12 000；

（3）每层柱数≤5 000；

（4）每层墙数≤4 000；

（5）每层支撑数≤2 000；

（6）每层塔数≤20；

（7）每层刚性楼板数≤99。

3. JCCAD

JCCAD 可继承上部结构 CAD 软件生成的各种信息，从结构建模软件生成的数据库中自动提取上部结构中与基础相连的各层的柱树、轴线、柱子、墙的布置信息，可人机交互布置和修改基础。软件还可读取结构建模、SATWE 和 PMSAP 软件计算生成的基础的各种荷载，并按需要进行不同的荷载组合。基础设计版块可完成柱下独立基础、墙下条形基础、弹性地基梁基础、带肋筏形基础、柱下平板基础、墙下筏形基础、柱下独立桩基承台基础、桩筏基础、单桩基础及多种类型基础组合起来的大型混合基础的结构计算、沉降计算和施工图绘制。

4. PMSAP

PMSAP 从力学上看是一个线弹性组合结构有限元分析程序，它适用于广泛的结构形式和相当大的结构规模。该程序能对结构做线弹性范围内的静力分析、固有振动分析、时程响应分析和地震反应谱分析，并依据规范对混凝土构件、钢构件进行配筋设计或验算。对于多、高层建筑中的剪力墙、楼板、厚板转换层等关键构件提出了基于壳元子结构的高精度分析方法，并可做施工模拟分析、温度应力分析、预应力分析、活荷载不利布置分析等。

5. SPASCAD

SPASCAD 采用了带有 z 坐标的真实空间结构模型输入方法，适用于各种类型的建筑结构的建模，为 PMSAP 三维结构分析提供了前处理功能。

6. SLABCAD

SLABCAD 可完成例如板柱结构、厚板转换层结构、楼板局部开大洞结构，以及大开间预应力板结构等复杂类型楼板的计算分析和设计。它在 PMCAD 的模型数据和 SATWE 的全楼三维计算结果的基础上，实现结构楼板的设计。

7. 混凝土结构施工图

混凝土结构施工图模块的功能是辅助用户完成上部结构各种混凝土构件的配筋设计，并绘制施工图。该模块包括梁、柱、墙、板及组合楼板、层间板等多个子模块，用于处理上部结构中最常用到的各大类构件。施工图模块是 PKPM 软件的后处理模块，需要在其他 PKPM 软件的计算结果的基础上进行计算。

8. 施工图审查

施工图审查模块，主要的操作对象是施工图，目的是审查。即对施工图中实际配筋进行校审，对工程的计算结果进行审查，最后给出审查报告。建筑结构设计人员可以使用该软件来进行施工图的自审，就是在正式提交给审图机构之前，可以进行配筋的自我检查和校审。

9. EPDA&PUSH

EPDA&PUSH 软件是 PKPM 系列 CAD 软件中进行罕遇地震作用下建筑结构弹塑性静、动力分析的软件模块。该程序的基本功能是了解结构的弹塑性抗震性能、确定建筑结构的薄弱层以及进行相应的建筑结构薄弱层验算。

10. STAT - S

STAT - S 是面向结构设计人员的工程量、钢筋量统计工具，可从工程造价控制的角度为确定结构方案提供参考数据。STAT - S 提供的报表主要内容包括各层主要构件的混凝土、砌体工程量及钢筋量；所有楼层的汇总结果；单位面积的材料用量等。该报表提供简单的编辑、打印功能，并可以转换成 Microsoft Excel 数据，方便用户进一步编辑。

11. LTCAD

LTCAD 模块用人机交互方式建立各层楼梯的模型，继而完成钢筋混凝土楼梯的结构计算、配筋计算及施工图绘制。也可以与本系统的结构软件 PMCAD 接口使用。

12. PK

PK 模块主要应用于平面杆系二维结构计算和接力二维计算的框架、连续梁、排架的施工图设计。PK 模块可与 PMCAD 模块接口，自动导荷并生成结构计算所学的数据文件。

13. GSEC

GSEC 是《通用钢筋混凝土截面非线性承载力分析与配筋软件》的简称，主要功能是具备复杂通用截面的建模、承载力分析和配筋设计能力，能考虑截面翘曲，进行复杂截面的分析与设计，解决异形柱、型钢混凝土构件、任意形状钢筋混凝土构件截面以及组合墙肢配筋等工程实际问题。

1.4.4 PKPM 结构建模常用的功能键

PKPM 结构建模常用功能键的用法和坐标输入方式如下：

（1）鼠标。

鼠标左键：等同键盘 Enter 键，用于确认、输入等。

鼠标右键：等同键盘 Esc 键，用于否定、放弃、返回等。

按住鼠标中滚轮平移：拖动平移显示的图形。

鼠标中滚轮上下滚动：动态缩放显示的图形。

（2）键盘功能键。

Tab 键：用于功能切换，在绘图时选取参考点。

F1 键：帮助热键，提供必要的帮助信息。

F2 键：坐标显示开关，交替控制光标的坐标值是否显示。

F3 键：点网捕捉开关。

Ctrl + F3 组合键：节点捕捉开关。

F4 键：角度捕捉开关。

F5 键：重新显示当前图、刷新修改结果。

F6 键：显示全图，从缩放状态回到全图。

F7 键：放大一倍显示。

F8 键：缩小一半显示。

F9 键：设置点网捕捉值。

Ctrl + W 组合键：提示用户选择窗口放大图形。

Ctrl + R 组合键：将当前视图设为全图。

U 键：在绘图时，后退一步操作。

（3）坐标输入方式。结构建模也提供了多种坐标输入方式，如绝对、相对、直角或极坐标方式，各方式输入形式如下：

绝对直角坐标输入:！X，Y，Z 或！X，Y（提示，前面要加一个叹号“！”）；

相对直角坐标输入：X，Y，Z 或 X，Y；

绝对极坐标输入:！R < A（R 为极距，A 为角度）；

相对极坐标输入：R < A。

PMCAD－结构平面计算机辅助设计

★内容提要

本章主要介绍PMCAD－结构平面计算机辅助设计的基本知识，主要为结构设计分析做基础。

★能力要求

通过本章的学习，学生应掌握结构建模的基本步骤和操作方法。

2.1 PMCAD程序启动

PKPM是标准的Windows应用程序，可以通过双击桌面PKPM快捷图标，或者在开始菜单中单击PKPM应用程序打开，PKPM主界面如图2-1所示。

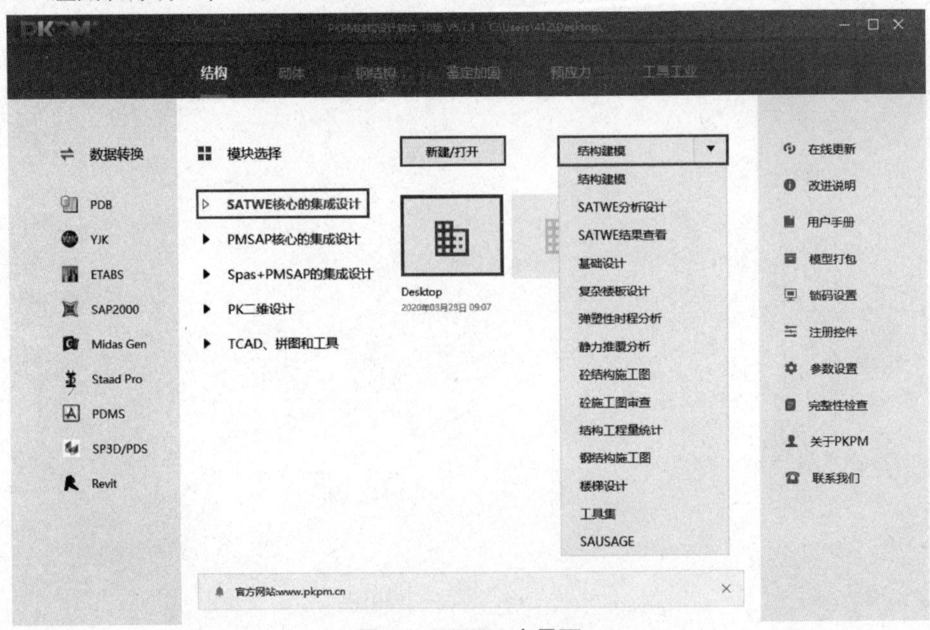

图2-1　PKPM主界面

在主界面模块选择部分单击“SATWE 核心的集成设计”（普通标准层建模），然后在右上角的专业模块下拉列表中选择“结构建模”选项。可以通过新建工程或打开已建工程启动 PMCAD 建模程序。

2.2　保存路径

PKPM 软件所有的工程数据需要保存在一个文件夹，所以在新建一个项目时，需要建立一个本项目的文件夹用来保存项目数据，一般包括用户交互输入的模型数据、定义的各类参数和软件运算后得到的结果等。当需要在另一台机器上打开已有的工程时，只需把已有工程的文件夹复制到另一台机器上即可打开。

设置好文件的保存路径，在主界面上就会出现新建的文件夹，然后双击鼠标左键就可以进入建模界面，输入工程的名称，就进入了如图 2-2 所示的界面。

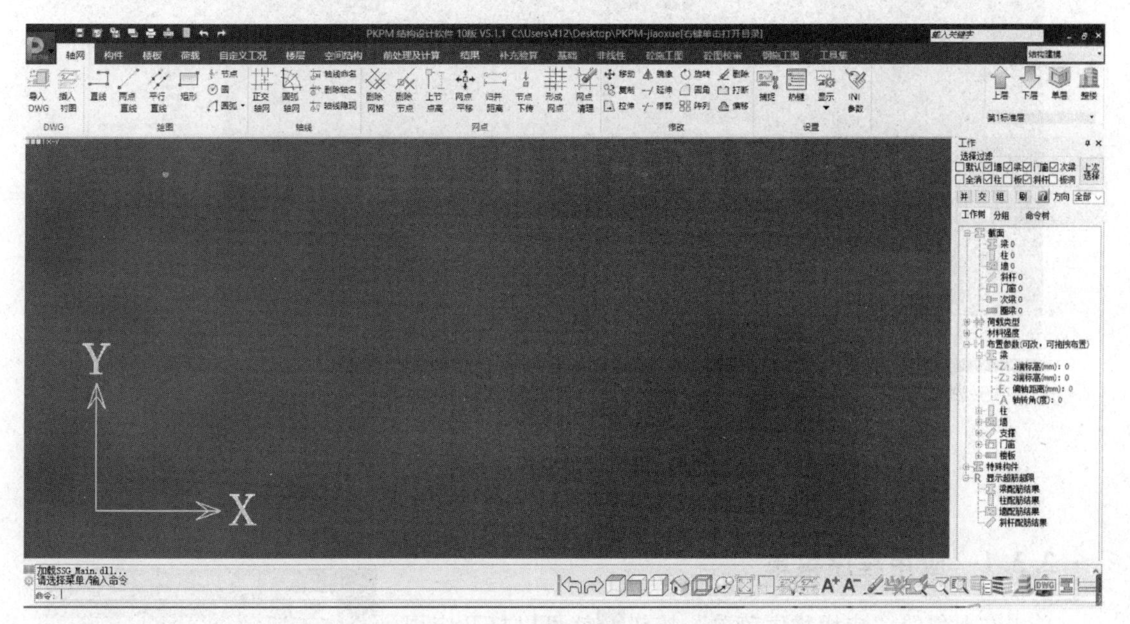

图 2-2　建模程序 PMCAD 主界面

注意：用来保存模型的文件夹一般不在 C 盘设置保存，可以设置在非 C 盘的位置，路径宜短，最好以拼音命名，如图 2-3 所示。

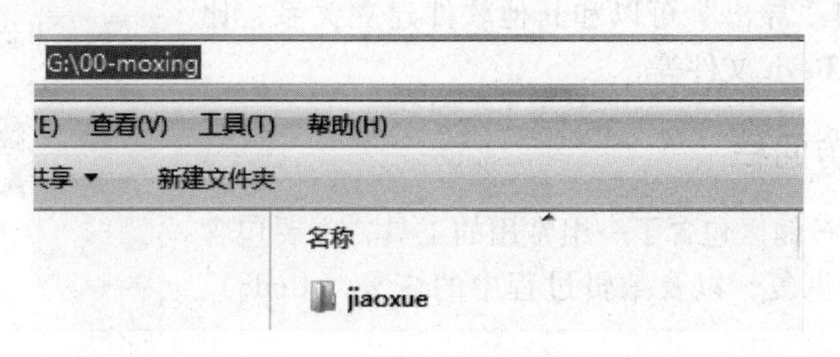

图 2-3　文件保存路径

2.3 PMCAD 界面介绍

进入“结构建模”模块，程序将显示如图 2-4 所示的界面。PMCAD 界面运用的是现在常见的 Ribbon 用户界面，程序将屏幕划分为上侧的应用程序菜单、快速访问栏、模块切换区及楼层显示管理区，右侧的工作树面板，下侧的操作提示区、快捷工具条按钮区。

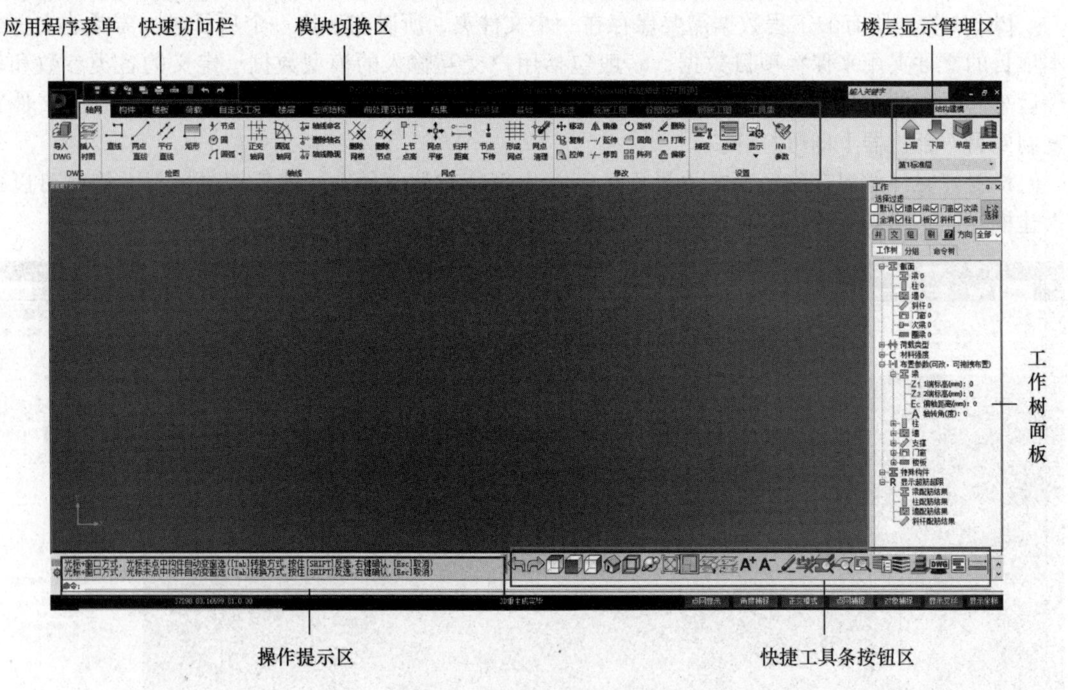

图 2-4　PMCAD 主界面

2.3.1　应用程序菜单

单击左上角的“应用程序菜单”按钮就可以打开应用程序菜单列表，如图 2-5 所示。应用程序菜单和传统界面下的“文件”菜单类似，包括“保存”“另存为”“导入”“导出”“打印”等。PKPM 和其他设计软件建立有接口，在应用程序菜单中的“导入”和“导出”可以和其他软件建立关系，比如，MidasGen 文件、Revit 文件等。

图 2-5　应用程序菜单

2.3.2　快速访问栏

上部的快捷命令按钮区包含了一组常用的工具，主要包含了模型的快速存储、恢复，以及编辑过程中的恢复（Undo）、重做（Redo）功能。

2.3.3　模块切换区

Ribbon 菜单中模块切换区为软件的专业功能，主要包含轴线网点生成、构件布置编辑、荷载输入、楼层组装、工具设置等功能，通过不同模块之间的切换可以在子菜单中选择相应的工具。具体菜单外观和内容都从 TgRibbon-PM. xml 菜单文件中读取，该文件安装在 Ribbon 目录的 Support 子目录中。

2. 3. 4　楼层显示管理区

在楼层显示管理区，用户可以切换上层、下层、单层、整栋和不同楼层的显示。上部的模块切换及楼层管理区，可以在同一集成环境中切换到其他计算分析处理模块，而楼层显示管理区，可以快速进行单层、全楼的展示。

2. 3. 5　工作树面板

工作树面板是新版增加的内容，为用户提供了一种全新的方式，为模型的选择、编辑交互等提供了极大的便利，也为建模者提高了效率。在工作树面板中列出了截面、荷载类型、材料强度、布置参数、SATWE 超筋信息等属性条件，如图 2-6 所示。这些属性条件可作为选择过滤条件，也可由工作树表内容看出当前模型的整体情况。

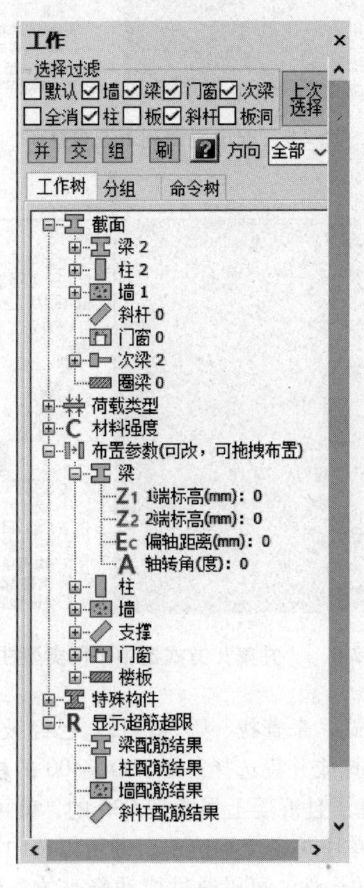

图 2-6　工作树面板

双击工作树表中任一种条件，可直接选中当前层中满足该条件的构件，被选中的构件会在绘图区高亮显示，通过单击右键可以对其选中的构件进行编辑，也可以把选中的构件整体修改为其他构件信息，工作树表还可以多种条件同时作用，比如取交集、并集。

（1）工作树的主要作用。

1）展示已建模型的各种信息，如梁、板、墙等构件的截面、尺寸、荷载、使用材料、配筋等信息，可使用户对整个项目有一个全局的把控。

2）根据条件双击所要编辑的构件，构件在模型中将会高亮显示，作为下一步编辑的构件范围，如图 2-7 所示。工作树也可以“并集”“交集”进行多种方式的选择，选择需要的构件，图 2-8 显示通过并集选择两种不同类型的构件。

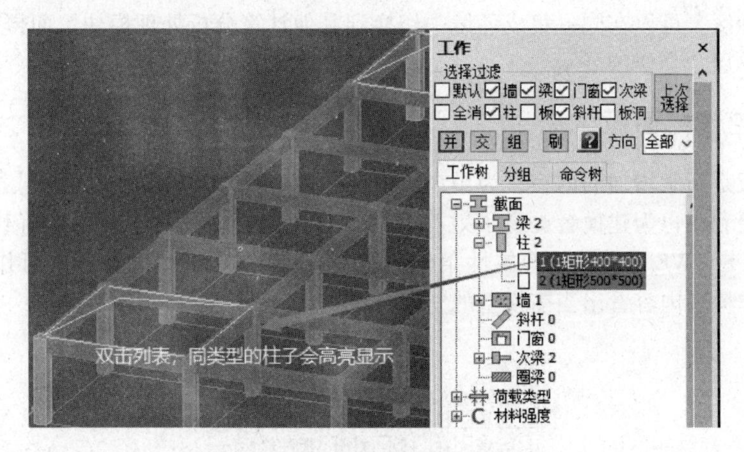

图 2-7 双击截面列表选中柱子

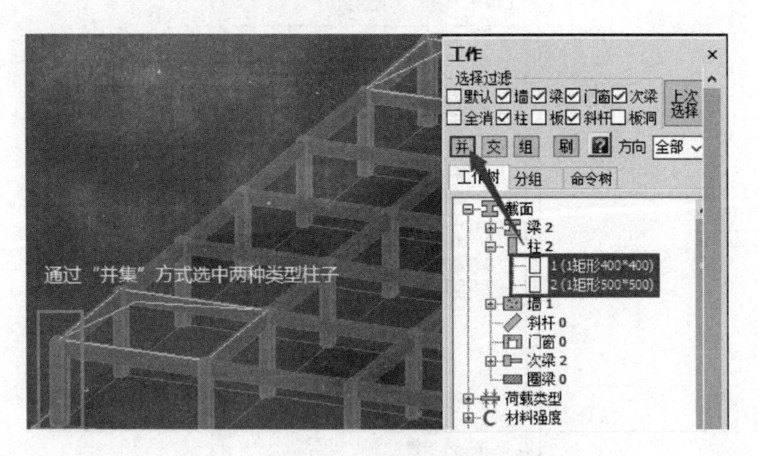

图 2-8 “并集”方式选中不同类型柱子

工作树提供了强大的选择方式，来查找、筛选构件。已经被选中的构件，都可以再次使用其他条件在右键菜单中进行交集选择或并集选择。如 400×400 的柱子中有 C30 和 C35 的混凝土强度，如果想要选择 400×400 的柱子且混凝土强度是 C35 的，就可以选中 400×400 的截面，再单击材料条件里面的 C35，右键菜单中单击交集选中，即可以选中所需要的，如图 2-9 所示。

3）选中所有需要修改信息的构件，可以通过拖动修改的条件到屏幕中，将选中的构件改为这种条件，例如拖动截面将选中的柱子换为此种截面，如图 2-10 所示。以此类推，可以通过拖动修改楼板的厚度、错层值、恒载、活载等参数修改相关构件，在此不再赘述。

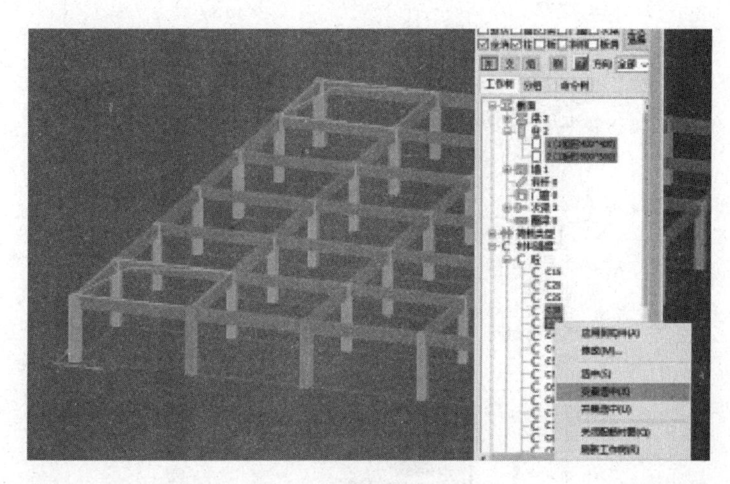

图 2-9　“并集”选中柱子

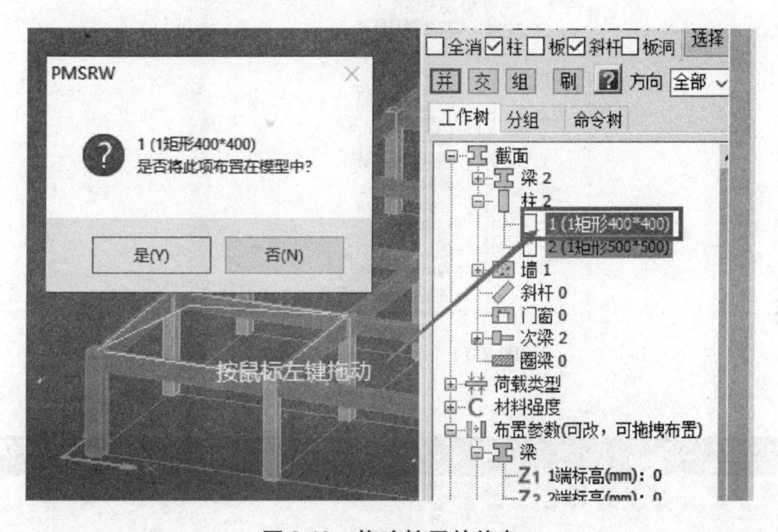

图 2-10　修改柱子的信息

（2）分组。工作树同时还提供了分组功能，分组是将选择的构件记录在组中，方便再次调用。被选中的构件，可以作为一组保存起来。分组结构记录在模型文件中，下次进入模型会带回这些信息，双击分组信息列表，就可以高亮显示这些构件。

（3）命令树。右侧列表中还集成了命令树，左侧为快捷栏，使用方法不变，在系统里面定义过的快捷键会继承过来显示。命令树中按上部 Ribbon 菜单的组织结构用树的形式列出各命令，操作与 Ribbon 菜单一样，如图 2-11 所示。

在快捷栏中单击“自定义”按钮，可弹出图 2-11 所示对话框。对话框左侧的工作树表按照 Ribbon 菜单的组织，列出了所有的菜单命令，用户勾选想要的命令后，该命令会自动加入右侧列表，在右侧列表中选择某个命令，可对该命令进行“改名”，还可以通过“加分隔”“上移”“下移”来调整命令的位置，调整完后，单击确认，调整后的命令会显示在快捷栏中。

注意：工作树可以通过单击鼠标左键进行拖动放置到屏幕任何位置，或固定到左右两侧，如图 2-12 所示。关于超筋超限方面的知识，将在后面的章节讲解。

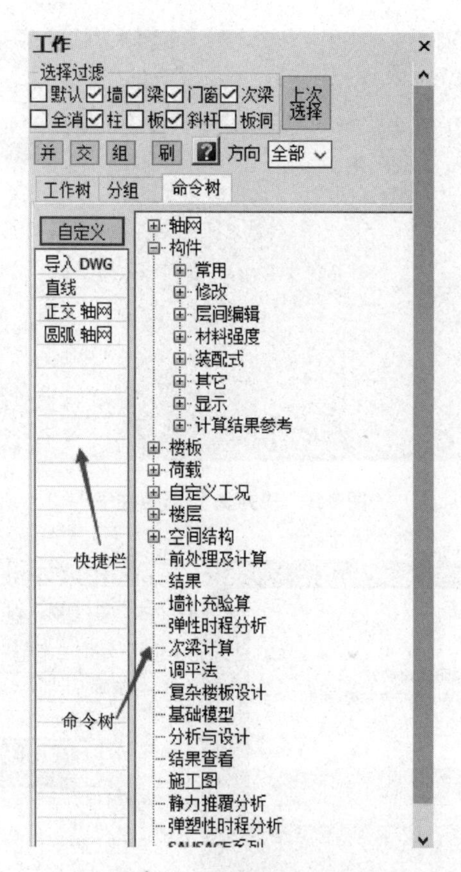

图 2-11　快捷栏和命令树

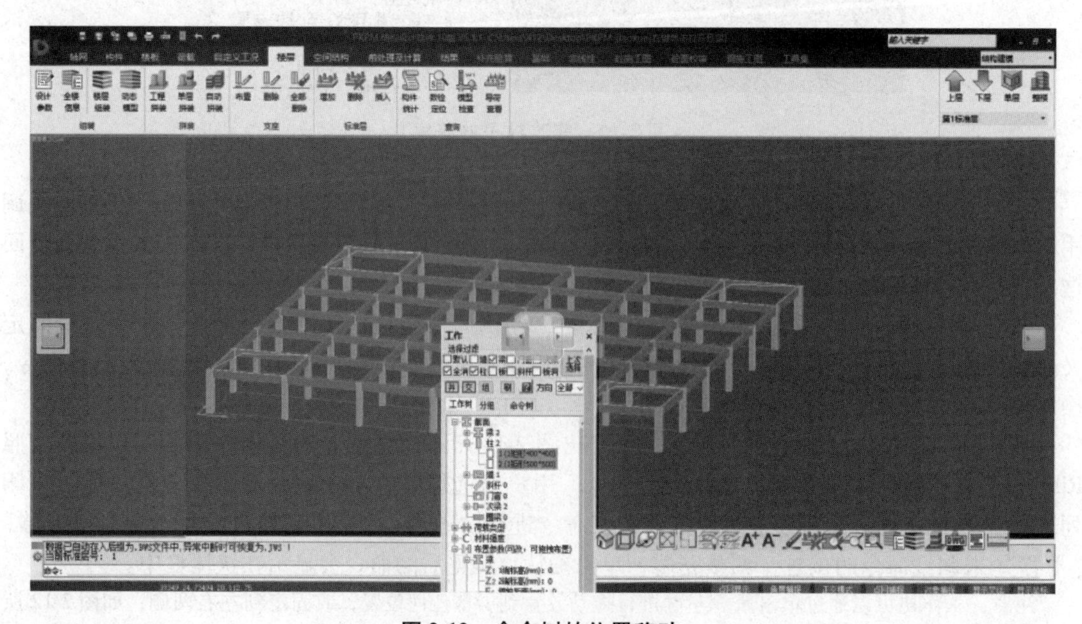

图 2-12　命令树的位置移动

2.3.6 快捷工具条按钮区

快捷工具条按钮区主要包含了模型显示模式快速切换，构件的快速删除、编辑、测量工具，楼板显示开关，模型保存、编辑过程中的恢复（Undo）、重做（Redo）等功能。这与 CAD 的右侧栏的快捷选择命令相似，都是常用的编辑命令，也可以通过拖动放到绘图区的一侧。

2.3.7 操作提示区

在操作提示区用户可以根据提示直接输入下一个命令。对于初学者，此区用处很大。如果用户熟悉命令名，可以在“命令：”的提示下直接输入一个命令而不必使用菜单。

在程序的右下侧包含了图形工作状态管理的一些快捷按钮，有点网显示、角度捕捉、正交模式、点网捕捉、对象捕捉、显示叉丝、显示坐标等功能，可以在交互过程中单击按钮，直接进行各种状态的切换。

2.4 轴线输入

轴网的绘制是确定项目绘制的基础，是整个交互输入程序最为重要的一环。布置轴网的关键是网点的布置，PKPM 中所有构件都是布置在网点上的，所以网点是轴网、构件存在的基础，如果删除了网点，对应的轴网和构件将随之消失。PMCAD 提供了多种绘制的方式，如图 2-13 所示。

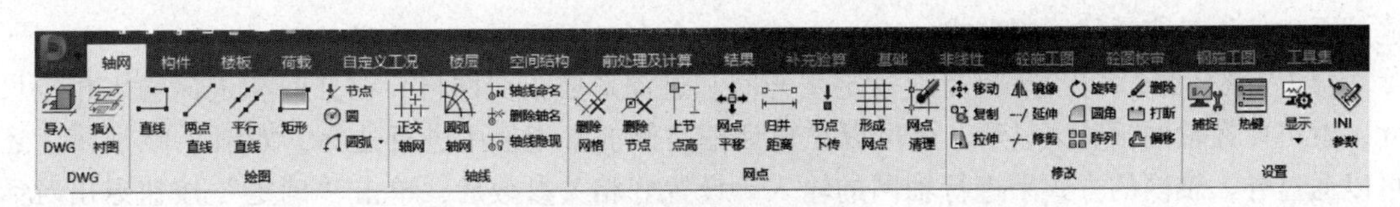

图 2-13 轴网的子菜单

程序提供了“直线”“两点直线”“平行直线”“矩形”“圆”“圆弧”等基本图素，操作过程与 AutoCAD 完全相同，在此不再赘述，用户可根据命令提示栏进行操作。其中最常用的方法下面具体讲述。

2.4.1 键盘输入方式

（1）绝对直角坐标输入。绝对直角坐标输入的方式为！X，Y，Z 或！X，Y 或！X 和！X，注意绝对坐标必须是以“！”开始。输入方式允许简化，比如，只输入 XYZ 不跟数字表示 XYZ 坐标均取上次输入值；X123 表示只输入 X 坐标 123，YZ 坐标不变；XY123，456 表示输入 X 坐标 123，Y 坐标 456，Z 坐标不变。

（2）相对直角坐标输入。相对直角坐标输入 X，Y，Z 或 X，Y 或 X 和 Y，相对坐标是某点（A）相对于另一特定点（B）的位置，相对坐标是把之前输入点作为输入坐标值的参考点，输入点的坐标值是以前一点为基准而确定的。

2.4.2 鼠标键盘配合输入相对距离

利用鼠标单击起点，然后给出方向，最后在键盘上输入相对距离。

2.4.3　选择参照点定位

选择参照点定位就是用已知图素上的点做参照，找出和它相对坐标的点。操作步骤：将光标移动到参照的节点，稍做停留后该节点上出现橙黄色的方形框，这说明参照点已经选好，再用键盘输入和该点的相对距离，就能得到需要输入的点。如果需要输入的点在参照点的水平或垂直方向，当参照点上的橙黄色的方形框出现后，接着在水平或垂直方向拉动鼠标会出现水平或垂直的虚线，这时输入一个距离值即可得到需要输入的点。

2.4.4　自定义捕捉方式

在进行直线、平行直线、折线、圆弧等图素输入时，程序会自动弹出“设捕捉参数”对话框，可以自定义网格捕捉点的功能。这样，捕捉状态更接近 AutoCAD 的习惯，鼠标在线上更容易捕捉到关键点，而不再需要在捕靶范围内。这个对话框提供了自定义的单选项目，方便切换要用的捕捉点，同时不需要的捕点又不会成为干扰，目前包括了中点、长度、等分数、角度模数、任意捕捉方式等设置，端点捕捉始终默认开启，如图 2-14 所示。

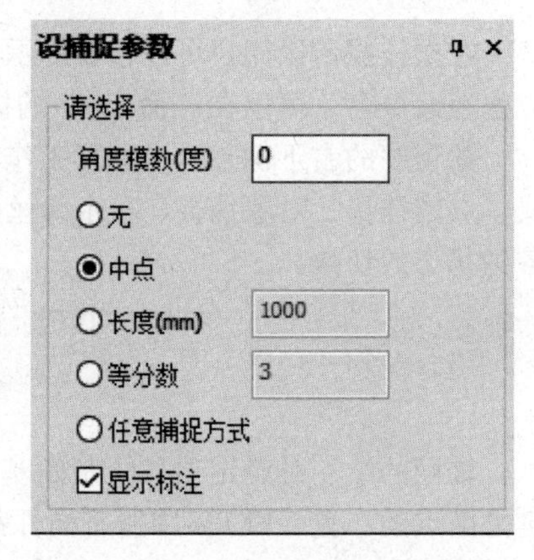

图 2-14　“设捕捉参数”对话框

2.4.5　轴网参数输入

在绘制轴网时还有“正交轴网”和“圆弧轴网”两个命令，可通过输入参数直接绘制轴网，这是平常使用最广泛的绘制方式。

（1）正交轴网。正交轴网是通过定义开间和进深形成正交网格，在开间和进深输入相应尺寸，就可以在轴网预览区显示，也可以在对话框右侧的常用值中进行选择，如图 2-15 所示。还可以通过导入轴网的方式来进行轴网的输入。设置好相关参数后，单击“确定”按钮退出对话框，然后在绘图区任意位置上单击即可以放置轴网。布置时可输入轴线的倾斜角度，也可以直接捕捉现有的网点使新建轴网与之相连。

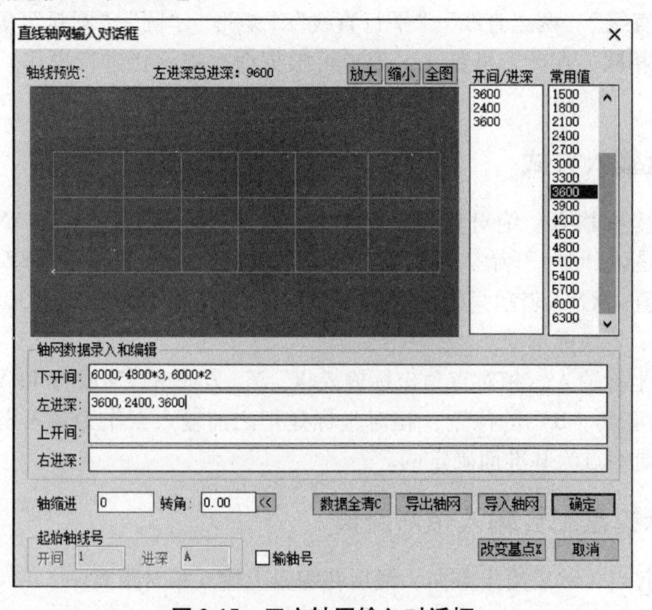

图 2-15　正交轴网输入对话框

（2）圆弧轴网。如果轴网是圆弧形的，可以通过圆弧轴网进行布置，单击“圆弧轴网”进入对话框，可以通过输入圆弧开间角来设置轴线展开的角度，然后设置进深，这里的进深是沿半径方向的跨度，输入完毕后单击确定，这时弹出的要求输入径向轴线端部延伸长度和环向轴线端部延伸角度的对话框，输入相应值后再在绘图区单击放置点，按“Esc”键退出绘制命令，如图 2-16 所示。

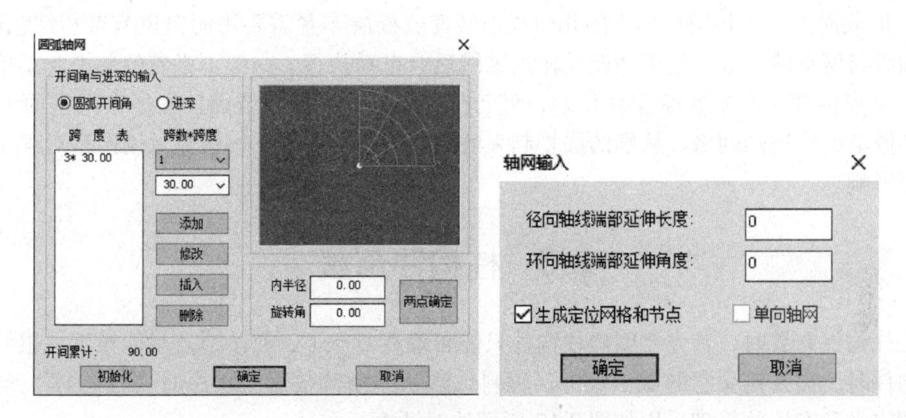

图 2-16　圆弧轴网输入对话框

2.4.6　轴线编辑

（1）轴线命名。轴线命名是在网点生成之后为轴线命名的菜单。在此输入的轴线名将在施工图中使用，而不能在本菜单中进行标注。

（2）删除轴名。选择删除已经命名好的轴线名称。

（3）轴线隐现。控制轴线显示的开关，可根据需要设置。

2.5　网点编辑

网点的子菜单有如下几项：

（1）删除网格。在形成网点图后可对网格进行删除，但是节点还在，只是删除了网格，网格上对应的构件也将同时被删除。选择删除的方式有光标方式、轴线方式、窗口方式和围栏方式，可以通过键盘上的 Tab 键进行切换。

（2）删除节点。在形成网点图后可对节点进行删除。在删除节点过程中若节点已被布置的墙线挡住，可使用 F9 键中的“填充开关”项使墙线变为非填充状态。端节点的删除将导致与之联系的网格、构件也被删除。选择删除的方式与删除网格的方式相同。

（3）上节点高。上节点高即本层在层高处相对于楼层高的高差，程序隐含为每一节点高位于本层的层高处，即其上节点高为 0。通过单击该命令，在弹出的对话框里输入一个或多个节点抬高的高度，确定后在该节点会显示抬高的值，改变上节点高，也就改变了该节点处的柱高和与之相连的墙、梁的坡度。运用此命令可以方便地设置坡屋面。

（4）网点平移。网点平移可以不改变构件的布置情况，而对轴线、节点、间距进行调整。对于与圆弧有关的节点应使所有与该圆弧有关的节点一起移动，否则圆弧的新位置无法确定。

（5）归并距离。归并距离是为了改善由于计算机精度有限产生意外网格的菜单。如果有些工程规模很大或带有半径很大的圆弧轴线，“形成网点”菜单会由于计算误差、网点位置不准而引起网点混乱，常见的现象是本来应该归并在一起的节点却分开成两个或多个节点，造成房间不能封闭，此时应执行本命令。程序要求输入一个归并间距，这样，凡是间距小于该数值的节点都被归并为同一个节点。程序初始值的节点归并间距设定为 50 mm。

（6）节点下传。根据上层节点的位置在下层生成一个对齐节点，使上下层构件可以正确连接。这样下面的计算处理才能正确进行。一般情况下，自动下传可以解决大部分问题。

（7）形成网点。可将用户输入的几何线条转变成楼层布置需要用的白色节点和红色网格线，并显示轴线与网点的总数。这项功能在输入轴线后会自动执行，一般不必专门单击此菜单。

（8）网点清理。本命令将清除本层平面上没有用到的网格和节点。程序会把平面上的无用网点，如做辅助线用的网格、从别的层复制来的网格等进行清理，以避免无用网格对程序运行产生的负面影响。

2.6 柱构件布置

进行柱构件布置时，首先要明确柱构件只能布置在节点上，每个节点只能布置一根柱子。在布置柱构件时，需要定义它的截面尺寸、材料、形状类型等信息。程序对“柱构件”菜单组中的构件的定义和布置的管理采用如图 2-17 所示的对话框。

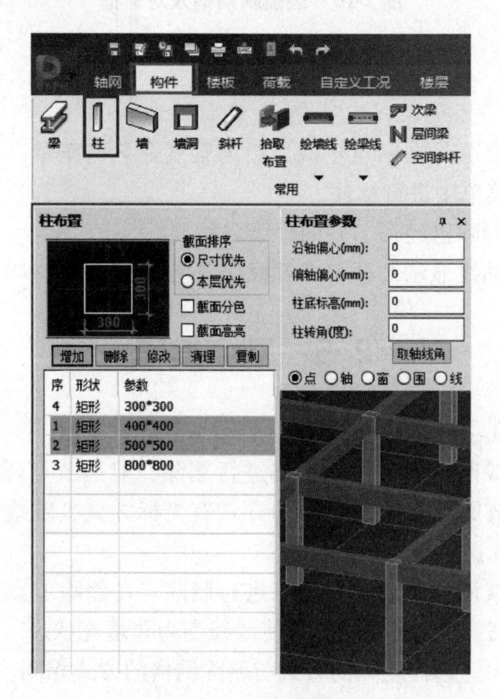

图 2-17　柱构件布置

（1）柱子定义。在布置柱子的对话框上面有“增加”“删除”“修改”“清理”“复制”“截面排序”等按钮，分别对柱子截面参数进行定义。

“增加”：重新定义一个新界面，单击该按钮，可以看到柱子的尺寸、形状、材料等信息，如图 2-18 所示。用户可以选择不同类型的柱截面，也可以通过手动绘制任意形状的截面。如果分组也可以定义分组的名称，然后选择材料的类别，软件提供了砖、石、混凝土等材料供用户选择，最后定义柱子的截面尺寸，单击确定即可。

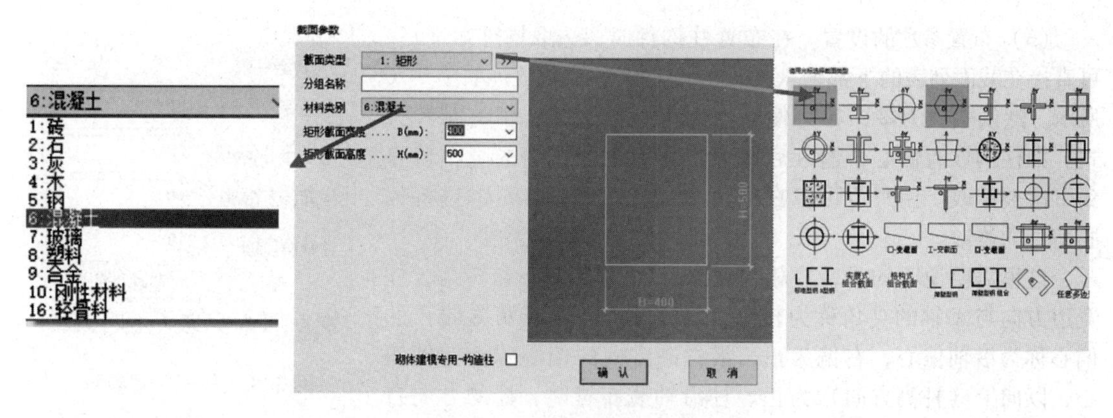

图 2-18　柱界面参数设置

“删除”：删除已经定义过的构件截面，已经布置于各层的这种构件也将自动删除。

“修改”：修改已经定义过的构件截面形状类型，对于已经布置于各层的构件的尺寸也会自动改变，此时弹出的类型选择界面中，原类型图标会自动加亮以显示当前正在修改的类型。

“清理”：该命令可以自动清理本项目中未使用的截面类型，这样便于在布置或修改截面时快速地找到需要的截面。同时由于容量的原因，也能减少在工程较大时截面类型不够的问题。

“复制”：该命令是在原有截面的基础上进行复制，重新定义新的构件。

“截面排序”：尺寸优先，程序自动将截面列表中的截面先按照截面类型再按尺寸大小排序。程序优先将本层已使用的截面排在最上部，然后按尺寸优先排序。经过上述排序后，可显著提高目标截面查找效率。

注意：列表中，浅绿色背景的行表示当前标准层有构件使用该截面。

（2）截面分色与截面高亮。为了便于用户观察各类截面在当前层乃至全楼的布置情况，程序提供了按截面显示功能，目前仅梁、柱、墙和支撑支持该功能。勾选该选项后，程序自动对截面列表中的各个截面自动分配一个颜色值并给出截面形状、尺寸和材料信息（颜色值可单击表格中的颜色修改），同时根据各个颜色刷新图形，图 2-19 所示即某柱网按截面分色显示。

当勾选截面高亮显示时，楼层中使用当前选中截面的构件，将以高亮形式显示。

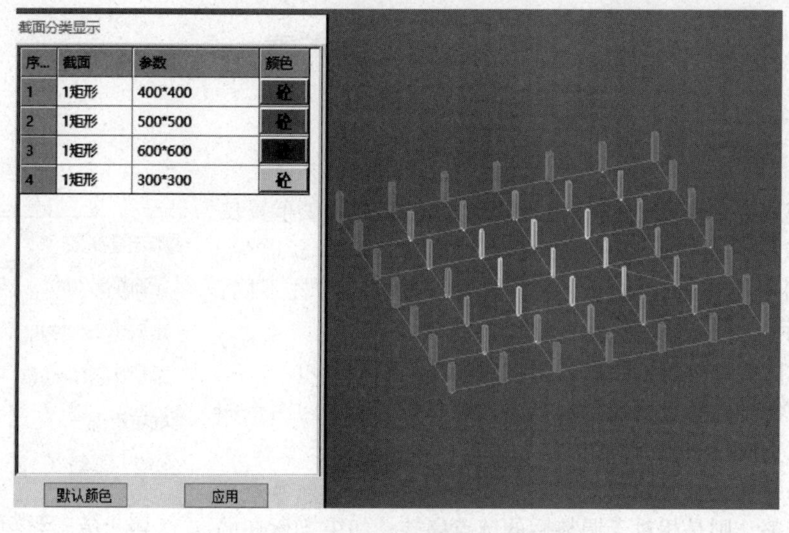

图 2-19　柱按截面分色显示

（3）布置参数的设置。在布置柱构件时，选取构件截面后，可直接在截面列表的下部输入构件的偏心信息等参数，如图 2-20 所示。默认数值为零，如无偏心情况可直接选择柱子的布置方式。如柱构件有偏心，输入后该值将作为今后布置的隐含值直到下次被修改。用户也可以在项目中选择构件单击右键进行偏心信息的修改。

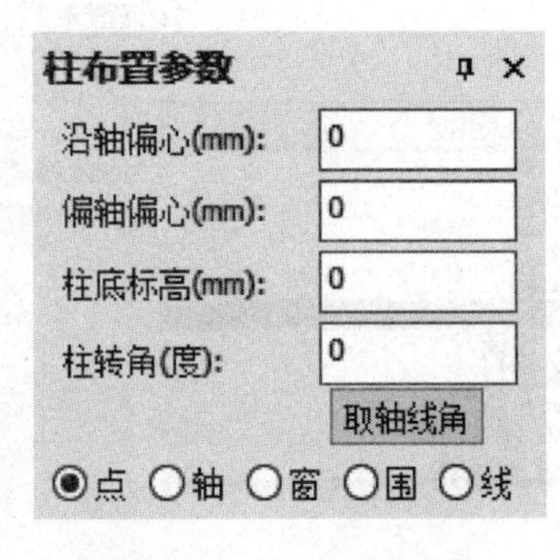

图 2-20　柱子布置参数

这里需要说明的是，柱相对于节点可以有偏心和转角，柱宽边方向与 X 轴的夹角称为转角，沿柱宽方向（转角方向）的偏心称为沿轴偏心，右偏为正，沿柱高方向的偏心称为偏轴偏心，以向上（柱高方向）为正。柱沿轴线布置时，柱的方向自动取轴线的方向。

（4）柱构件的布置。柱构件的布置主要有以下五种方式：

1）点布置方式。点布置的方式是通过捕捉到的网点或节点，单击鼠标左键或按 Enter 键后即被插入该构件，若该处已有构件，将被当前值替换。该方式适用于单个柱子的布置。

2）沿轴线布置方式。沿轴线布置是在被捕捉的轴线上的所有节点或网格将被插入柱构件。当光标放在被捕捉的轴线上，该轴线在节点会显示柱子的布置预览，单击鼠标左键或按 Enter 键后即被插入柱构件。

3）按窗口布置方式。按窗口布置是指用户用光标在图中截取一窗口，窗口内的所有网格或节点上将被插入柱构件。

4）按围栏布置方式。按围栏布置是指用光标点取多个点围成一个任意形状的围栏，将围栏内所有节点与网格上插入柱构件。

5）沿直线布置方式。沿直线布置是绘制一条线段，只要与该线段相交的网点或构件即被选中，随即进行后续的布置操作。

退出构件布置的操作：单击构件布置对话框的“退出”按钮，或鼠标停靠在构件布置对话框时单击鼠标右键，或按 Esc 键。

注意：按 Tab 键，可使程序在这五种方式间依次转换。

在“构件删除”对话框中勾选“柱”选项，删除所选的柱。

2.7　梁构件布置

2.7.1　主梁布置

主梁的布置界面与柱构件的布置相同，不同的是在布置位置上，梁是布置在网格上，而且在不同标高可以布置多道梁，但两根梁之间不能有重合的部分。梁在偏心设置时与柱不同，如图 2-21 所示。

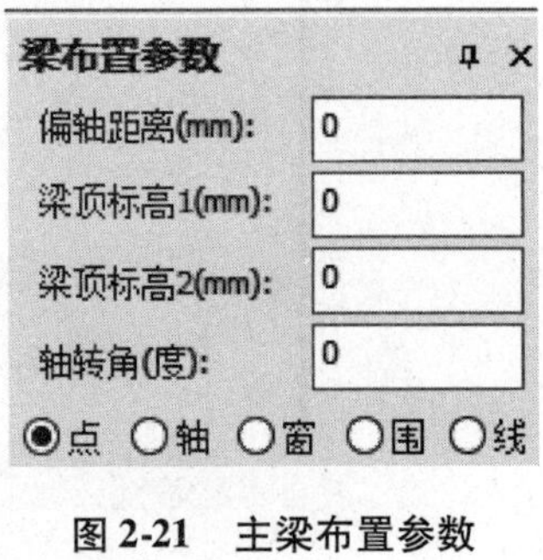

主梁布置的参数有偏轴距离、梁顶两端标高和轴转角。

通过设置偏轴距离可以设置偏心梁，布置时光标偏向网格的哪一边，梁也偏向哪一边。

梁顶标高指的是梁两端相对于本层顶的高差。如果该节点有上节点高的调整，则是相对于调整后的节点高差。如果梁所在的

图 2-21　主梁布置参数

网格是竖直的，梁顶标高 1 指下面的节点，梁顶标高 2 指上面的节点；如果梁所在的网格不是竖直的，梁顶标高 1 指网格左面的节点，梁顶标高 2 指网格右面的节点。对于按主梁输入的次梁，三维结构计算程序将默认为不调幅梁。

轴转角：此参数控制布置时梁截面绕截面中心的转角。

2.7.2　次梁布置

次梁的布置界面与主梁类似，如图 2-22 所示。但不同的是，主梁必须布置在网格上，而次梁一般是在主梁和墙上布置的，不需要在次梁下布置网格线，只需要拾取主梁或墙上的点即可布置，次梁的顶面标高和与它相连的主梁或墙构件的标高相同。如果进行多跨次梁布置时，选定次梁的首位两端就可以布置，但是次梁端必须搭在主梁或墙上，否则悬空的部分传入后面的模块时将被删除掉。

值得注意的是，因为次梁主要是拾取主梁或墙上的点来布置的，所以为了次梁定位准确，对捕捉点要精确定位。

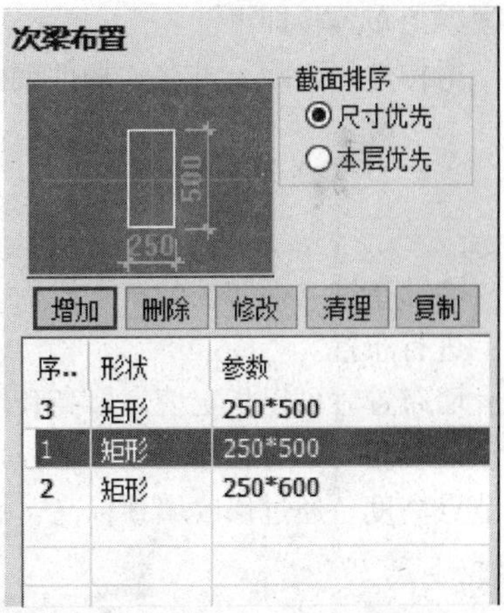

图 2-22　次梁的布置

2.7.3　层间梁布置

层间梁是指其标高不在楼层上，而在两层之间的连接柱或墙的梁段，如局部带夹层结构、错层结构、楼梯间休息平台处等部位布置的梁。

以前的版本都可以通过调整主梁的标高来设置，这样给用户带来很多不便。新版增加了层间梁的布置，如图 2-23 所示。在菜单栏中单击层间梁，选择层间梁的截面，输入相对层底标高，光标放在所要布置的梁底，按 Enter 键会自动拾取对应的高度，然后拾取另一根柱子即可。

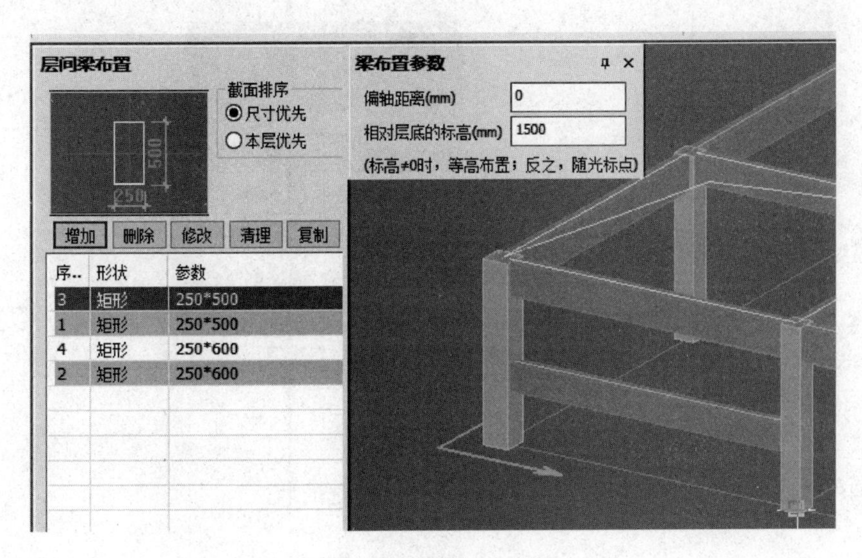

图 2-23　层间梁的布置

用户也可以在命令栏输入对应的高度进行绘制。如把鼠标放在所要绘制层间梁柱子底部，先不按左键，在命令栏输入选“Z2100”后按 Enter 键，表示需要捕捉相对柱底向上 2 100 mm 的位置，鼠标会自动跳到精确位置。然后直接拾取另一根柱子，程序会自动拾取 2 100 mm 处的位置。

在布置过程中，可以布置多跨层间梁，只需要将在两个最远端的柱子上指定端点，即可布置。程序会自动根据周边网格、结点关系，将这根大梁打断成多段小梁。使用“层间梁”也可以进行坡道的快速建模，只需要分别在近端的柱底和最远端的柱顶各用鼠标单击一次，然后在层间梁上布置板即可。

梁构件的删除，可在“构件删除”对话框中勾选对应选项，删除所选的梁构件。

2.8 墙布置

墙的布置界面与柱的布置界面类似，如图 2-24 所示。墙的布置方式与主梁一样，必须在网格上进行布置。

墙布置时可以指定墙底标高和墙两端的顶标高（墙顶标高 1 和墙顶标高 2）。墙顶标高是指墙顶两端相对于所在楼层顶部节点的高度，如果该节点有上节点高的调整，则是相对于调整后的节点高度。通过修改墙顶标高，可以建立山墙、错层墙等形式的模型。

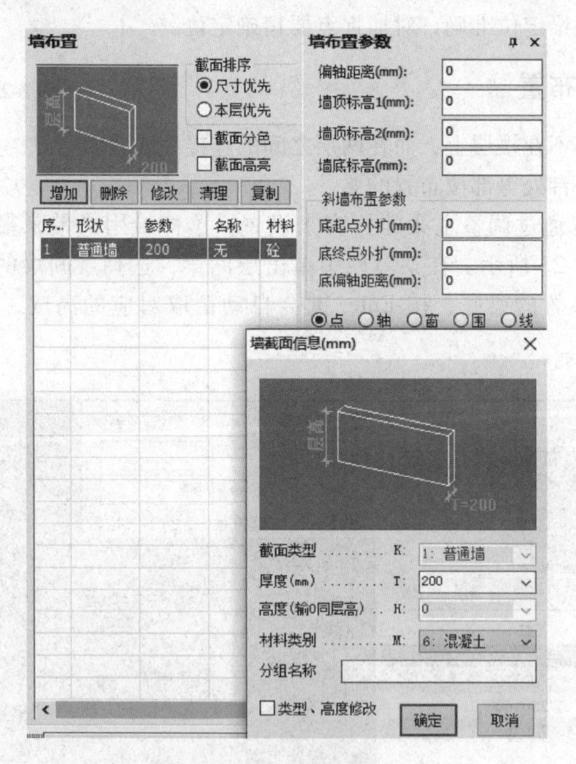

图 2-24 墙的布置

在“构件删除”对话框中勾选“墙”选项，删除所选的墙。

2.9 洞口布置

在布置洞口时，首先应在网格上布置墙体，一段网格上只能布置一个洞口，如果要在墙上布置多个洞口，可以在墙上增加节点，把墙体分成若干段。

首先根据要求设置洞口的形状和尺寸，然后根据洞口布置参数在对话框中输入定位信息。定位方式有左端定位方式、中点定位方式、右端定位方式和随意定位方式。如果定位距离大于 0，则为左端定位，若键入 0，则该洞口在该网格线上居中布置，若键入一个小于 0 的负数（如－D，单位：mm），程序将该洞口布置在距该网格右端为 D 的位置上。如需洞口紧贴左或右节点布置，可输入 1 或－1。如第一个数输入一大于 0 小于 1 的小数，则洞口左端位置可由光标直接单击确定。最后选择布置方式在墙上布置洞口，如图 2-25 所示。

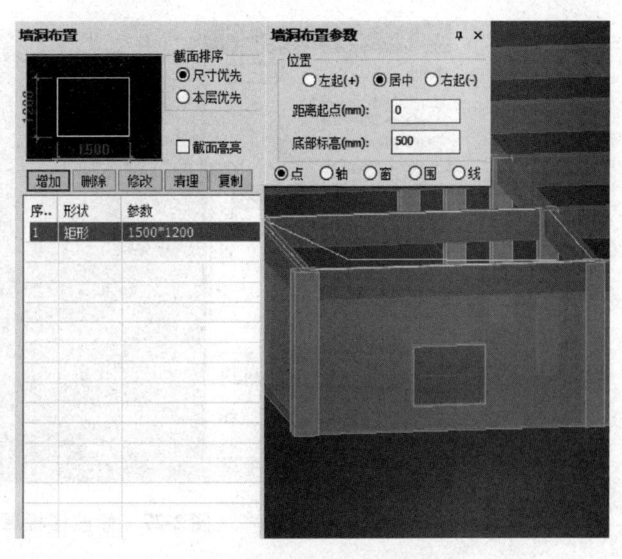

图 2-25　门窗洞口的布置

在“构件删除”对话框中勾选“板洞”选项，删除所选的板洞。

2.10　楼板布置

2.10.1　普通楼板布置

楼板布置的菜单包含生成楼板、错层、板洞、悬挑板、板加腋和层间板等功能，如图 2-26 所示。

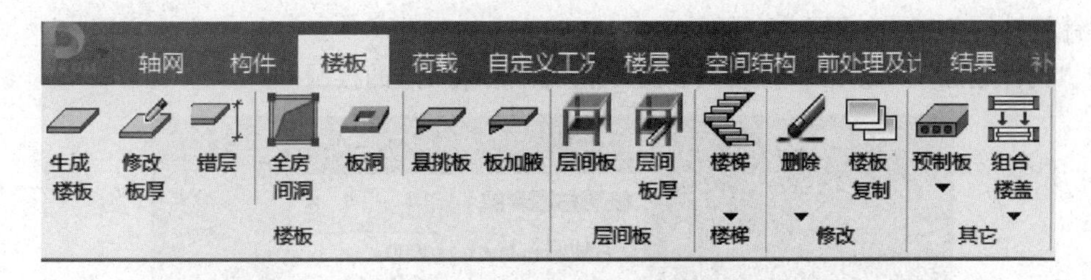

图 2-26　楼板布置菜单

（1）生成楼板。生成楼板是根据由主梁和墙围成的房间生成楼板（悬挑梁除外）。板厚默认为 100 mm，用户可以先在快捷工具条按钮区中的本层信息对本层的板厚进行设置，然后自动生成。生成的楼板将以半透明的方式显示，板上显示板的厚度。在轴测图的状态下，默认不显示楼板，用户可以单击“显示楼板”显示本层楼板。

（2）修改板厚。可以通过“修改板厚”命令对自动生成的板厚进行修改，如图 2-27 所示。输入修改的板厚值，利用“光标选择”“窗口选择”“围区选择”等方式选择所要修改的楼板即可。这时在本层板厚列表上会显示修改的板厚信息。

（3）板洞布置。板洞布置有“全房间洞”和“板洞”两种形式。

全房间洞是指将指定房间全部设置为开洞。当某房间设置了全房间洞时，该房间楼板上布置的其他洞口将不再显示。全房间开洞时，相当于该房间无楼板，也无楼面恒活载。如在建模时

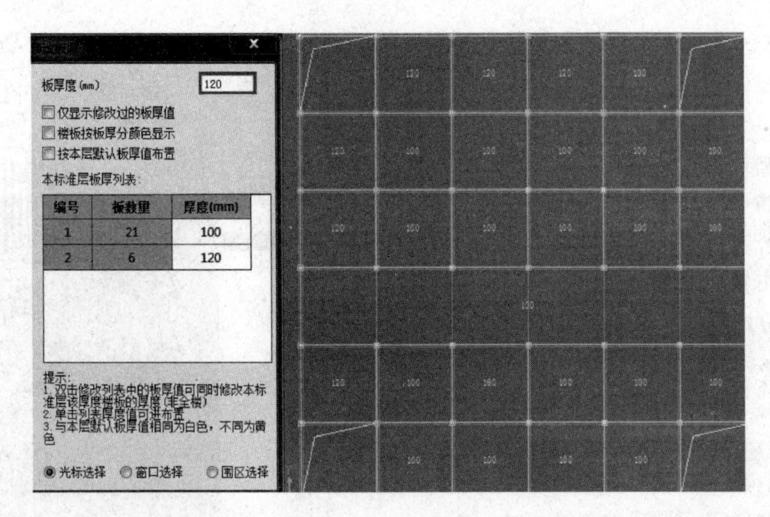

图 2-27　修改楼板厚度

不需要楼板但要保留此楼面的活荷载（比如楼梯间），可将该房间板厚设置为 0。

如果对楼板的局部进行洞口布置（比如预留管道洞口），可以选择“板洞”命令，对洞口的形状（软件提供矩形、圆形、多边形）和尺寸进行设置，然后对板洞的位置进行设置。

洞口布置首先选择参照的房间，当光标落在参照房间内时，图形上将加粗标识出该房间布置洞口的基准点和基准边，将鼠标靠近围成房间的某个节点，则基准点将挪动到该点上。

矩形洞口插入点为左下角点，圆形洞口插入点为圆心，自定义多边形的插入点在画多边形后人工指定。

洞口的沿轴偏心是指洞口插入点距离基准点沿基准边方向的偏移值；偏轴偏心则是指洞口插入点距离基准点沿基准边法线方向的偏移值；轴转角是指洞口绕其插入点沿基准边正方向开始逆时针旋转的角度，如图 2-28 所示。

在“构件删除”对话框中勾选“板洞”选项，删除所选的板洞。

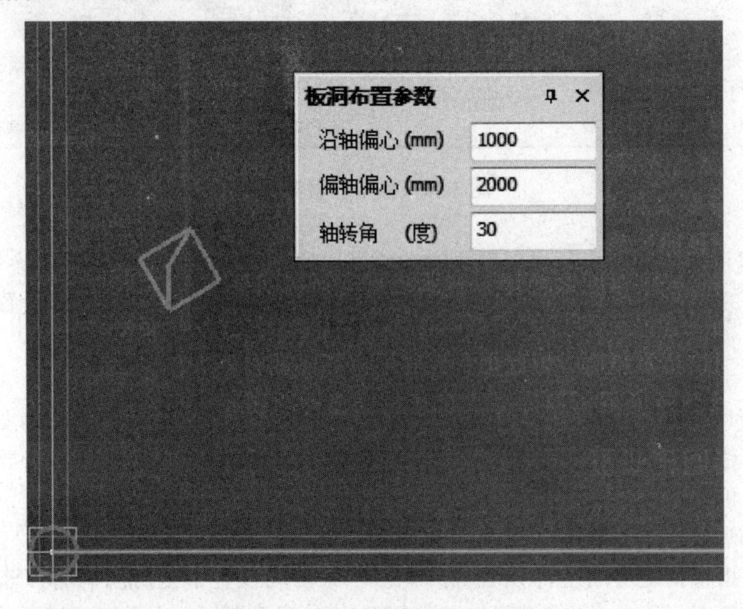

图 2-28　洞口布置参数的设置

2.10.2　层间板布置

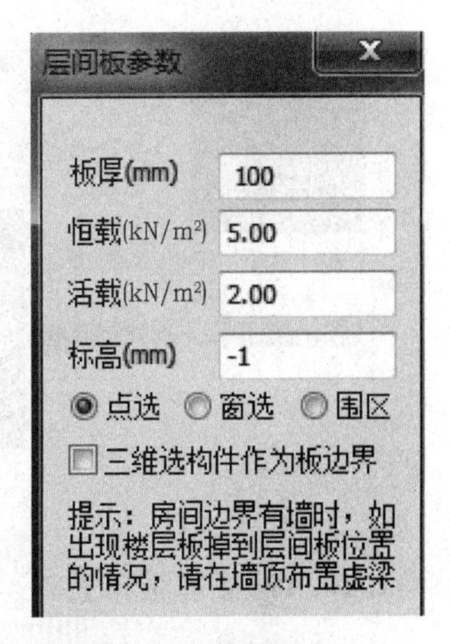

图 2-29　层间板参数的设置

层间板布置与普通楼板类似，需布置在梁围成的封闭空间。层间板参数可以设置板厚、恒载值、活载值以及所处的标高值，如图 2-29 所示。

需要说明的是，一个房间区域内，只能布置一块层间板。所以，在布置层间板前，需先执行“生成楼板”命令。

在“层间板参数”设置对话框中，标高参数的默认值为“－1”，表示的含义是从层顶开始，向下查找第一块可以形成层间板的空间区域，自动布置上层间板。如图 2-30 所示，在层间板参数中，标高的参数设置支持“－1”到“－3”，即可以最多向下查找三层。程序支持自动查找空间斜板，允许层间板和斜板共用一条而不重合的边。

在“构件删除”对话框中勾选“层间板”选项，删除所选的层间板。

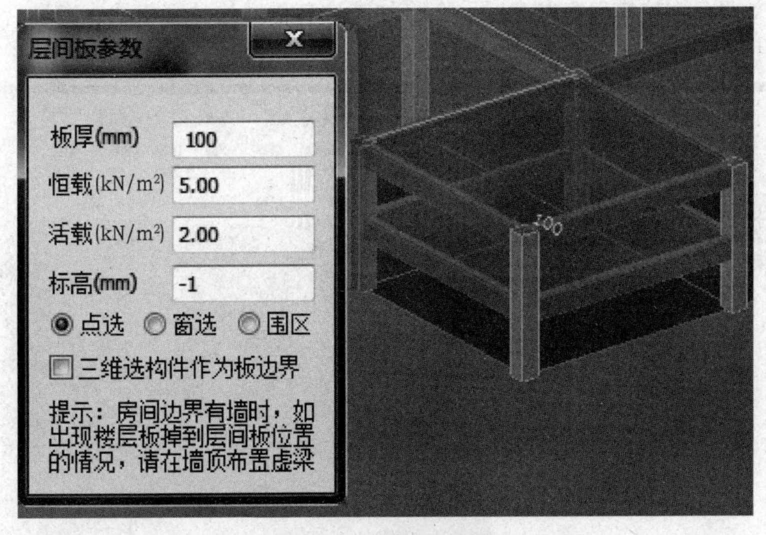

图 2-30　层间板布置

勾选“三维选构件作为板边界”选项，可以切换到三维视图的状态，用户可以选择层间板边界的梁来布置层间板，也可以通过框选多个层间梁来布置多个房间的层间板。

2.10.3　悬挑板布置

悬挑板的布置与其他构件的布置类似，在界面参数里需要输入界面的形状、宽度、外挑长度和板厚。

在布置参数里，对于在定义中指定了宽度的悬挑板，可以在此输入相对于网格线两端的定位距离。顶部标高可以指定悬挑板顶部相对于楼面的高差。

在布置悬挑板时，移动鼠标到板构件附近，程序会出现悬挑板的预览，通过移动鼠标可以改变布置方向，选定好单击即可，允许连续布置。悬挑板的布置如图 2-31 所示。

在“构件删除”对话框中勾选“悬挑板”选项，删除所选的悬挑板。

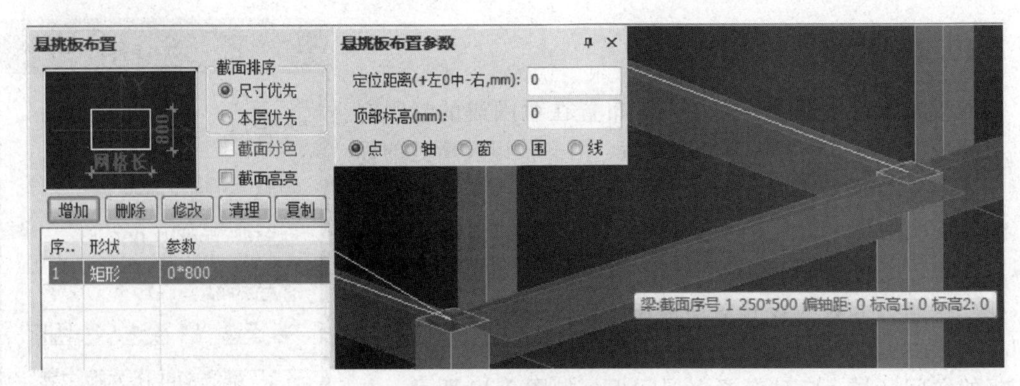

图 2-31　悬挑板的布置

2.10.4　板加腋布置

楼板和框架柱连接处，通常是直角，而板加腋就是加了一个承托，类似T形梁。在软件里提供了腋长度、板边腋高、板内腋高和加腋位置选项，布置了楼板加腋后，可以切换到三维显示，如图 2-32 显示效果。在建模程序退出时，会将加腋信息传递给计算模块，在进行计算分析时会考虑加腋的作用。

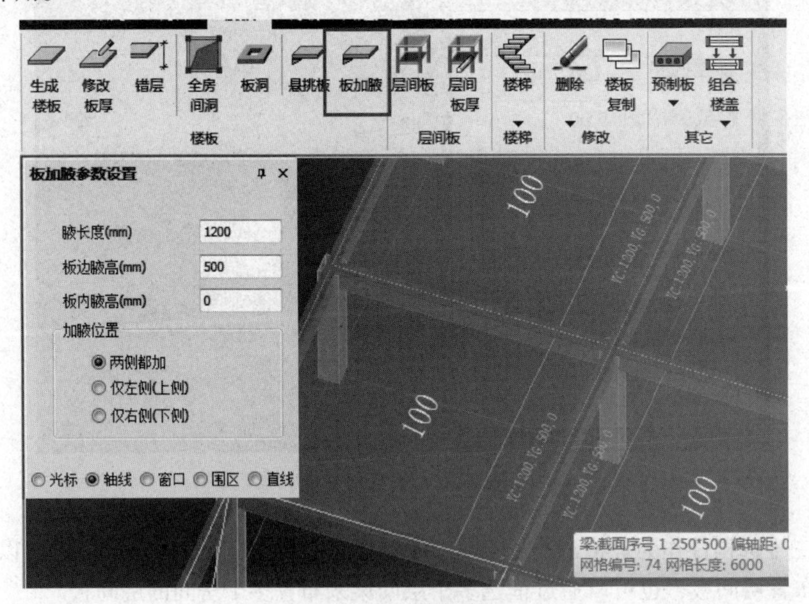

图 2-32　板加腋的布置

需要说明的是，板加腋是在网格上布置的，选择网格线即可布置网格线上梁两端的板。

在“构件删除”对话框中勾选“板加腋”选项，删除所选的板加腋。

2.11　常规楼梯布置

楼梯构件是结构的薄弱环节，对结构的整体刚度有较明显的影响。在结构计算中应予以适当考虑。楼梯的布置在“楼板”的布置菜单里，包含“布置”“修改”“删除”“画法”等功能，如图 2-33 所示。

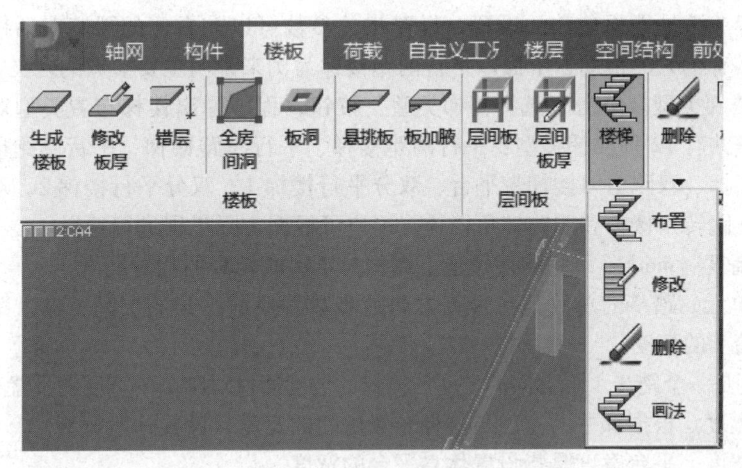

图 2-33　楼梯布置菜单

2. 11. 1　楼梯布置

单击“楼梯”子菜单中的“布置”工具，光标处于拾取状态，程序要求用户选择楼梯所在的矩形房间，当光标移到某一房间时，该房间边界将加亮，提示当前所在房间，单击左键确认。

选中需要布置楼梯的房间，程序会弹出定义楼梯类型的对话框，单击楼梯类型进入楼梯参数的设计，这里以常用的平行两跑楼梯为例，如图 2-34 所示。

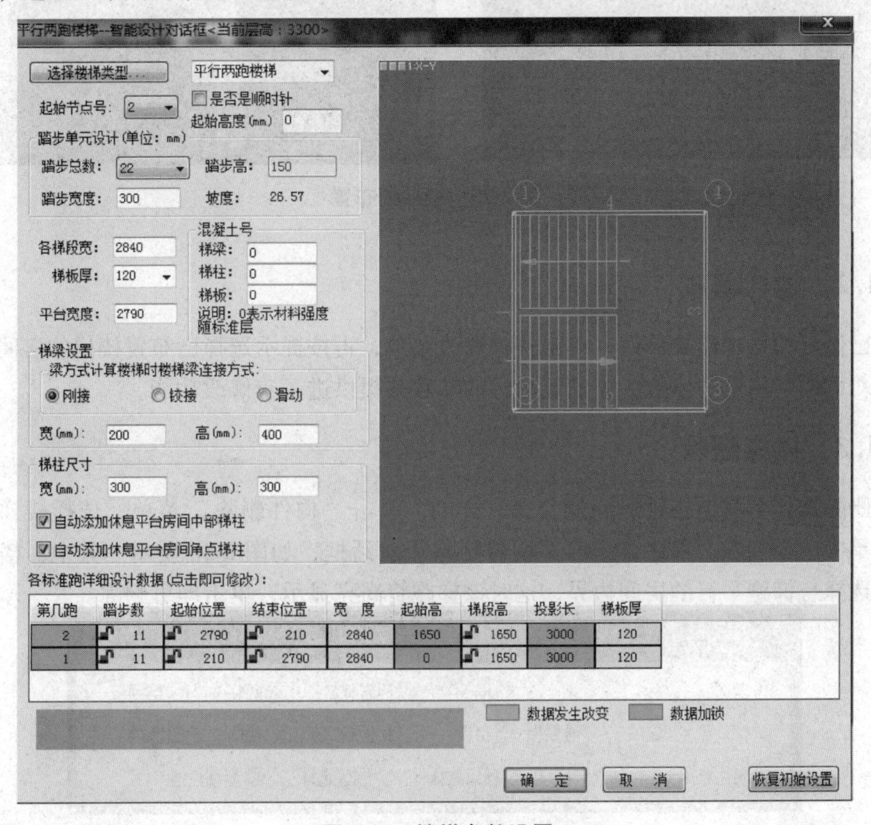

图 2-34　楼梯参数设置

楼梯的布置关键是楼梯参数的设置，设置相关参数可以在右侧的预览对话框中显示，这对每个参数的含义有很大的帮助，下面以平行两跑楼梯为例来说明主要参数的含义。

（1）选择楼梯类型。单击“选择楼梯类型”按钮，程序弹出楼梯布置类型对话框，供用户选择，目前程序共有 12 种楼梯类型：平行两跑楼梯、平行三跑楼梯、平行四跑楼梯、单跑直楼梯、双跑交叉楼梯、双跑剪刀楼梯带平台、双分平行楼梯 1、双分平行楼梯 2、双跑直楼梯、两跑转角楼梯、三跑转角楼梯和四跑转角楼梯。用户可根据实际工程进行选择。

（2）起始高度（mm）。第一跑楼梯最下端相对本层底标高的相对高度。

（3）踏步单元。踏步的总数是在垂直方向踏步数，根据已知的层高，输入踏步总数，程序会自动计算出踏步的高度。

踏步的宽度是一个踏步水平方向的宽度，楼梯的坡度通过对踏步的宽度的设置进行自动调整。

（4）梯段宽度。根据梯井的宽度与楼梯布置房间的宽度，设置梯段宽度。

（5）平台宽度。平台宽度是指设置休息平台的宽度。

（6）梯梁与梯柱。可设置梯梁连接方式和梯梁梯柱的截面尺寸。

参数设置完毕，单击确定，楼梯自动布置在所选房间，如图 2-35 所示。

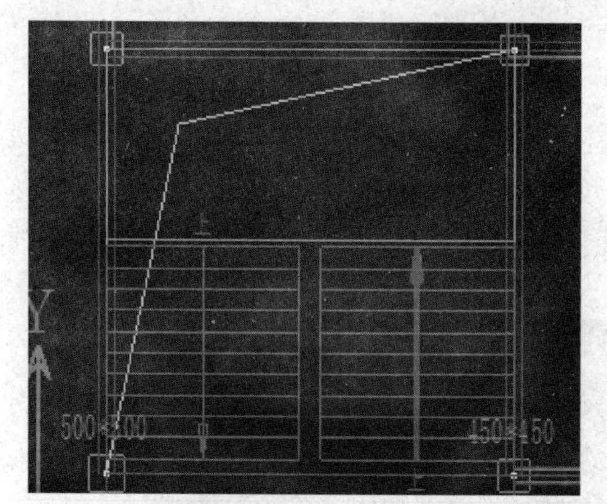

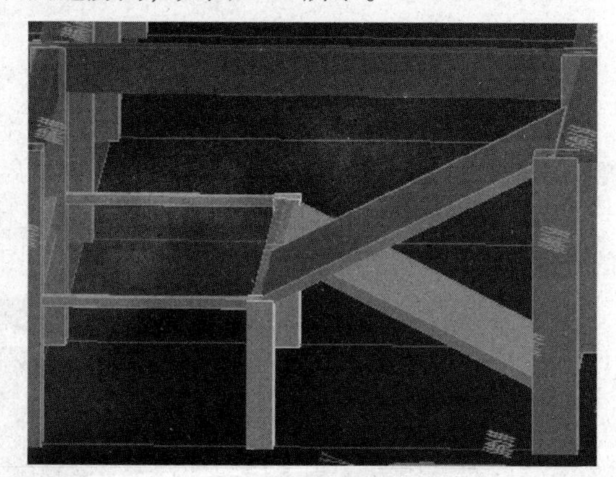

图 2-35　楼梯的布置

2. 11. 2　楼梯修改

如果已做好的楼梯需要修改，单击楼梯修改菜单，再按提示选择已布置楼梯的房间，可弹出相对应的对话框，内部的参数为先前编辑过的参数并提供进一步修改功能。

2. 11. 3　楼梯删除

楼梯删除操作与其他构件删除操作是一样的。单击“构件删除”菜单，选择楼梯，或从楼梯下拉菜单中选择删除，程序会弹出“构件删除”对话框，如图 2-36 所示。其中，楼梯选项是勾选的，选择与梯跑平行的房间边界，这时该梯跑将高亮显示，单击即可删除。

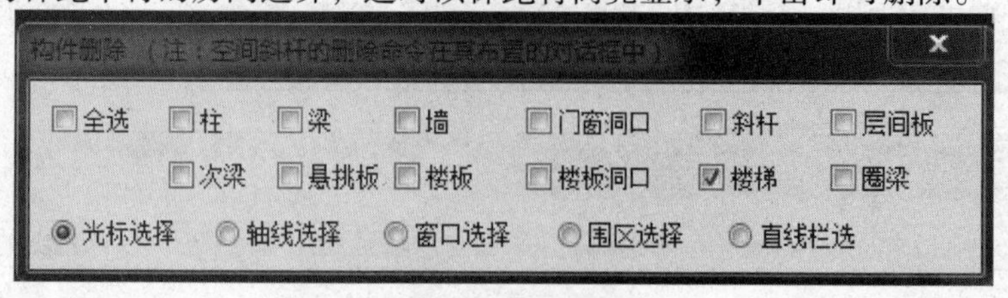

图 2-36　楼梯删除

2. 12　构件修改

在构件布置完毕后，用户还可以对构件进行局部修改，构件修改主要包括构件删除、截面刷、截面替换、单参修改、截面工具、偏心对齐等功能，如图 2-37 所示。构件删除在 2. 11. 3 中已介绍过，在此不再赘述。现对其他构件修改命令进行介绍。

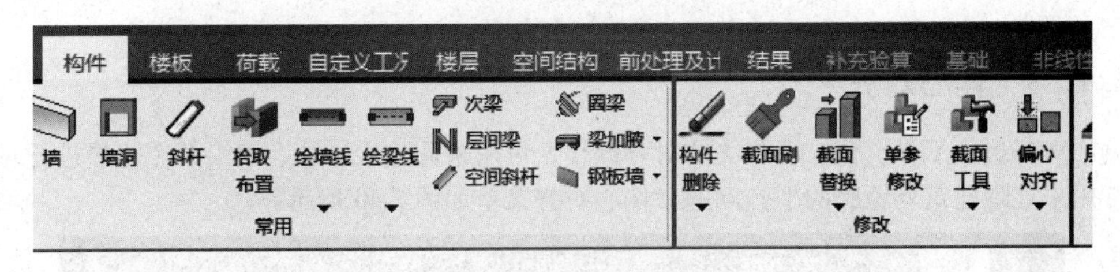

图 2-37　构件修改菜单

2. 12. 1　截面刷

截面刷类似于“格式刷”，但“截面刷”仅会调整构件的截面参数，不会修改构件的属性。

2. 12. 2　截面替换

截面替换就是把平面上某一类型截面的构件用另一类截面替换。选择某类构件截面替换后，依次选择被替换截面和替换截面即可，模型中对应的构件也会随之更新。

截面替换包含柱、梁、墙、门窗、斜杆等替换命令，程序还会提供替换截面的日志，供用户来查询。

2. 12. 3　单参修改

使用“单参修改”命令，可以对构件的参数进行批量修改。图 2-38 所示是成批修改框架梁梁顶标高的例子。

图 2-38　单参修改梁顶标高

2. 12. 4　截面工具

截面工具包括梁宽厚度、修改梁宽和梁高、修改墙厚、门窗高度、截面导入导出等命令。此命令通过输入需要修改的数值，然后选择构件即可修改，支持三维选择和层间编辑，梁宽度的修改如图 2-39 所示。

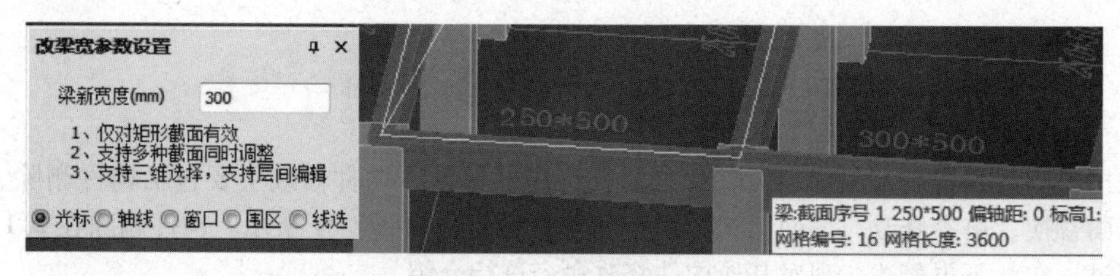

图 2-39　梁宽度的修改

2.12.5　偏心对齐

偏心对齐提供了梁、柱、墙相关的对齐操作，可用来调整梁、柱、墙沿某个边界进行对齐操作，常用来处理建筑外轮廓的平齐问题。偏心对齐菜单如图 2-40 所示。

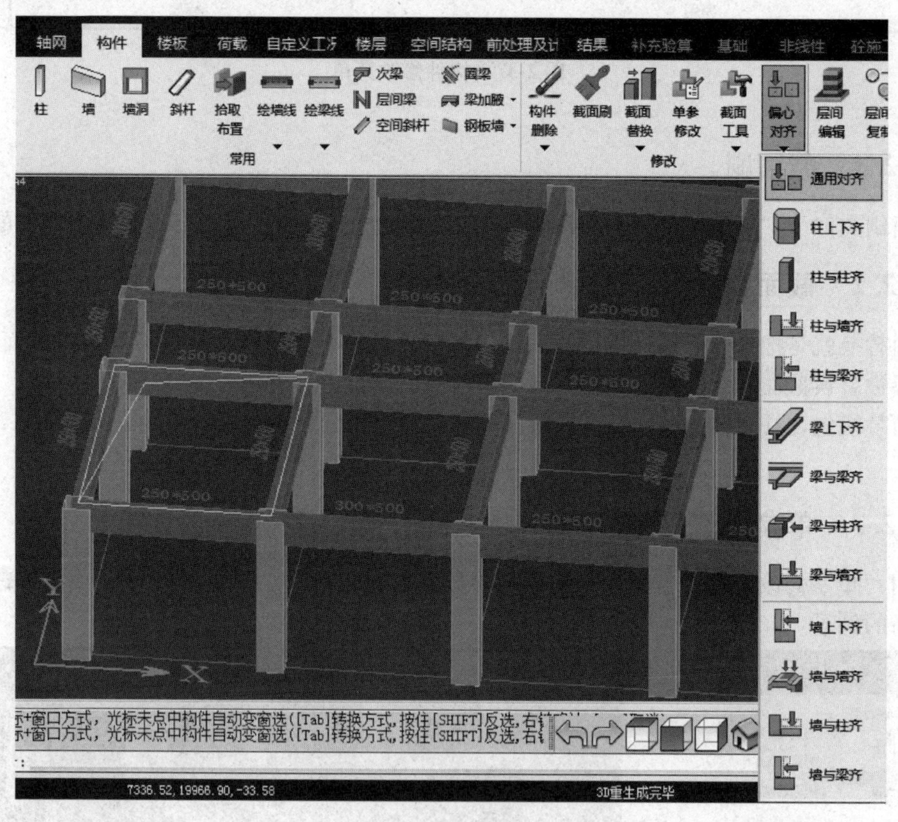

图 2-40　偏心对齐菜单

根据布置的要求自动完成偏心计算与偏心布置，举例说明如下：

（1）柱上下齐：当上下层柱的尺寸不一样时，可按上层柱对下层柱某一边对齐（或中心对齐）的要求自动算出上层柱的偏心并按该偏心对柱的布置自动修正。此时如打开“层间编辑”菜单可使从上到下各标准层的某些柱都与第一层的某边对齐。因此，用户布置柱时可先省去偏心的输入，在各层布置完后再用本菜单修正各层柱偏心。

（2）梁与柱齐：可使梁与柱的某一边自动对齐，按轴线或窗口方式选择某一列梁时可使这些梁全部自动与柱对齐，这样在布置梁时不必输入偏心，省去人工计算偏心的过程。

可使用通用对齐或单独的命令，单独的命令按梁、柱、墙分类共有 12 项，分别如下：

柱上下齐，柱与柱齐，柱与墙齐，柱与梁齐；
梁上下齐，梁与梁齐，梁与柱齐，梁与墙齐；
墙上下齐，墙与墙齐，墙与柱齐，墙与梁齐。

2.13　拾取布置

“拾取布置”可以运用构件的截面、偏心、标高、转角等参数来调整其他同类构件，可以在批量修改构件过程中，在弹出的构件布置面板中调整参数布置，还可以在轴线网格上直接进行构件布置。如对梁进行偏心设置，利用“拾取布置”的方法如下：

先单击“拾取布置”按钮，然后选择需要修改的梁构件，弹出梁布置对话框，修改偏轴距离 100 mm，鼠标放在要调整的构件上，移动鼠标可以修改偏心的方向，单击即可修改，如图 2-41 所示。“拾取布置”可以修改已布置好的构件，也可以在网格上进行重新布置。

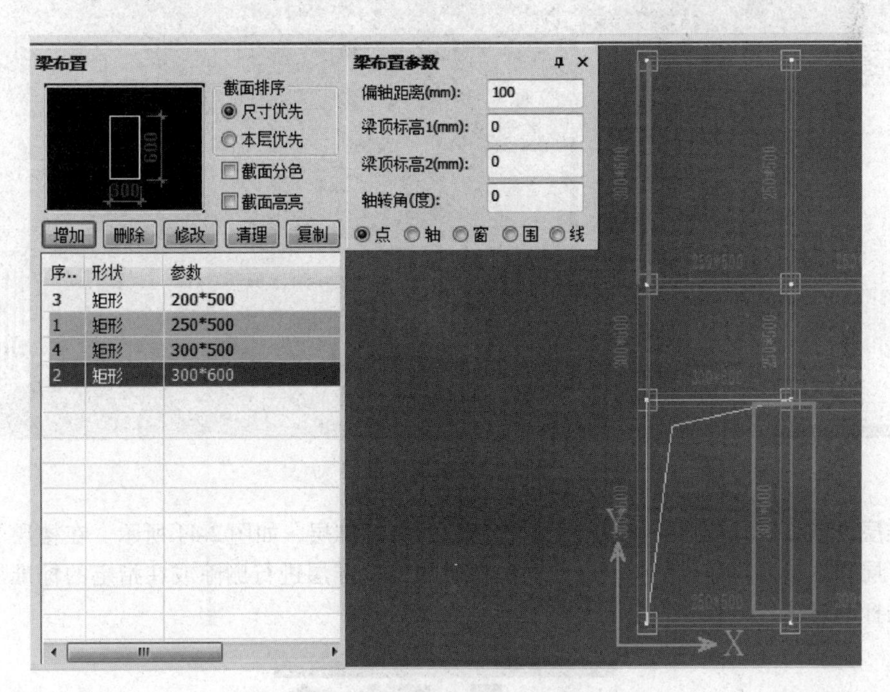

图 2-41　“拾取布置”梁构件

需要说明的是，“拾取布置”可以对构件的界面、偏心、标高和材料等信息进行修改，不同于“截面刷”只能对构件的界面进行修改。

2.14　楼层管理

楼层菜单主要包括“组装”“拼装”“支座”“标准层”等功能，如图 2-42 所示。

2.14.1　标准层创建

在完成标准层的创建之后，可通过“标准层”→“增加”创建一个新的标准层，新标准层应在旧标准层基础上输入，以保证上下节点网格的对应，为此应将旧标准层的全部或一部分复

图 2-42　楼层管理信息

制成新的标准层，在此基础上修改，如图 2-43 所示。增加新标准层的方式有全部复制、局部复制和只复制网格三种。复制标准层时，可将一层全部复制，也可只复制平面的某一部分或某几部分，当局部复制时，可按照直接、轴线、窗口和围栏四种方式选择复制的部分。复制标准层时，该层的轴线也被复制，可对轴线增删修改，再形成网点生成该层新的网格。

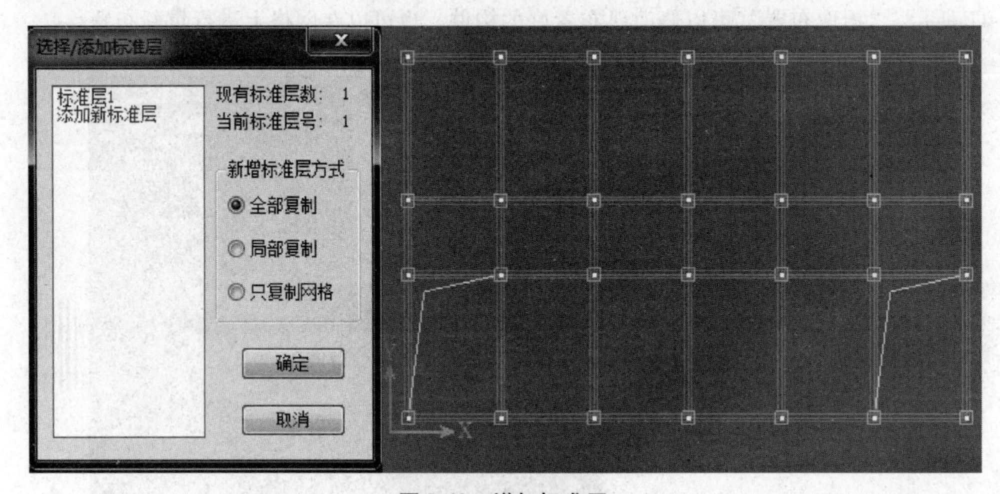

图 2-43　增加标准层

标准层设置好后，在楼层管理区显示新复制的新标准层，如图 2-44 所示。在楼层管理区可以在上下层和本层之间进行切换，也可以对新增加的标准层进行删除或在指定的标准层后插入一个新的标准层。

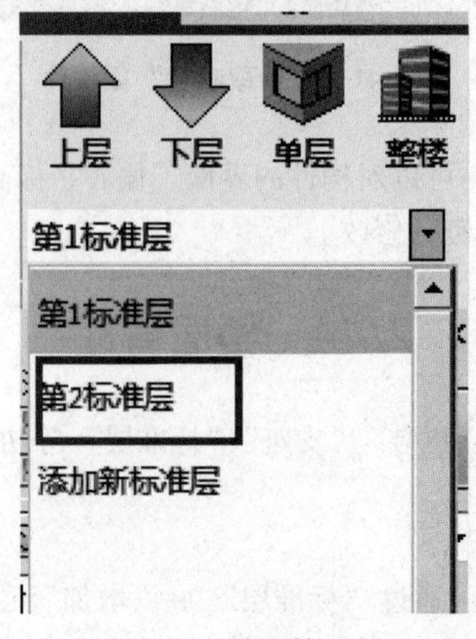

图 2-44　楼层管理区

2.14.2 楼层组装

楼层组装主要包括设计参数、楼层信息、楼层组装和动态模型四个方面。

（1）设计参数。设计参数主要对楼层的总信息、材料信息、地震信息、风荷载信息和钢筋信息进行输入。

（2）楼层信息。全楼信息汇总了所有楼层的荷载、材料、板厚等信息，通过此项可以对每层的信息进行修改。

（3）楼层组装。单击“楼层组装”对话框，可以对设置的标准层进行组装，在楼层管理区可以查看组装好的整栋楼的信息，如图 2-45 所示。

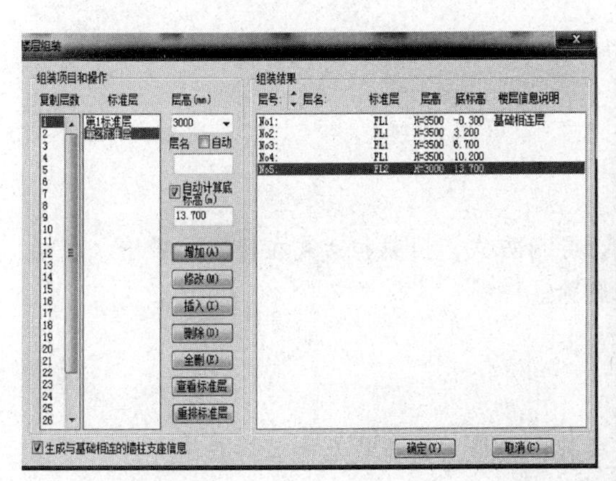

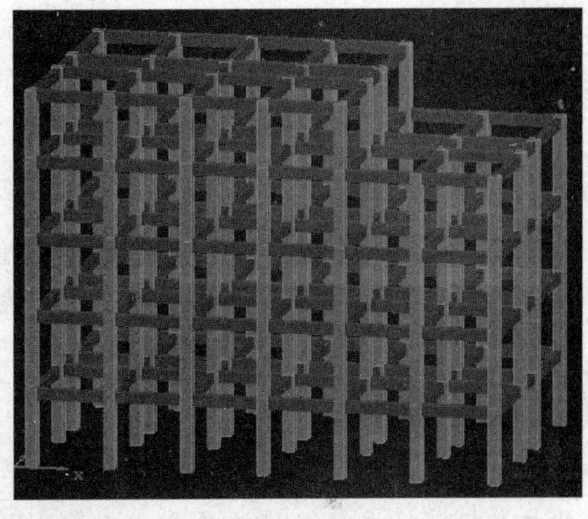

图 2-45 楼层组装

（4）动态模型。动态模型是程序自动显示楼层组装的过程。

2.14.3 楼层拼装

楼层拼装是指在楼层组装时，为每一个楼层增加一个层底标高参数来进行广义层的定义，这时，程序将不再依赖楼层组装的顺序去判断楼层的高低，而改为通过楼层的绝对位置进行模型的整体组装。这种方式较适用于多塔、连体结构的建模。

第 3 章

荷载输入

★内容提要

本章的主要内容包括楼面恒活荷载的设置，导荷方式，恒载和活载在楼板、梁墙、次梁、墙洞、节点的设置，人防荷载，吊车荷载及荷载删除。

★能力要求

通过本章的学习，学生应熟悉相应的规范条款，掌握梁间荷载及楼面荷载的统计和布置，了解荷载等效操作，熟练掌握荷载输入的系统操作。

3.1 恒荷载与活荷载

高层建筑结构的荷载分为恒载和活载两大类。恒载包括结构构件自重及其上部的非结构构件自重。活载包括楼面活载、屋面活载、雪荷载和风荷载。

1. 恒载

恒载标准值等于构件的体积乘以材料的自重（见表 3-1）。

表 3-1 常用材料的自重

材料	自重	材料	自重
钢筋混凝土	25 kN/m^3	钢材	78.5 kN/m^3
水泥砂浆	20 kN/m^3	混合砂浆	17 kN/m^3
铝型材	28 kN/m	玻璃	25.6 kN/m^3
杉木	4 kN/m	腐殖土	16 kN/m
砂土	17 kN/m^3	卵石	18 kN/m

其他材料的自重可从《建筑结构荷载规范》（GB 50009—2012）中查得。

2. 活载

（1）楼面活载。民用建筑楼面均布活载的标准值、组合值、频遇值和准永久值系数，应按表 3-2 的规定采用。

表3-2　民用建筑楼面均布活载的标准值、组合值、频遇值和准永久值系数

项次	类别	标准值 /（kN·m^{-2}）	组合值系数 ψ_c	频遇值系数 ψ_f	准永久值系数 ψ_q
1	（1）住宅、宿舍、旅馆、办公楼、医院病房、托儿所、幼儿园	—	—	0.5	0.4
	（2）教室，实验室、阅览室、会议室、医院门诊室	2.0	0.7	0.6	0.5
2	食堂、餐厅、一般资料档案室	2.5	0.7	0.6	0.5
3	（1）礼堂、剧场、电影院、体育场及体育馆的看台	3.0	0.7	0.5	0.3
	（2）公共洗衣房	3.0	0.7	0.6	0.5
4	（1）商店、展览厅、车站、港口、机场大厅及其旅客等候厅	3.5	0.7	0.6	0.5
	（2）无固定座位的看台	3.5	0.7	0.5	0.3
5	（1）健身房、演出舞台	4.0	0.7	0.6	0.5
	（2）舞厅	4.0	0.7	0.6	0.3
6	（1）书库、档案室、储藏室	5.0	—	—	—
	（2）密集柜书室	12.0	0.9	0.9	0.8
7	通风机房、电梯机房	7.0	0.9	0.9	0.8
8	汽车通道及停车库				
	（1）单向板楼盖（板跨不小于2 m）				
	客车	4.0	0.7	0.7	0.6
	消防车	3.5	0.7	0.7	0.6
	（2）双向板楼盖和无梁楼盖（柱网尺寸不小于6 m×6 m）				
	客车	2.5	0.7	0.7	0.6
	消防车	20.0	0.7	0.7	0.6
9	厨房：（1）一般的	2.0	0.7	0.6	0.5
	（2）餐厅的	4.0	0.7	0.7	0.7
10	浴室、厕所、盥洗室：				
	（1）第1项中的民用建筑	2.0	0.7	0.5	0.4
	（2）其他民用建筑	2.5	0.7	0.6	0.5
11	走廊、门厅、楼梯：				
	（1）宿舍、旅馆、医院病房、托儿所、幼儿园、住宅	2.0	0.7	0.5	0.4
	（2）办公楼、教室、餐厅、医院门诊部	2.5	0.7	0.6	0.5
	（3）消防疏散楼梯，其他民用建筑	2.5	0.7	0.5	0.3

续表

项次	类别	标准值 /（$kN \cdot m^{-2}$）	组合值系数 ψ_c	频遇值系数 ψ_f	准永久值系数 ψ_q
12	阳台： （1）一般情况 （2）当人群有可能密集时	2.5 3.5	0.7	0.6	0.5

注：（1）本表所给各项活荷载适用于一般使用条件，当使用荷载较大或情况特殊时，应按实际情况采用。

（2）第6项书库活荷载当书架高度大于2 m时，书库活荷载尚应按每米书架高度不小于2.5 kN/m^2 确定。

（3）第8项的客车活荷载只适用于停放载人小于9人的客车；消防车活荷载是适用于满载总重为300 kN的大型车辆；当不符合本表的要求时，应将车轮局部荷载按结构效应的等效原则，换算为等效均布荷载。

（4）第11项楼梯活荷载，对预制楼梯踏步平板，尚应按1.5 kN集中荷载验算。

（5）本表各项荷载不包括隔墙自重和二次装修荷载。对固定隔墙的自重应按恒荷载考虑，当隔墙位置可步时，非固定隔墙的自重应取每延米长墙重（kN/m）的1/3作为楼面活荷载的附加值（kN/m^2）计入，附加值不小于1.0kN/m^2。

（2）屋面活载。房屋建筑的屋面，其水平投影面上的屋面均布活载，应按表3-3的规定采用。

表3-3　屋面均布活载

项次	类别	标准值/kN/m^{-2}	组合值系数 ψ_c	频遇值系数 ψ_f	准永久值系数 ψ_q
1	不上人屋面	0.5	0.7	0.5	0
2	上人屋面	2.0	0.7	0.5	0.4
3	屋顶花园	3.0	0.7	0.6	0.5

注：（1）不上人的屋面，当施工或维修荷载较大时，应按实际情况采用；对不同类型的结构应按有关设计规范的规定，但不得低于0.3 kN/m^2。

（2）当上人的屋面兼作其他用途时，应按相应楼面活荷载采用。

（3）对于因屋面排水不畅、堵塞等引起的积水荷载，应采用构造措施加以防止；必要时，应按积水的可能深度确定屋面活荷载。[屋面积水荷载可取2.0 kN/m^2（考虑20 cm水深），且不与活载组合。]

（4）屋顶花园活荷载不包括花圃土石等材料自重屋面均布活载，不应与雪荷载同时组合。

（3）雪荷载。屋面水平投影面上的雪荷载标准值，应按下式计算：

$$S_k = \mu_r S_o \tag{3-1}$$

式中　S_k——雪荷载标准值（kN/m^2）；

μ_r——屋面积雪分布系数；

S_o——基本雪压（kN/m^2）。

雪荷载的组合值系数为0.7；频遇值系数为0.6；准永久值系数应按雪荷载分区Ⅰ、Ⅱ和Ⅲ区的不同，分别取0.5、0.2和0。

（4）风荷载。主体结构计算时，垂直于建筑物表面的风荷载标准值应按下式计算，风荷载作用面应取垂直于风向的最大投影面积。

$$\omega_k = \beta_z \mu_s \mu_z \omega_0 \tag{3-2}$$

式中　ω_k——风荷载标准值（kN/m^2）；

β_z——z 高度处的风振系数；

μ_s——风荷载体型系数；

μ_z——风压高度变化系数；

ω_0——基本风压值（kN/m^2）。

输入本标准层结构上的各类荷载，如下：

（1）楼面恒活荷载；

（2）非楼面传来的梁间荷载、次梁荷载、墙间荷载、节点荷载及柱间荷载；

（3）人防荷载；

（4）吊车荷载。

单击屏幕顶部“荷载布置”按钮，显示荷载布置二级菜单，如图 3-1 所示。

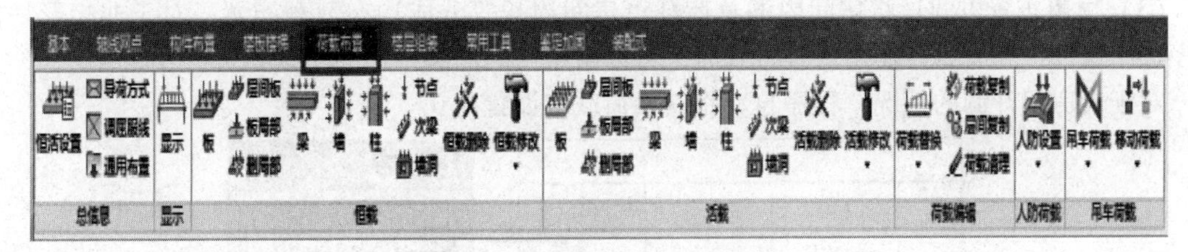

图 3-1　荷载布置的二级菜单

（1）模型荷载集中输入。软件将上部结构各类荷载，包括楼面荷载、梁间荷载、柱间荷载、墙间荷载、节点荷载、次梁荷载、墙洞荷载、人防荷载、吊车荷载等都放在 PMCAD 建模时输入，实现数据共享，避免多处输入荷载的烦琐操作。

（2）所有荷载均应输入标准值，荷载设计值和荷载组合值由程序自动完成。荷载方向：竖向荷载向下为正，节点荷载弯矩的正方向按右手螺旋法则确定。

3.2　楼面恒活设置

用于设置当前标准层的楼面恒、活荷载的统一值及全楼相关荷载处理的方式。

单击“恒活设置”按钮，弹出“楼面荷载定义”对话框，如图 3-2 所示。根据楼面情况输入恒载和活载数值。

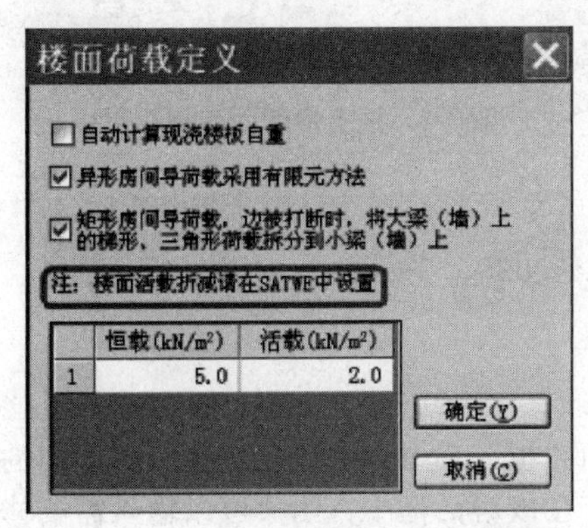

图 3-2　“楼面荷载定义”对话框

注意：由于楼板自重既可以自动计算也可以人工输入，如需自动计算选择，则要勾选自动计算现浇板自重，楼面的其他荷载需要人工输入。

3.3 导荷方式

单击“导荷方式”命令，显示程序自动确定的各房间导荷方式，允许用户修改导荷方式和调整屈服线。

运行“导荷方式”命令后，程序弹出如图 3-3 所示对话框，选择其中一种导荷方式，即可向目标房间进行布置。其中：

（1）对边传导方式：只将荷载向房间两边对向传导，在矩形房间上铺预制板时，程序按板的布置方向自动取用这种荷载传导方式。使用这种方式时，需指定房间某边为受力边。

（2）梯形三角形传导方式：对现浇混凝土板且房间为矩形的情况下程序采用这种方式。

（3）周边布置方式：将房间内的总荷载沿房间周长等分成均布荷载布置，对于非矩形房间程序选用这种传导方式。使用这种方式时，可以指定房间的某些边为不受力边。

对于全房间开洞的情况，程序自动将其面荷载值设置为 0。

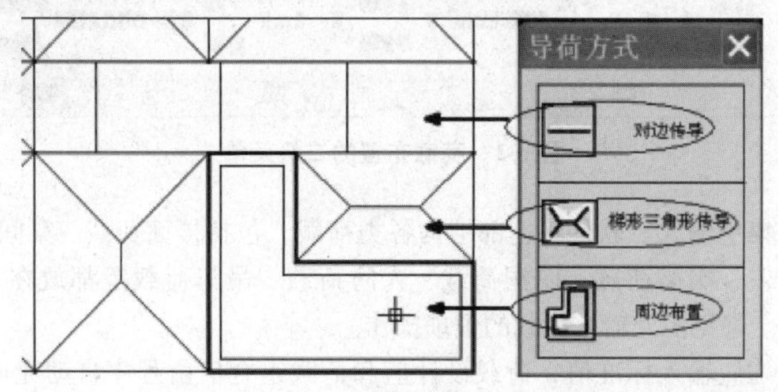

图 3-3　修改板的导荷方式

使用此功能之前，必须要用“构建布置”中的“生成楼板”命令形成一次房间和楼板信息。

该功能用于根据已生成的房间信息进行板面恒荷载的局部修改。操作对象有楼面板和层间板两种，如图 3-4 所示。

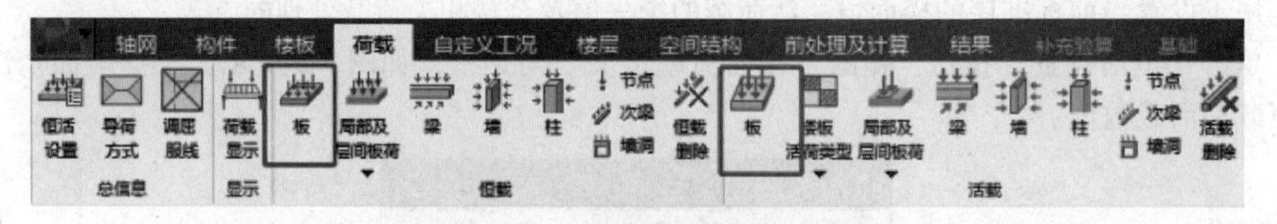

图 3-4　板上恒活面荷载布置

3.4 恒载在楼面、梁墙、次梁、墙洞、节点的设置

3.4.1 楼面恒载

执行“恒载”的面板中的“板”命令，则该标准层所有房间的恒载值将在图形上显示，同时弹出“修改恒载”对话框。在该对话框中，用户可以输入需要修改的恒载值，再在模型上选择需要修改的房间，即可实现对楼面恒载的修改。

对于已经布置了楼面恒载的房间，可以勾选“按本层默认值设置”选项，后续使用“恒活设置命令”修改楼面恒载默认值时，这些房间的恒载值可以自动更新。

在修改楼面及层面板恒载时，也提供了批量修改的功能，如图 3-5 所示。

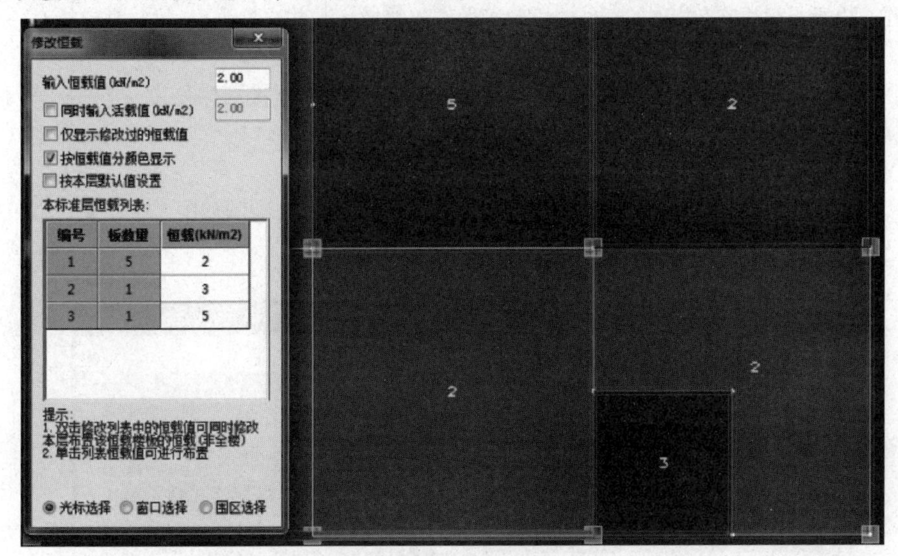

图 3-5　修改楼面恒载

3.4.2　梁墙恒载

在恒载输入时，有“梁墙同时布置”选项，如图 3-6 所示。勾选后进行恒载布置时，选中梁墙构件都会布置上该类型恒载，如果在相同的网格位置既有墙又有梁，则程序只将恒载布置在墙上。

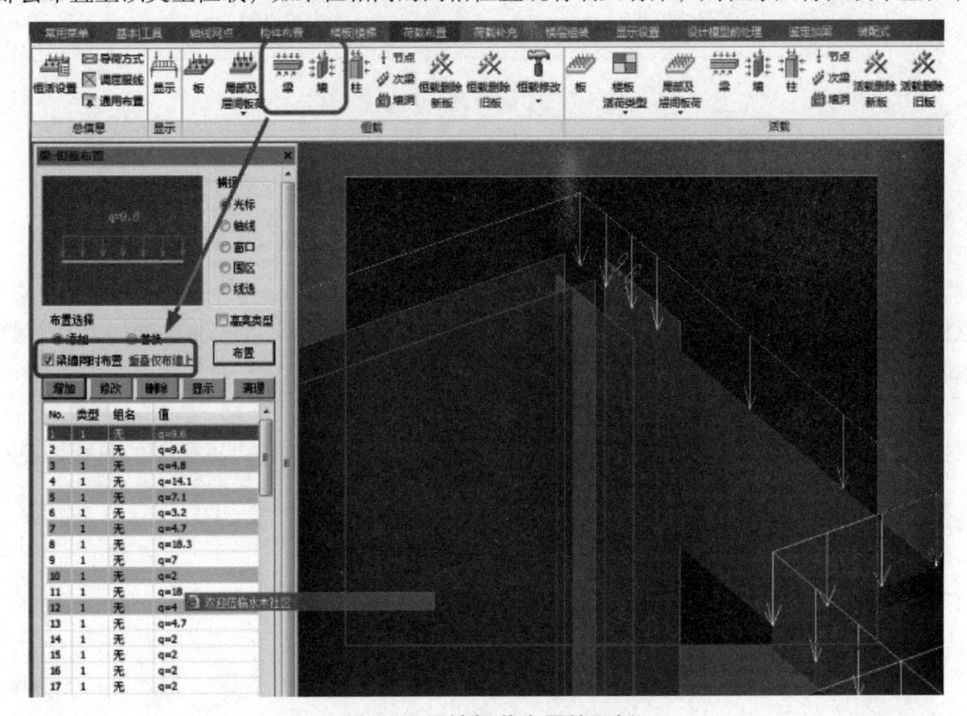

图 3-6　梁墙恒载布置的面板

注意：(1)“梁墙同时布置”选项默认是勾选上的，即梁墙恒载会同时输入。此外，梁墙恒载同时布置支持层间编辑，即可以同时在多个标准层的相同位置上布置梁墙恒载。

(2) 输入了梁（墙）恒载后，如果再进行修改节点信息（删除节点、清理网点、形成网点、绘节点等）的操作，由于与相关节点相连的杆件的恒载将做等效替换（合并或拆分），故此时应核对一下相关的恒载信息。

在此菜单下，首先需要定义恒载信息，然后可将各类恒载布置到构件上。在每个杆件上可加载多个恒载类。如果删除了杆件，则杆件上的恒载也会自动删除。

1. “增加”

单击“增加”菜单后，屏幕上会显示平面图的单线条状态，并弹出“梁荷载”对话框，如图 3-7 所示。

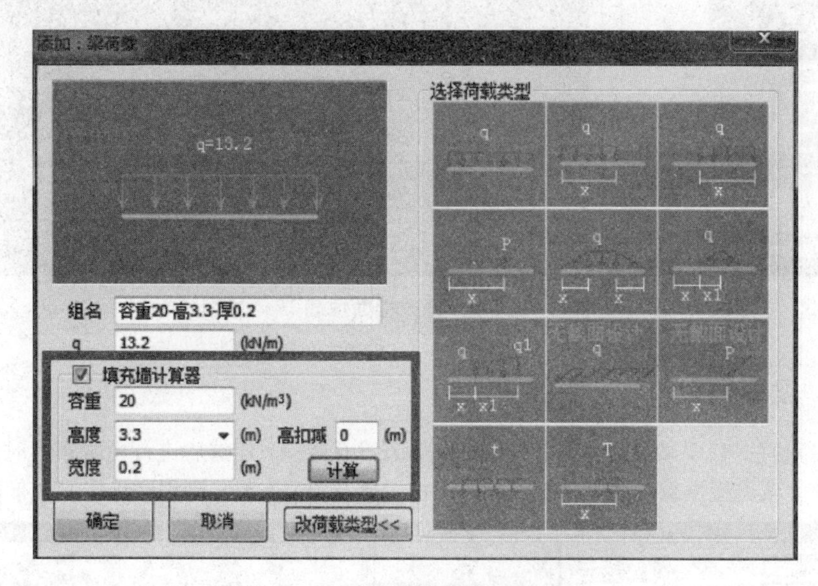

图 3-7 “梁荷载”对话框

2. “修改”

修正当前选择恒载类型的定义数值。

3. “删除”

删除选定类型的恒载，工程中已布置的该类型恒载将被自动删除。恒载删除时，支持多选，可用鼠标左键进行框选，或者按住键盘上的 Shift 键，再单击，都可以选择连续的多项恒载定义进行删除。

4. “显示”

根据“显示”菜单中设定的方法，在平面图上高亮显示出当前类型梁恒载的布置情况。

5. “清理”

“清理”命令自动清理恒载表中在整楼中未使用的类型。

3.4.3 次梁恒载

操作与梁墙恒载相同。

3.4.4　墙洞恒载

“墙洞恒载”用于布置作用在墙开洞上方段的恒载，操作与梁墙恒载相同。

墙洞恒载的类型只有均布恒载，如图3-8所示。其恒载定义与梁墙恒载不共用，故操作互不影响。

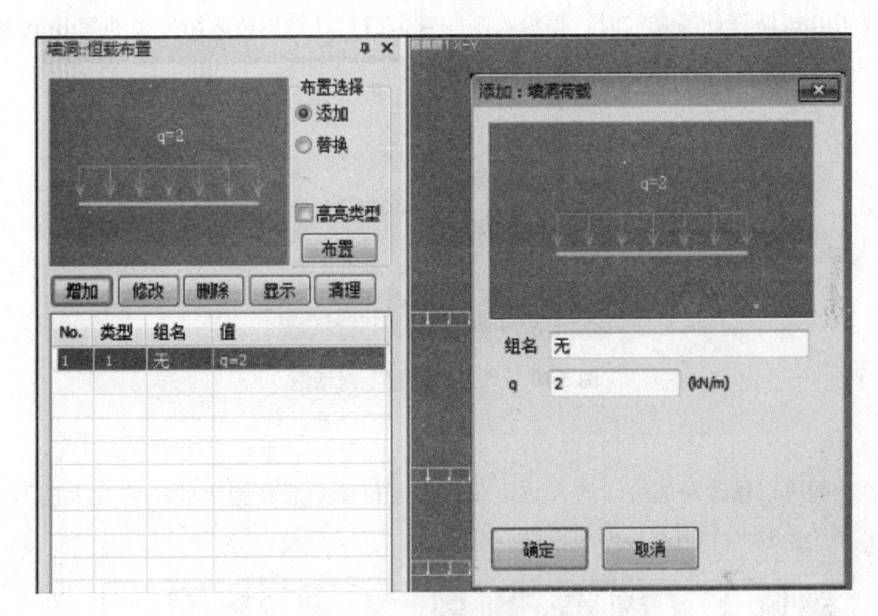

图3-8　墙洞恒载布置

3.4.5　节点恒载

节点恒载是用来直接输入加在平面节点上的恒载，恒载作用点即平面上的节点，各方向弯矩的正向以右手螺旋法确定。

节点恒载操作命令与梁墙恒载相同。操作的对象由网格线变为网格节点。

每类节点恒载需输入六个数值。节点恒载的布置如图3-9所示。

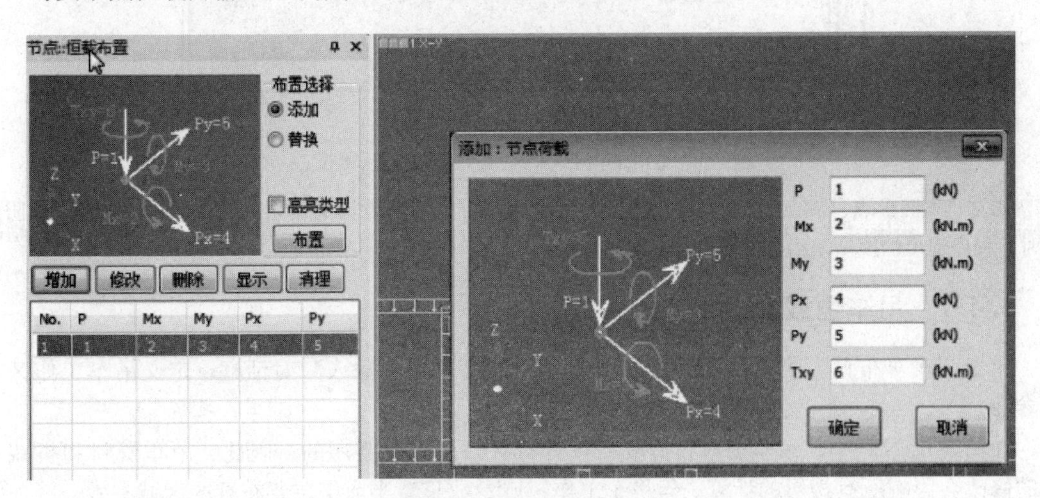

图3-9　节点恒载布置

3.4.6 人防恒载

当工程需要考虑人防恒载作用时，可以用此菜单命令设定。

1. “人防设置”

本命令用于为本标准层所有房间设置统一的人防等效恒载。“人防设置”对话框如图 3-10 所示。当更改了“人防设计等级”时，顶板人防等效恒载自动给出该人防等级的等效恒载值。

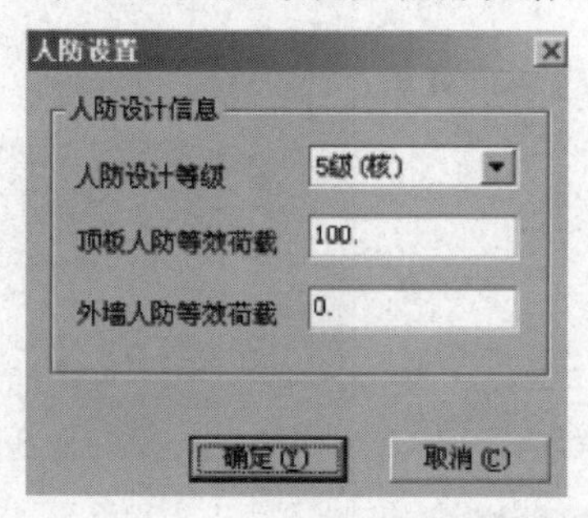

图 3-10 “人防设置”对话框

2. “修改人防”

使用该功能可以修改局部房间的人防恒载值。运行命令后在弹出的“修改人防”对话框中（图 3-11），输入人防恒载值并选取所需的房间即可。

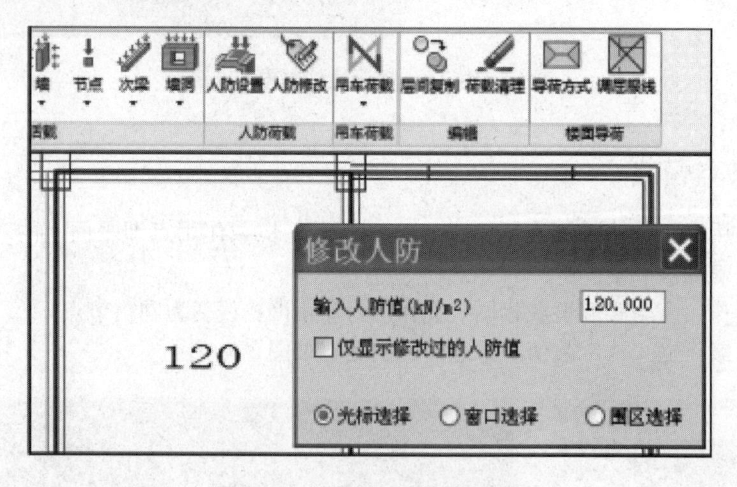

图 3-11 “修改人防”对话框

注意：人防恒载只能在 ±0 以下的楼层上输入，否则可能造成计算的错误。当在 ±0 以上输入人防恒载时，程序退出的模型缺陷检查环节将会给出警告。

3.4.7 吊车恒载

单击“吊车布置”菜单，显示图 3-12 所示的“吊车资料输入”对话框，定义吊车工作区域的参数。

在图 3-12 数据中，吊车资料和折减系数对所有楼层都是共用的，因此，吊车资料和折减系数的修改会影响所有楼层的计算。但吊车工作区域参数只对当前楼层要布置的区域有效。

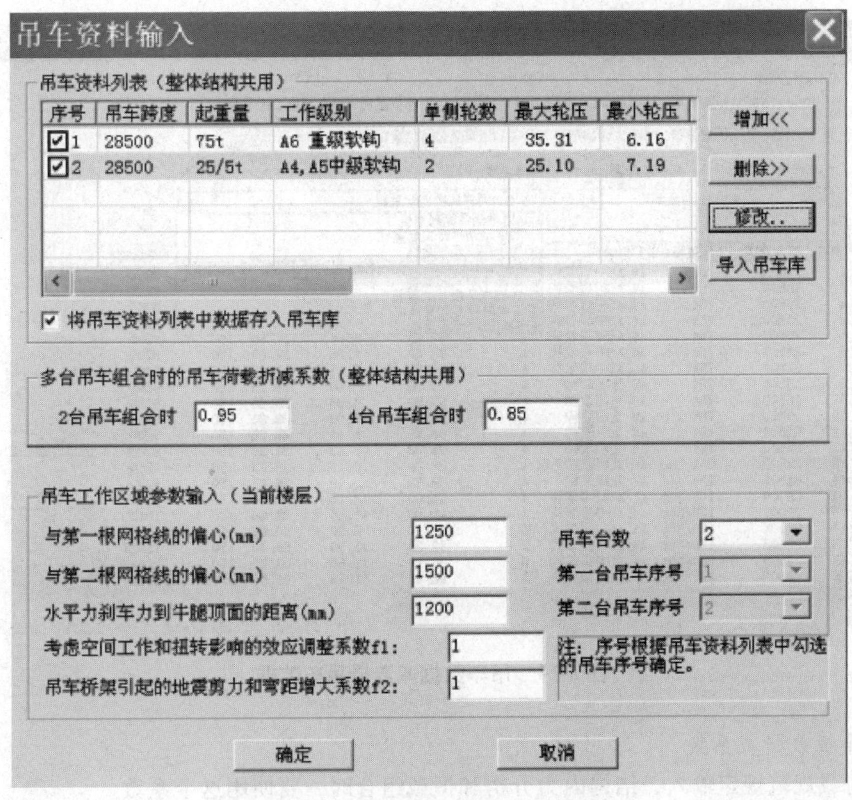

图 3-12　“吊车资料输入”对话框

1. 吊车资料

根据设计资料提供的吊车参数，输入吊车跨度、起重量、轮压、轮距等资料。输入的吊车资料显示在吊车资料列表中，吊车布置时，直接选择已经定义吊车的序号即可。

吊车资料的输入，可以在图 3-12 所示的对话框中，选择增加或者修改，出现如图 3-13 所示的“吊车数据输入”对话框，输入相关参数即可。也可以选择导入吊车库，出现图 3-14 所示的对话框，从软件提供的吊车数据库中进行选择。

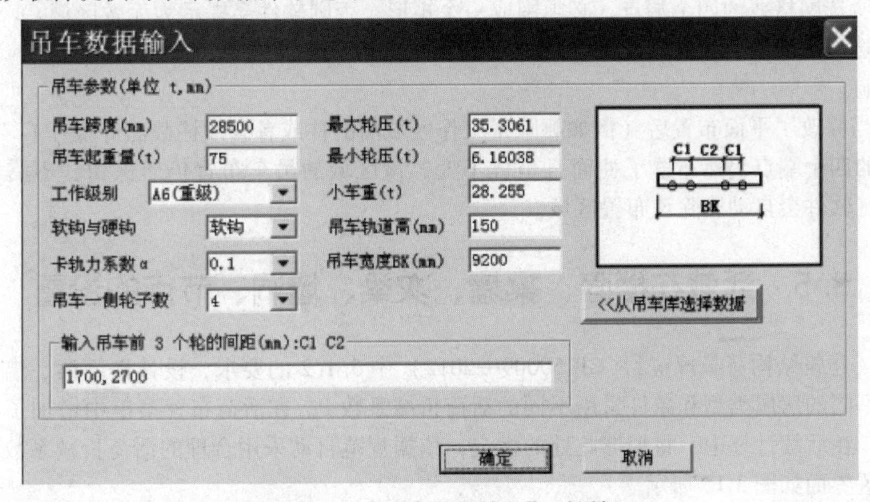

图 3-13　“吊车数据输入”对话框

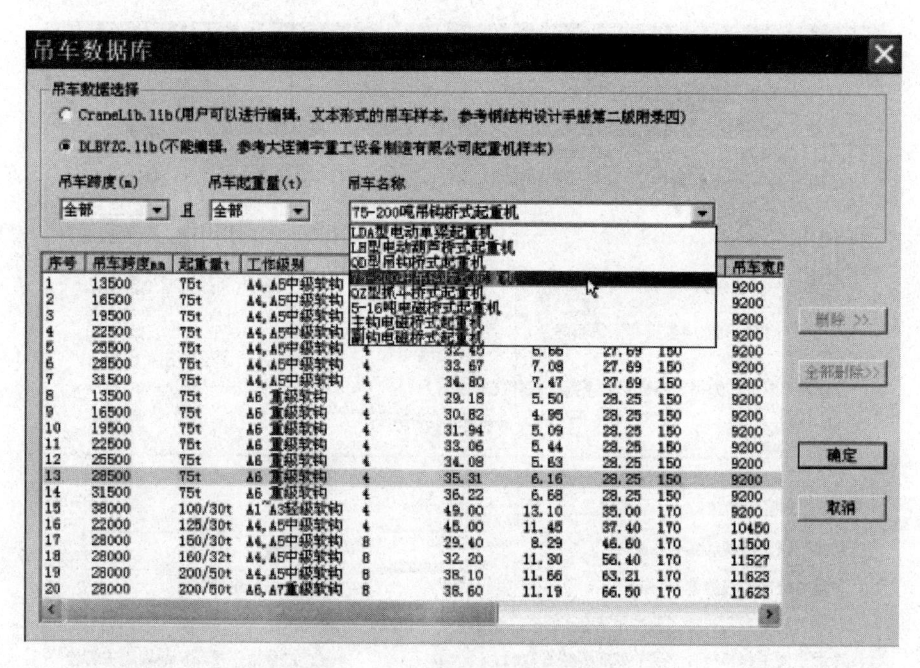

图 3-14　吊车数据库选择吊车数据

2. 吊车恒载折减系数

根据荷载规范规定输入，结构内力分析和恒载组合时，要使用这个系数。

3. 吊车工作区域参数

进行吊车布置时，要用光标选择两根网格线，这两根网格线确定了吊车工作的轨迹和范围。与第一根、第二根网格线的偏心，是指吊车轨道中心与相应网格线的距离（绝对值）。

定义完吊车工作区域参数后，单击确定，用光标选择吊车工作区域进行布置。选择吊车工作区域的要求和特点如下所述：

（1）所选网格线所在直线和吊车梁是平行的。

（2）所选网格线的起始点、终止点必须是有柱节点，一般吊车运行的边界也是有柱的。

（3）所选网格线的四个端点，必须围成一个矩形，否则软件会提示为无效区域。

（4）选择网格线、端点的顺序，软件没有规定，可以任意选择，软件自动排序，对计算结果没有影响。

（5）当修改了平面布置后（例如删除了工作区域内的柱或者修改柱截面等操作），如果吊车工作区域的四个端点仍然布置了柱而且坐标不变，该区域的吊车布置仍然保留，不需要重新布置。否则，软件会自动删除该布置区域。

3.5　活载在楼面、梁墙、次梁、墙洞、节点的设置

根据《建筑结构荷载规范》（GB 50009—2012）中 5.1.2 的要求，设计楼面梁、墙、柱及基础时，对不同的房屋类型和条件采用不同的活荷折减系数 P。在活荷布置菜单中增加了指定房屋类型功能，在后续计算中，将根据此处的指定，依据规范自动采用合理的活荷折减系数。其菜单位置及布置界面如图 3-15 所示。

单击“楼板活荷类型”按钮，则弹出类似梁墙布置的左侧停靠界面，界面中按照规范表格

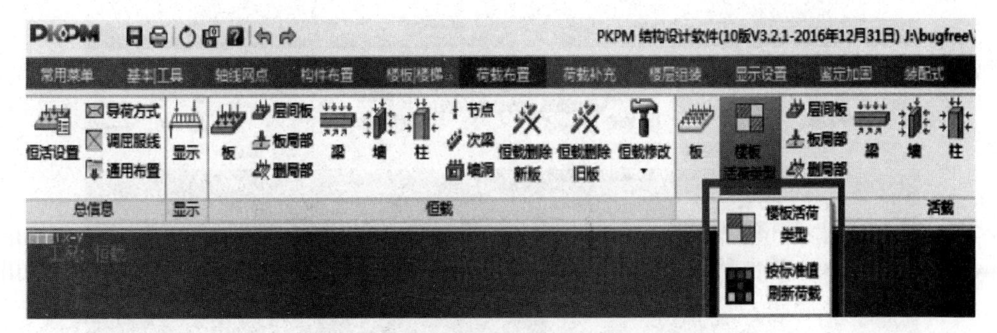

图3-15 “楼板活荷载类型”菜单位置

列出了各种房屋类型，每一房屋类型后都会对应一个属性值，如1（1）房屋对应的属性值为1-1，选定某种房屋类型后，单击“布置”按钮，程序此时进入房间选择过程，选中的房间，即被布置上当前选择的房屋类型属性，并在房间中显示该简化名称，如图3-16所示。

楼面活载、梁墙活载、次梁活载、墙洞活载、节点活载的布置、修改方式与恒载操作相同。

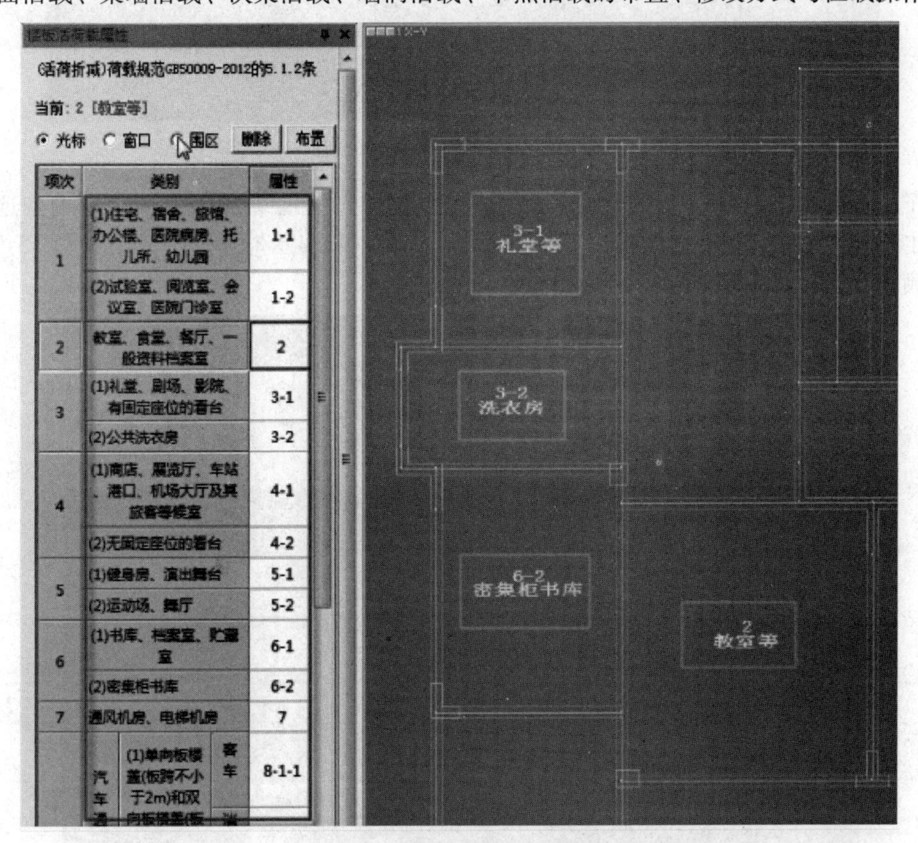

图3-16 房间中显示“楼板活荷载类型”简化名称

3.6 荷载删除

根据工况不同，荷载删除可分为“恒载删除”和“活载删除”两个菜单，其各自菜单位置如图3-17所示。

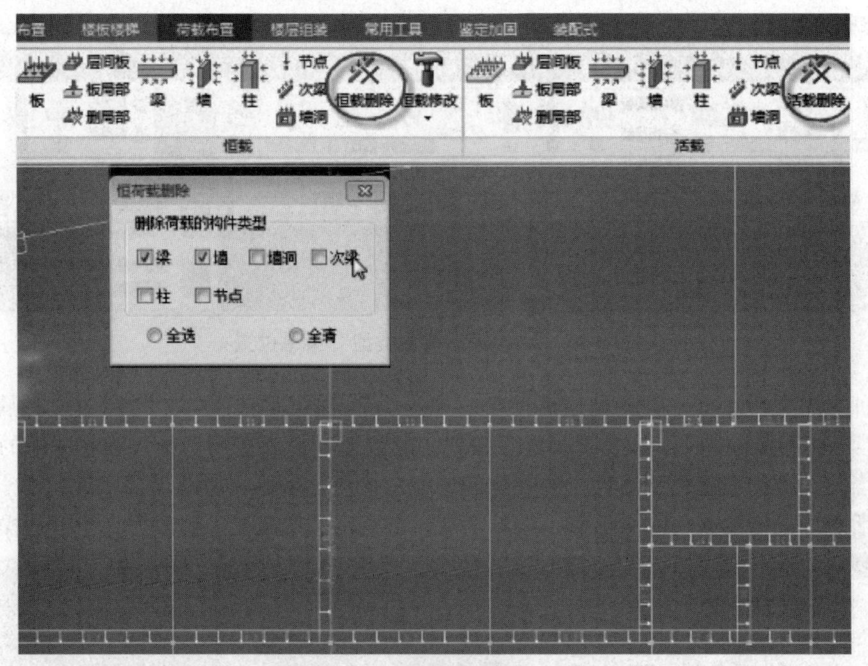

图 3-17　荷载删除菜单位置

程序允许同时删除多种类型的荷载，通过勾选和取消勾选过滤某类构件荷载，只有勾选中的构件荷载才会绘制，便于选择。当进入荷载删除功能时，此时仅显示勾选构件的荷载（图 3-18），退出荷载删除时，自动恢复原先的荷载显示。

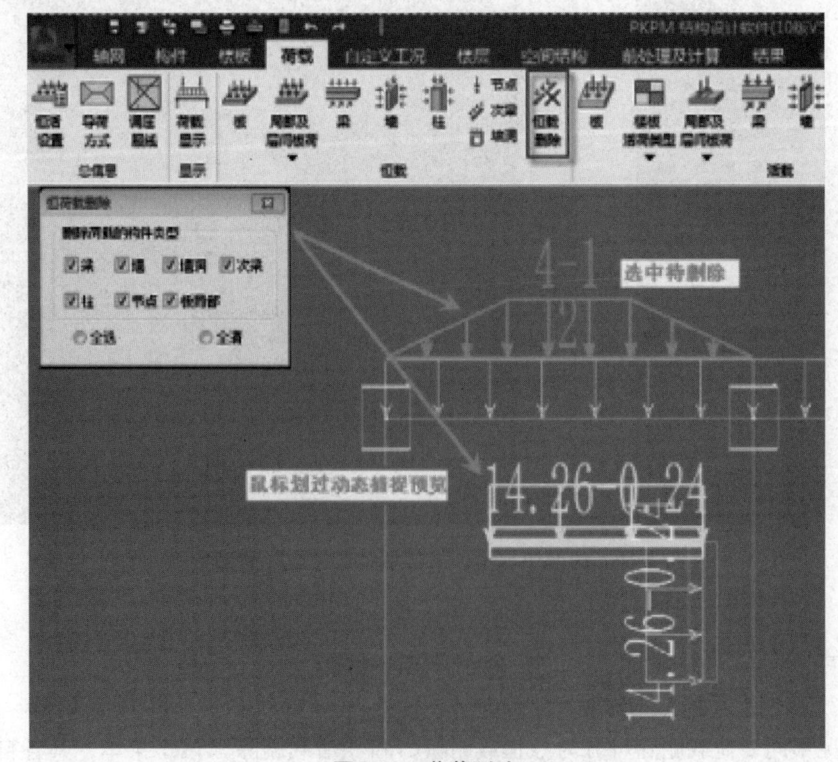

图 3-18　荷载删除

V5 版本对荷载删除做了较大改进，删除荷载由原先的选择荷载所布置的构件改为直接选择荷载（文字或线条），包括楼板局部荷载，并支持三维选择以方便选择层间梁的荷载，如图 3-19 所示。对于一根梁上有多个荷载的情形，直接框选要删除的荷载即可。

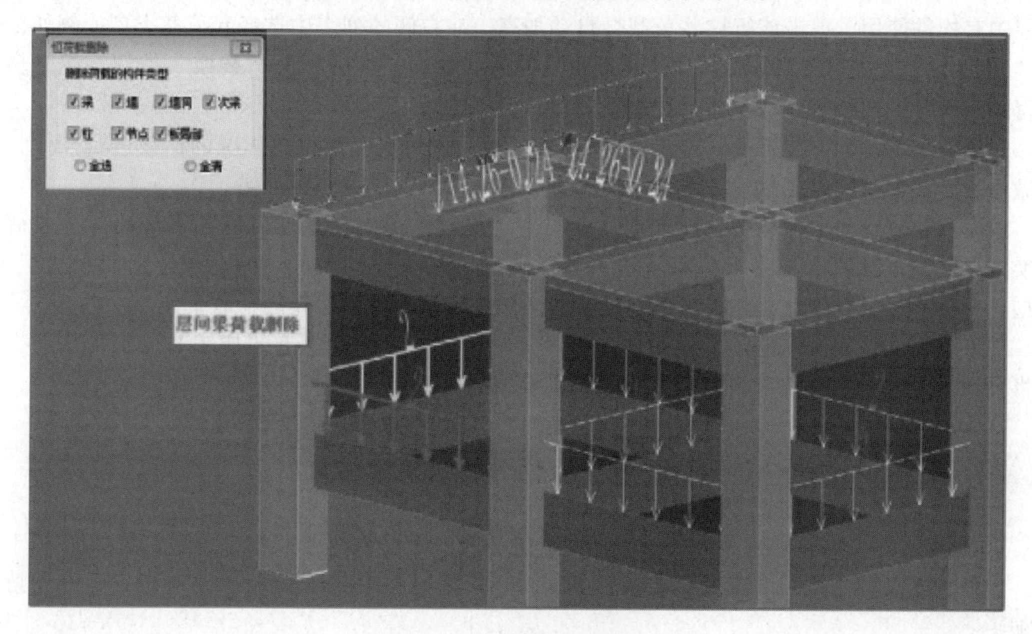

图 3-19　层间梁荷载删除

3.7　荷载替换

在“荷载替换”菜单中，如图 3-20 所示，包含梁荷载、柱荷载、墙荷载、节点荷载、次梁荷载、墙洞荷载的替换命令，与截面替换一样，也提供了查看荷载替换操作过程日志的功能。

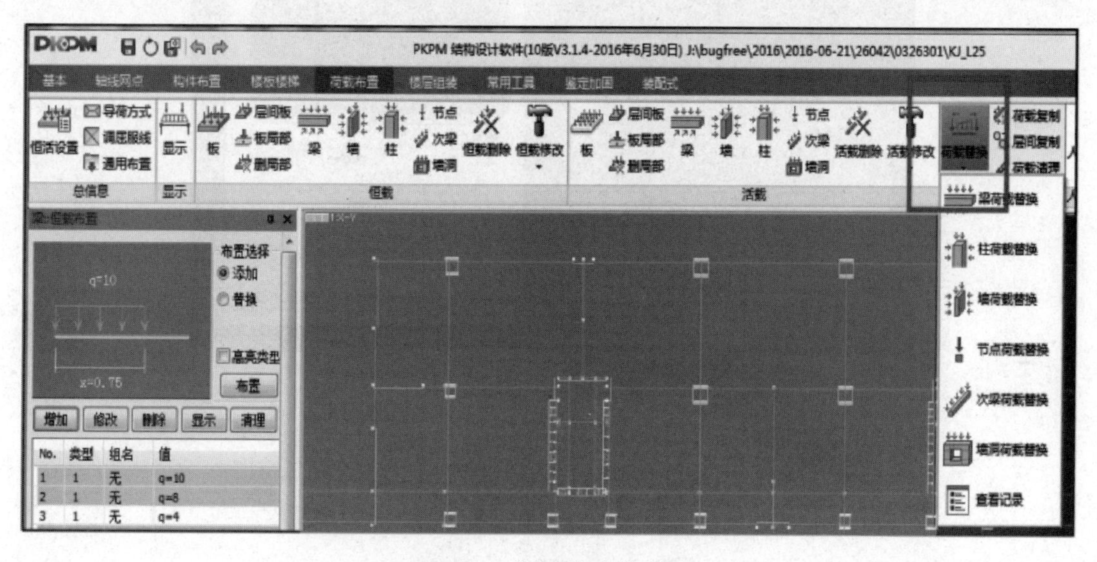

图 3-20　“荷载替换”菜单

执行“梁荷载替换”命令后，程序将弹出“构件荷载替换”对话框，在左侧的列表中选择原荷载类型，例如，选择“满布均布，参数：$q=3$ kN/m”的荷载类型，在图面上程序会自动加亮使用选中类型的荷载。与截面替换功能相同，在列表中，以浅绿色加亮的行表示该荷载在本标准层中有构件使用，单击该行这些荷载会自动加亮。在右侧的列表中选择新荷载类型，例如，选择“左均布，参数：$q=10$ kN/m，$x=1.8$ m”的荷载数据，然后单击“替换”按钮，程序会自动将原荷载替换成新的左均布荷，并刷新图面。

需要注意的是，荷载替换区分工况（恒载、活载），每次仅对相同工况的荷载进行操作，这样做是由于图面每次仅显示一种工况，便于查看替换结果，以免图面混淆。

可以连续进行多次荷载替换，完成后，单击“保存并退出”按钮，程序将自动打开“荷载替换记录”日志文件，其中，记录了进行各次荷载替换操作的时间，原荷载及新荷载的工况、类型、参数、分组等信息，并给出各标准层及全楼进行该次替换操作的荷载个数。

如果对荷载替换操作进行了误操作，想恢复原来结果，可以单击“撤销并退出”按钮，程序将自动恢复进入“构件荷载替换”对话框前荷载布置的样子。

3.8 荷载修改

V5 版本合并了恒载修改和活载修改功能，统一为一个荷载修改菜单，菜单位置如图 3-21 所示。同荷载删除一样，不再捕捉荷载布置的构件，而是直接单击“荷载修改”按钮，并支持层间编辑。

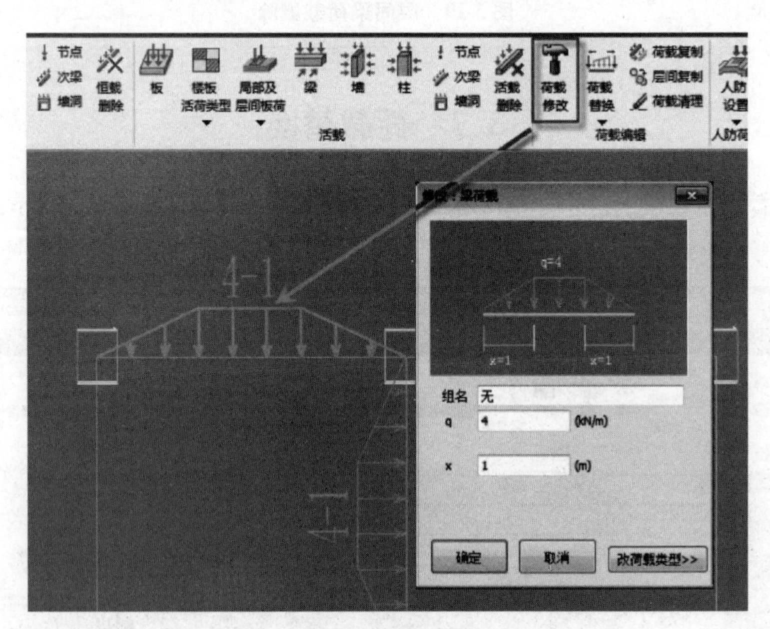

图 3-21 荷载修改

3.9 荷载复制

复制同类构件上已布置的荷载，可恒载、活载一起复制。荷载复制界面如图 3-22 所示。

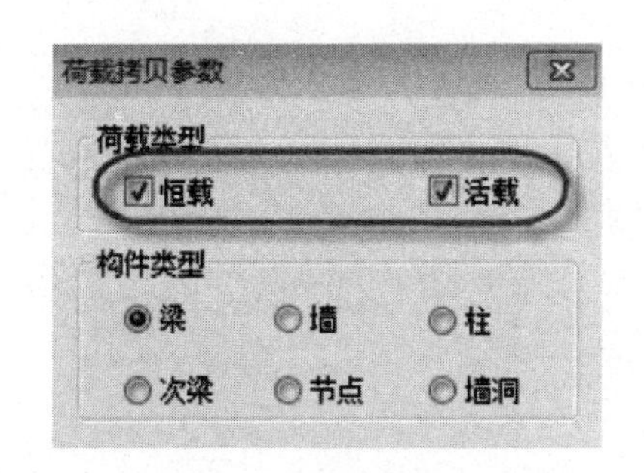

图 3-22　“荷载复制”界面

3.10　荷载输入要求

荷载输入的要求如下：

（1）所有荷载均输入标准值，而非设计值。

（2）楼面均布恒载应包含楼板自重；使用自动计算板自重功能时，楼面均布恒载应扣除楼板自重。

（3）梁、墙、柱自重程序能够自动计算，不需输入，但框架填充墙需折算成梁间均布荷载输入。

（4）柱间荷载输入时，当选取“柱荷输入”菜单，沿柱 X 向会出现两道白线，可具此判断柱间荷载的 X、Y 方向。

（5）预制板是自动按单向传力。

（6）“全房间开洞”导荷时该房间荷载将被扣除，而“板厚为 0”导荷时该房间荷载仍能导到梁、墙上，不被扣除，但画平面图时不会画出板钢筋。除此之外，各程序对“全房间开洞”和“板厚为 0”都当作没有楼板处理。

（7）对于向上的楼面荷载可以输入负值，但只对板传到梁上起作用，而对板配筋不能考虑。用户可以在 PMCAD 软件的“平面荷载显示校核”中选取“墙梁荷载”选项，并选择“导算”，从显示的梁间荷载中可以看出输入负的楼面荷载的房间，其相应导算的梁间荷载为负值。

（8）程序未自动考虑梁楼面活荷载折减，用户如需进行梁楼面活荷载折减应在“恒活设置”中将活荷载折减项选上，并单击“设置折减参数”按钮，根据规范选择所需折减项即可。

（9）导荷计算中常出错溢出的原因：

①本程序内输入的次梁、楼板、洞口的类别总数超出规定范围；

②某层平面上没有一个能够闭合的房间；

③有的房间周围杆件的个数大于 150；

④梁的截面面积为 0（或很小）；

导荷方式总是单向导算，无法修改的原因：注意查看此房间是否布有预制板或是否把屈服线的角度设置为 0。

第4章

楼层组装

★内容提要

本章的主要内容包括楼层的各部分参数的输入、楼板组装、节点下传、支座设置、工程拼装、整楼模型显示设置。

★能力要求

通过本章的学习，学生应熟悉建模常用菜单操作，掌握设计参数的确定，掌握楼层组装的基本方法，熟练掌握楼层组装的系统操作。

4.1 必要参数

楼层组装，主要完成为每个输入完成的标准层指定层高、层底标高后布置到建筑整体的某一部位，从而搭建出完整建筑模型的功能。

在“设计参数”对话框中，共有5页选项卡内容供用户设置，其内容是结构分析所需的建筑物总信息、材料信息、地震信息、风荷载信息以及钢筋信息，以下按各选项卡分别介绍。

4.1.1 总信息

“总信息”选项卡界面如图4-1所示。

结构体系：框架结构、框剪结构、框筒结构、筒中筒结构、剪力墙结构、砌体结构、底框结构、配筋砌体、板柱剪力墙、异型柱框架、异型柱框剪、部分框支-剪力墙结构、单层钢结构厂房、多层钢结构厂房、钢框架结构。

结构主材：钢筋混凝土、钢和混凝土、有填充墙钢结构、无填充墙钢结构、砌体。

结构重要性系数：可选择1.1、1.0、0.9。根据《混凝土结构设计规范（2015年版）》（GB 50010—2010）中第3.2.3条确定。

地下室层数：进行TAT、SATWE计算时，对地震力作用、风力作用、地下人防等因素有影响。程序结合地下室层数和层底标高判断楼层是否为地下室，例如此处设置为4，则层底标高最低的4层判断为地下室。

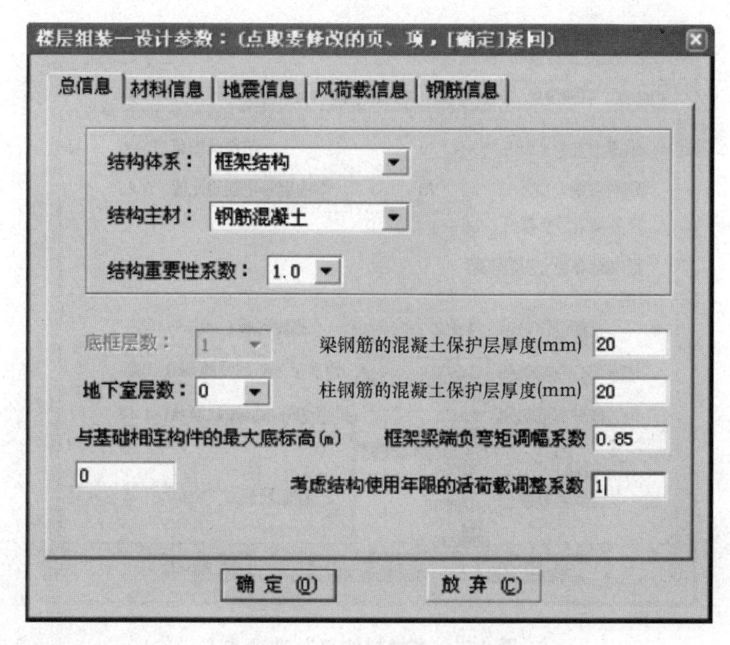

图 4-1　“总信息”选项卡

与基础相连构件的最大底标高：该标高是程序自动生成接基础支座信息的控制参数。当在“楼层组装”对话框中选中了左下角“生成与基础相连的墙柱支座信息”，并单击“确定”按钮退出该对话框时，程序会自动根据此参数将各标准层上底标高低于此参数的构件所在的节点设置为支座。

梁钢筋的混凝土保护层厚度：根据《混凝土结构设计规范（2015 年版）》（GB 50010—2010）中第 8.2.1 条确定，默认值为 20 mm。

柱钢筋的混凝土保护层厚度：根据《混凝土结构设计规范（2015 年版）》（GB 50010—2010）中第 8.2.1 条确定，默认值为 20 mm。

框架梁端负弯矩调幅系数：根据《高层建筑混凝土结构技术规程》（JGJ 3—2010）中第 5.2.3 条确定。在竖向荷载作用下，可考虑框架梁端塑性变形内力重分布对梁端负弯矩乘以调幅系数进行调幅。负弯矩调幅系数取值范围是 0.7 ~ 1.0，一般工程取 0.85。

考虑结构使用年限的活荷载调整系数：根据《高层建筑混凝土结构技术规程》（JGJ 3—2010）中第 5.6.1 条确定，默认值为 1.0。

4.1.2　材料信息

“材料信息”选项卡界面如图 4-2 所示。

混凝土容重（kg/m^3）：根据《建筑结构荷载规范》（GB 50009—2012）附录 A 确定。一般情况下，钢筋混凝土结构的容重为 25 kg/m^3，若采用轻混凝土或要考虑构件表面装修层重时，混凝土容重可填入适当值。

钢材容重（kg/m^3）：根据《建筑结构荷载规范》（GB 50009—2012）附录 A 确定。一般情况下，钢材容重为 78 kg/m^3，若要考虑钢构件表面装修层重时，钢材的容重可填入适当值。

轻集料混凝土容重（kg/m^3）：根据《建筑结构荷载规范》（GB 50009—2012）附录 A 确定。

轻集料混凝土密度等级：默认值为 1 800。

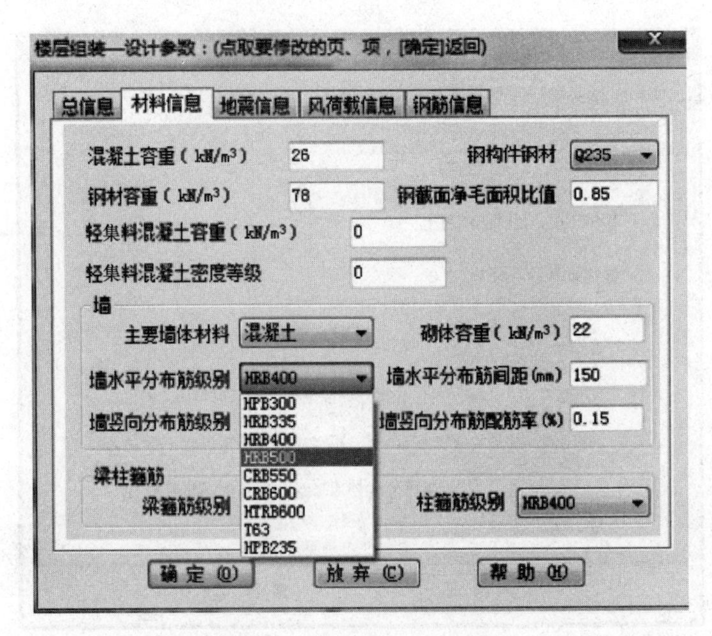

图 4-2 “材料信息”选项卡

钢构件钢材：Q235、Q345、Q390、Q420、Q460、Q500、Q550、Q620、Q690、Q235GJ、Q345GJ、Q390GJ、Q420GJ、Q460GJ、LQ550。根据《钢结构设计标准》（GB 50017—2017）中第 3.4.1 条及其他相关规范确定。

钢截面净毛面积比值：钢构件截面净面积与毛面积的比值。

主要墙体材料：混凝土、烧结砖、蒸压砖、混凝土砌块。

砌体容重（kg/m³）：根据《建筑结构荷载规范》（GB 50009—2012）附录 A 确定。

以下钢筋类别根据《混凝土结构设计规范（2015 年版）》（GB 50010—2010）、《冷轧带肋钢筋混凝土结构技术规程》（JGJ 95—2011）、《热处理带肋高强钢筋混凝土结构技术规程》（DGJ32/TJ 202—2016）、《T63 热处理带肋高强钢筋混凝土结构技术规程》（Q/321182 KBC001—2016）及其他相关规范确定。

墙水平分布筋级别：HPB300、HRB335、HRB400、HRB500、CRB550、CRB600、HTRB600、T63、HPB235。

墙竖向分布筋级别：HPB300、HRB335、HRB400、HRB500、CRB550、CRB600、HTRB600、T63、HPB235。

墙水平分布筋间距（mm）：可取值 100～400

墙竖向分布筋配筋率（%）：可取值 0.15～1.2

梁箍筋级别：HPB300、HRB335、HRB400、HRB500、CRB550、CRB600、HTRB600、T63、HPB235。

柱箍筋级别：HPB300、HRB335、HRB400、HRB500、CRB550、CRB600、HTRB600、T63、HPB235

注意：对于新建工程，构件的钢筋级别默认值，从 V4.2 版本程序开始，梁、柱主筋及箍筋都改为 HRB400，墙主筋改为 HRB400，水平分布筋改为 HPB300，竖向分布筋改为 HRB335。

4.1.3 地震信息

“地震信息”选项卡界面如图4-3所示。

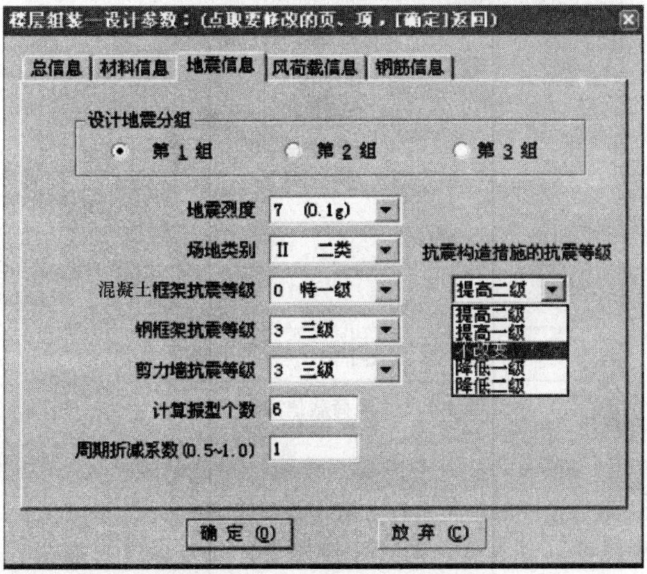

图4-3 “地震信息”选项卡

设计地震分组：根据《建筑抗震设计规范（2016年版）》（GB 50011—2010）附录A确定。

地震烈度：6（0.05g）、7（0.1g）、7（0.15g）、8（0.2g）、8（0.3g）、9（0.4g）、0（不设防）。

场地类别：I0一类、I1一类、Ⅱ二类、Ⅲ三类、Ⅳ四类、Ⅴ五类。根据《建筑抗震设计规范（2016年版）》（GB 50011—2011）中第4.1.6条和第5.1.4条调整。

混凝土框架抗震等级：0特一级、1一级、2二级、3三级、4四级、5非抗震。根据《建筑抗震设计规范（2016年版）》（GB 50011—2011）中表6.1.2确定。

剪力墙抗震等级：0特一级、1一级、2二级、3三级、4四级、5非抗震。

钢框架抗震等级：0特一级、1一级、2二级、3三级、4四级、5非抗震。

抗震构造措施的抗震等级：提高二级、提高一级、不改变、降低一级、降低二级。根据《高层建筑混凝土结构技术规程》（JGJ 3—2010）中第3.9.7条调整。

计算振型个数：根据《建筑抗震设计规范（2016年版）》（GB 50011—2011）中第5.2.2条说明确定。振型个数应至少取3，因为SATWE中程序按三个振型一页输出，所以振型个数最好为3的倍数。当考虑扭转耦联计算时，振型个数不应小于9。对于多塔结构振型个数应大于12。但也要特别注意一点：此处指定的振型个数不能超过结构固有振型的总数。

周期折减系数：周期折减的目的是充分考虑框架结构和框架－剪力墙结构的填充墙刚度对计算周期的影响。对于框架结构，若填充墙较多，周期折减系数可取0.6～0.7，填充墙较少时可取0.7～0.8，对于框架－剪力墙结构，可取0.8～0.9，纯剪力墙结构的周期可不折减。

4.1.4 风荷载信息

“风荷载信息”选项卡界面如图4-4所示。

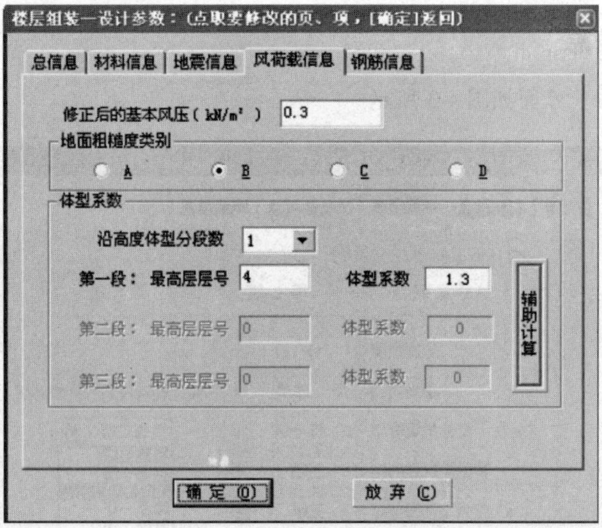

图 4-4 “风荷载信息”选项卡

修正后的基本风压（kN/m^2）：只考虑了《建筑结构荷载规范》（GB 50009—2012）中第 7.1.1 条的基本风压，地形条件的修正系数 η 程序没有考虑。

地面粗糙度类别：可以分为 A、B、C、D 四类，分类标准根据《建筑结构荷载规范》（GB 50009—2012）中第 7.2.1 条确定。

沿高度体型分段数：现代多、高层结构立面变化比较大，不同的区段内的体型系数可能不一样，程序限定体型系数最多可分为三段取值。

各段最高层层号：根据实际情况填写。若体型系数只分一段或两段时，则仅需填写前一段或两段的信息，其余信息可不填。

各段体型系数：根据《建筑结构荷载规范》（GB 50009—2012）中第 7.3.1 条确定。用户可以单击“辅助计算”按钮，弹出“确定风荷载体型系数”对话框，根据图 4-5 对话框中的提示选择确定具体的风荷载系数。

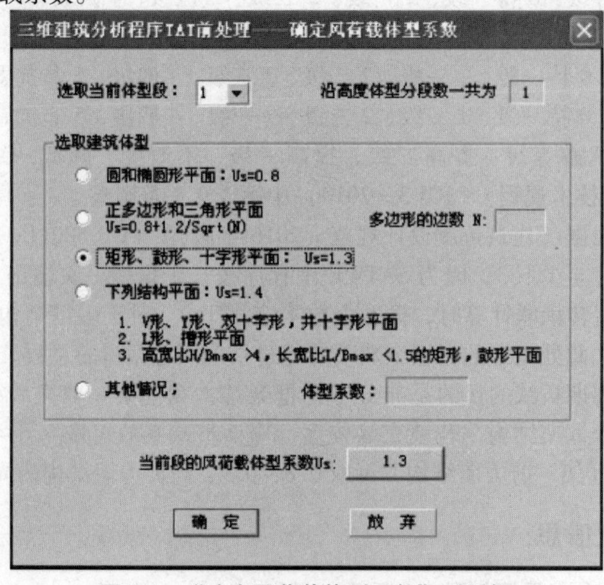

图 4-5 “确定风荷载体型系数”对话框

4.1.5　钢筋信息

“钢筋信息”选项卡界面如图4-6所示。

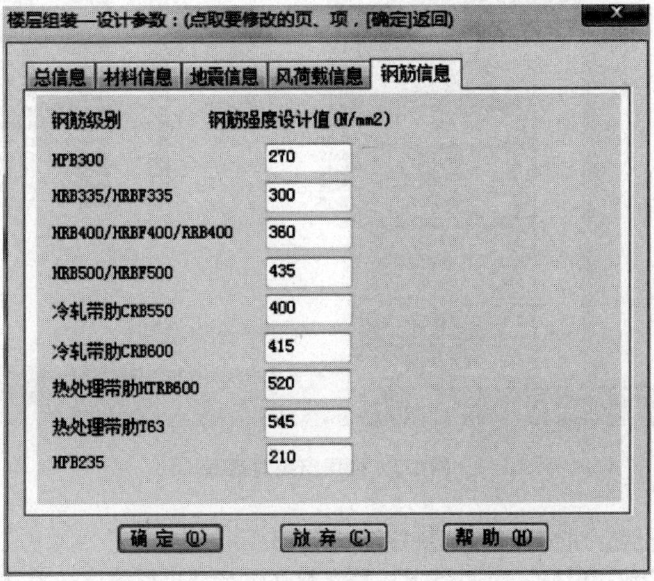

楼层组装—设计参数：(点取要修改的页、项，[确定]返回)

总信息 | 材料信息 | 地震信息 | 风荷载信息 | 钢筋信息

钢筋级别	钢筋强度设计值(N/mm2)
HPB300	270
HRB335/HRBF335	300
HRB400/HRBF400/RRB400	360
HRB500/HRBF500	435
冷轧带肋CRB550	400
冷轧带肋CRB600	415
热处理带肋HTRB600	520
热处理带肋T63	545
HPB235	210

确定(O)　放弃(C)　帮助(H)

图4-6　“钢筋信息”选项卡

钢筋强度设计值：根据《混凝土结构设计规范（2015年版）》（GB 50010—2010）中第4.2.3条确定。如果用户自行调整了此选项卡中的钢筋强度设计值，后续计算模块将采用修改过的钢筋强度设计值进行计算。

以上PMCAD模块“设计参数”对话框中的各类设计参数，当用户执行“保存”命令时，会自动存储到.JWS文件，对后续各种结构计算模块均起控制作用。

4.2　楼层组装设置

单击“楼层组装”，弹出“楼层组装”对话框，如图4-7所示。

楼层组装的方法：选择“标准层”号，输入层高，选择“复制层数”，单击“增加”按钮，在右侧“组装结果”栏中显示组装后的自然楼层。需要修改组装后的自然楼层，可以单击“修改”“插入”“删除”等按钮进行操作。

各功能详细含义如下：

（1）复制层数：需要增加的连续的楼层数。

（2）标准层：需要增加的楼层对应的标准层。

（3）层高：需加楼层的层高。

（4）层名：需加楼层的层名，以便在后续计算程序生成的计算书等结果文件中标识出某个楼层。比如地下室各层，广义楼层方式时的实际楼层号等。

（5）自动计算底标高：选中此项时，新增加的楼层会根据其上一层（此处所说的上一层，是指“组装结果”列表中鼠标选中的那一层，可在使用过程中选取不同的楼层作为新加楼层的基准层）的标高加上一层层高获得一个默认的底标高数值。

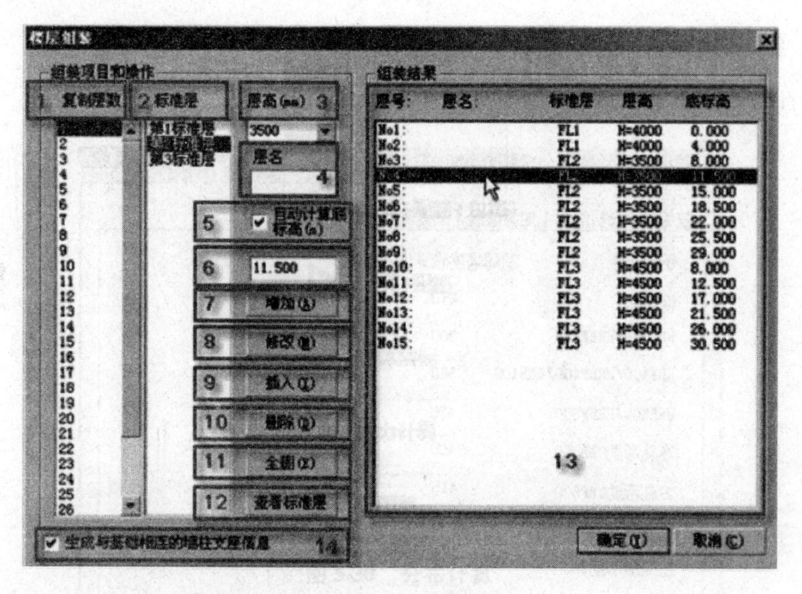

图 4-7　楼层组装对话框

(6) 层底标高设置：指定或修改层底标高时使用。

(7)“增加”按钮：根据 (1) ~ (6) 号参数在组装结果框楼层列表 (13) 后面添加若干楼层。

(8)“修改”按钮：根据当前对话框内设置的“标准层”“层高”“层名”“层底标高”修改当前在组装结果框楼层列表 (13) 中选中呈高亮状态的楼层。

(9)“插入”按钮：根据 (1) ~ (6) 号参数设置在组装结果框楼层列表 (13) 中选中的楼层前插入指定数量的楼层。

(10)“删除”按钮：删除当前选中的标准层。

(11)“全删”按钮：清空当前布置的所有楼层。

(12)“查看标准层”按钮：显示组装结果框选择的标准层，按鼠标或键盘任意键返回楼层组装界面。

(13) 组装结果楼层列表：显示全楼楼层的组装状态。

(14) 生成与基础相连的墙柱支座信息：勾选此项，确定退出对话框时程序会自动进行相应处理。

4.3　节点下传

上下楼层之间的节点和轴网的对齐，是 PMCAD 中上下楼层构件之间对齐和正确连接的基础，大部分情况下，如果上下层构件的定位节点、轴线不对齐，则在后续的其他程序中往往会视为没有正确连接，从而无法正确处理。因此针对上层构件的定位节点在下层没有对齐节点的情况，软件提供了节点下传功能，可根据上层节点的位置在下层生成一个对齐节点，并打断下层的梁、墙构件，使上下层构件可以正确连接。

图 4-8　选择节点下传方式

节点下传有自动下传和选择下传两种方式，如图 4-8 所示。一般情况下，自动下传可以解决大部分问题，包括梁托柱、梁托墙、梁托斜杆、墙托柱、墙托斜杆、斜杆上接梁的情况。自动下传功能有两处可执行，一处是在“轴线网点—网点编辑节点下传”弹出的对话框中单击“自动下传”按钮，软件将当前标准层相关节点下传至下方的标准层上；另一处是在软件退出的提示对话框中勾选“生成梁托柱和墙托柱节点”，则程序会自动对所有楼层执行节点的自动下传。对于部分情况，软件自动下传情况没有处理，需要用户使用“选择下传”功能，交互选取需要下传的节点，包括下列情况：

（1）本层梁、墙超出层高，上层的柱、支撑、墙等构件抬高了底标高，此类情况因为上层构件底部不在本层构件范围，所以其底部节点未传递至本层，需要手工增加，如图 4-9 所示。

（2）上下两墙平面位置交叉，但端点都不在彼此的网格线上，则上下两墙网格线的平面交点上应手工设置节点下传，如图 4-10 所示。该情况下还需要先在上层两墙交点位置手工增加节点，方可指定该节点下传打断下层墙体。

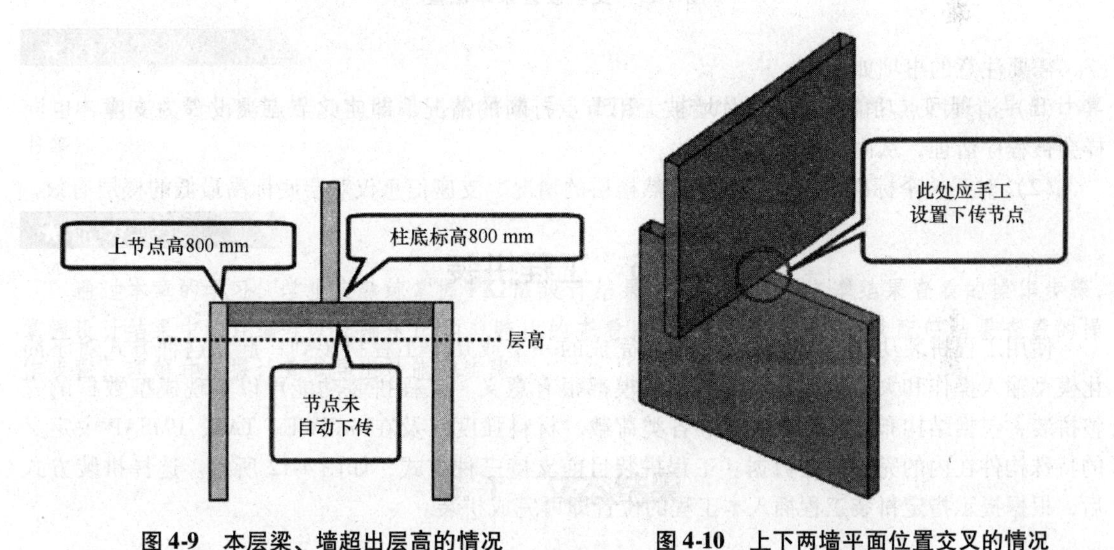

图 4-9　本层梁、墙超出层高的情况　　**图 4-10　上下两墙平面位置交叉的情况**

（3）上层墙与下层梁平面位置交叉，但端点都不在彼此网格线上，则上墙与下梁网格线的平面交点位置应手工设置节点下传，方法与第（2）点中所述相同。

4.4　支座设置

设置支座功能主要用于为 JCCAD 基础设计程序准备网点、构件以及荷载等信息。支座的设置有自动设置和手工设置两种方式。

4.4.1　自动设置

进行楼层组装时，若选取了楼层组装对话框左下角的“生成与基础相连的墙柱支座信息”，并单击“确定”按钮退出对话框，则程序自动将所有标准层上同时符合以下两个条件的节点设置为支座。

（1）在该标准层组装时对应的最低楼层上，该节点上相连的柱或墙底标高（绝对标高）低于“与基础相连构件的最大底标高”（该参数位于设计参数对话框—总信息内，相应地，去掉了原先同一位置的“与基础相连最大楼层号”参数)。

(2)在整楼模型中，该节点上所连的柱墙下方均无其他构件。

4.4.2 手工设置

对于自动设置不正确的情况，可以利用“设支座”“设非支座”“全部清除”功能，进行加工修改，命令菜单位置如图 4-11 所示。

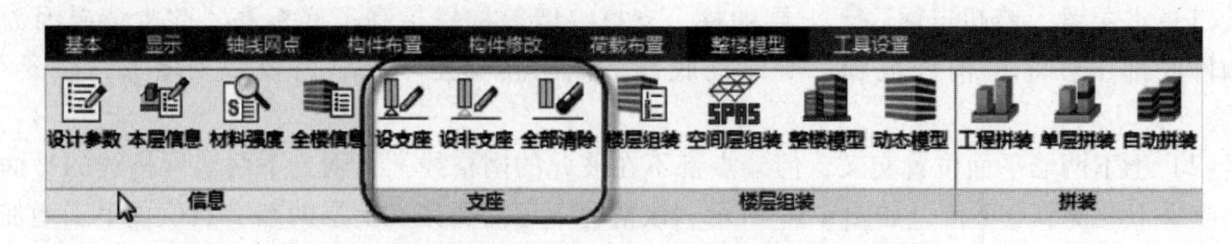

图 4-11　支座设置菜单位置

需要注意的事项如下:

(1)清理网点功能对于同一片墙被无用节点打断的情况，即使此节点被设置为支座，也同样会被程序清理，从而使墙体合为一片。

(2)对于一个标准层布置了多个自然楼层的情况，支座信息仅对层底标高最低的楼层有效。

4.5　工程拼装

使用工程拼装功能，可以将已经输入完成的一个或几个工程拼装到一起，这种方式对于简化模型输入操作和大型工程的多人协同建模都很有意义。工程拼装功能可以实现模型数据的完整拼装，包括结构布置、楼板布置、各类荷载、材料强度以及在 SATWE、TAT、PMSAP 中定义的特殊构件在内的完整模型数据。工程拼装目前支持三种方式，如图 4-12 所示。选择拼装方式后，根据提示指定拼装工程插入本工程的位置即可完成拼装。

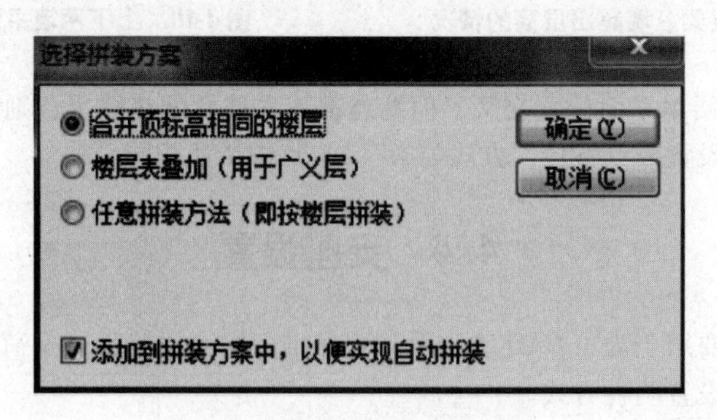

图 4-12　工程拼装的三种方式

4.5.1　合并顶标高相同的楼层

按“楼层顶标高相同时，该两层拼接为一层”的原则进行拼装，拼装出的楼层将形成一个新的标准层。这样两个被拼装的结构，不一定限于必须从第一层开始往上拼装的对应顺序，可以对空中开始的楼层拼装。多塔结构拼装时，可对多塔的对应层合并，这种拼装方式要求各塔层高相同，是以前版本的拼装方式，简称“合并层”方式。图 4-13 所示为两工程 A 和 B 楼层表示示意图。

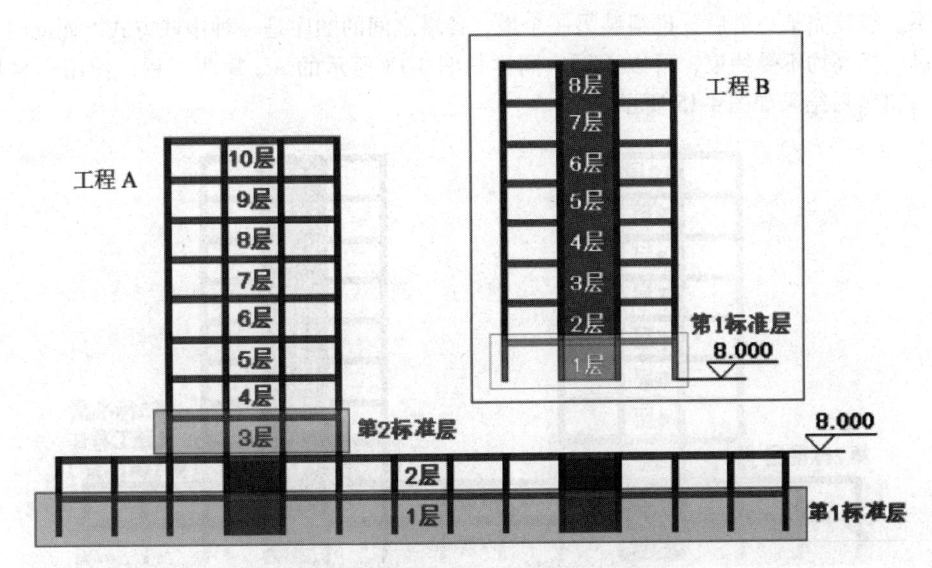

图 4-13　两工程 A 和 B 楼层表示示意图

当选择两工程按“合并顶标高相同的楼层”方式进行拼装时，由于工程 A 的 3 ~ 10 层与工程 B 的 1 ~ 8 层顶标高一一对应，故在此处两标准层会拼接成一个新的标准层 2，从而拼接出新的工程模型如图 4-14 所示。

注意：若工程 B 中某一标准层所组装的楼层与工程 A 中多个标准层组装的楼层都有顶标高对应关系时，这些标准层会分别拼接成多个新的标准层。另外，如果工程 B 中有部分楼层在工程 A 中没有顶标高对应的楼层时，这些楼层会被拼装操作忽略，将不能拼装到工程 A。

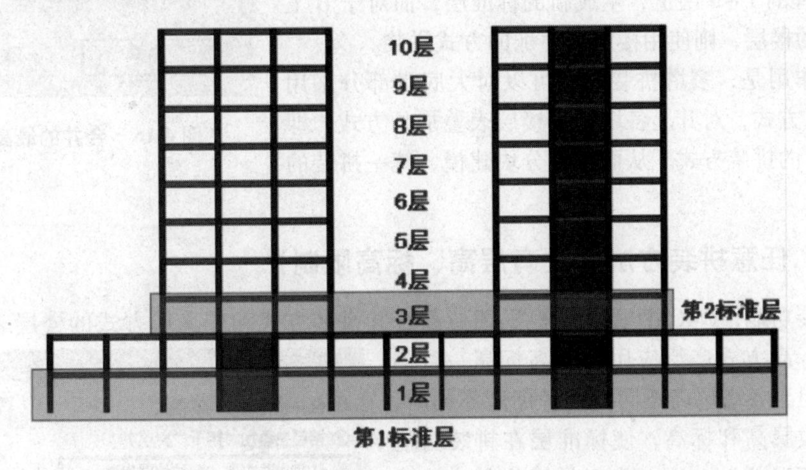

图 4-14　按“合并顶标高相同的楼层”方式拼装结果

4.5.2　楼层表叠加

楼层表叠加的拼装方式得益于广义楼层的引入。这种拼装方式可以将工程 B 中的楼层布置原封不动的拼装到工程 A，包括工程 B 的标准层信息和各楼层的层底标高参数。实质上就是将工程 B 的各标准层模型追加到工程 A，并将楼层组装表也添加到工程 A 的楼层表末尾。

例如，对于多塔结构的拼装使用楼层表叠加方式时，每一个塔的楼层保持其分塔时的上下楼层关系，组装完某一塔后，再组装另一个塔，各塔之间的顺序是一种串联方式。而此时各塔之间的层高、标高均不受约束，可以不同。同样是图 4-13 所示的 A、B 两工程，使用“楼层表叠加”方式拼装后结果如图 4-15 所示。

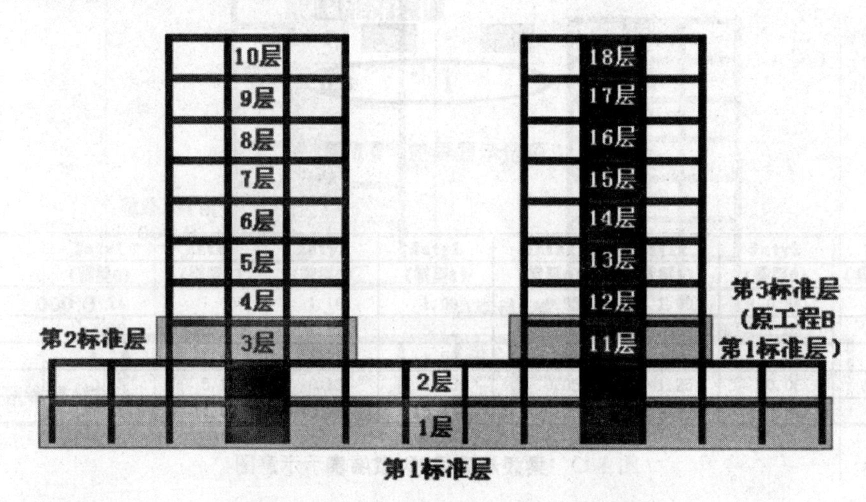

图 4-15 按“楼层表叠加”方式拼装结果

在单击“楼层表叠加”按钮后，程序首先会弹出图 4-16 所示对话框。要求“输入合并的最高层号”。

该参数的含义：若输入了此参数，假设输入值为 5，则对于 B 工程的 1 ~ 5 层以下的楼层直接按标准层拼装的方式拼装到 A 工程的 1 ~ 5 层上，生成新的标准层，而对于 B 工程 6 层以上的楼层，则使用楼层表叠加的方式拼装。

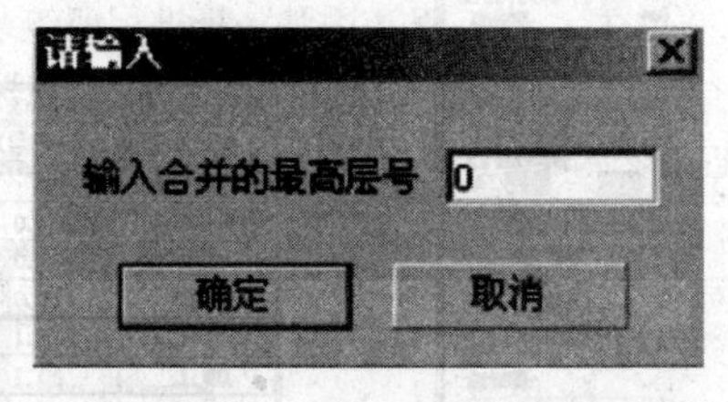

图 4-16 合并的最高层号

其主要作用是，多塔拼装时，可以对大底盘部分采用“合并拼装”方式，对其上各塔采用楼层表叠加的方式，即“广义楼层”的拼装方式。从而达到分块建模，统一拼装的效果。

4.5.3 任意拼装方法（没有层高、标高限制）

工程拼装功能，PMCAD 提供了根据顶标高合并拼装方式和广义层方式的楼层表叠加方式。其中合并顶标高方式广泛应用于层高标高一致的多塔拼装。但当各塔层高不同，或者标高不同时，需要手工修改层高和标高，使标准层在拼装时能对应，才能正确拼装。这一步工作量比较大，为此提供了新的任意拼装方式。这种方式只需一步就可以将任意两个工程拼装在一起，而不受标高层高的限制。整个过程不需要再对工程做任何人工调整。任意拼装方法对话框，如图 4-17 所示。

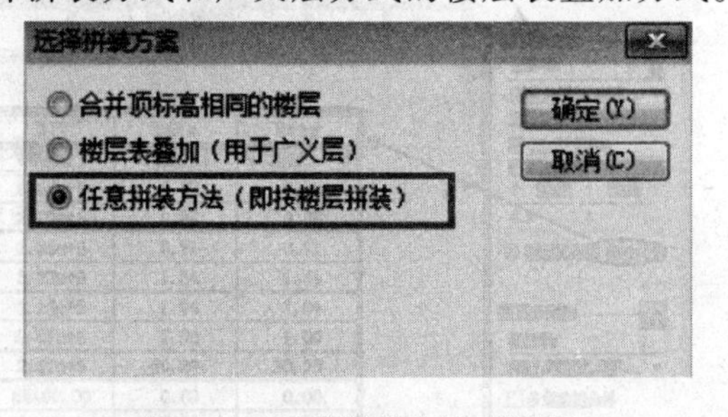

图 4-17 任意拼装方法对话框

4.5.4　单层拼装

单层拼装可调入其他工程或本工程的任意一个标准层，将其全部或部分地拼装到当前标准层上，操作和工程拼装相似。

4.6　整楼模型显示设置

（1）“整楼模型”位于“楼层组装”菜单中，以及右上方的快捷按钮区域，如图4-18所示。它主要用于三维透视方式显示全楼组装后的整体模型。

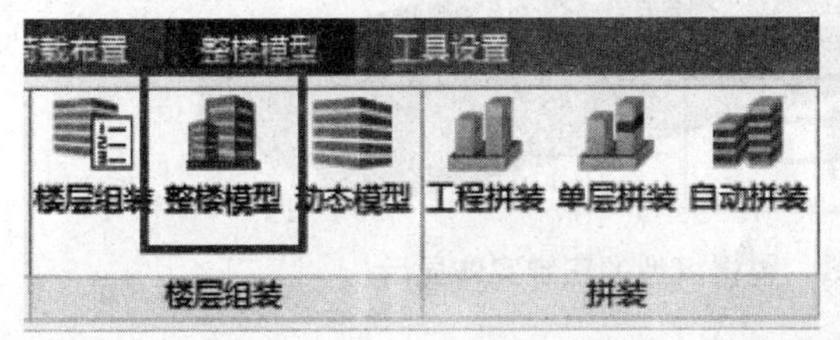

图4-18　整楼模型的菜单位置

整数模型的显示设置如图4-19所示。

（2）“重新组装”：要显示全楼模型就选取“重新组装”项。按照“楼层组装”的结果将全楼各层的模型整体地显示出来，并自动进入三维透视显示状态，如图4-20所示。如屏幕显示不全，可按F6键充满全屏幕显示，然后打开三维实时漫游开关，把线框模型转成实体模型显示，如图4-21所示。为方便观察模型全貌，可用Ctrl + 鼠标滚轮平移，来切换模型的方位视角。

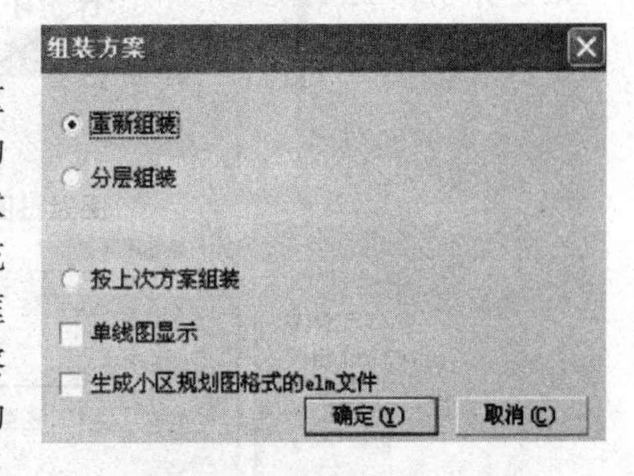

图4-19　整楼模型的显示设置

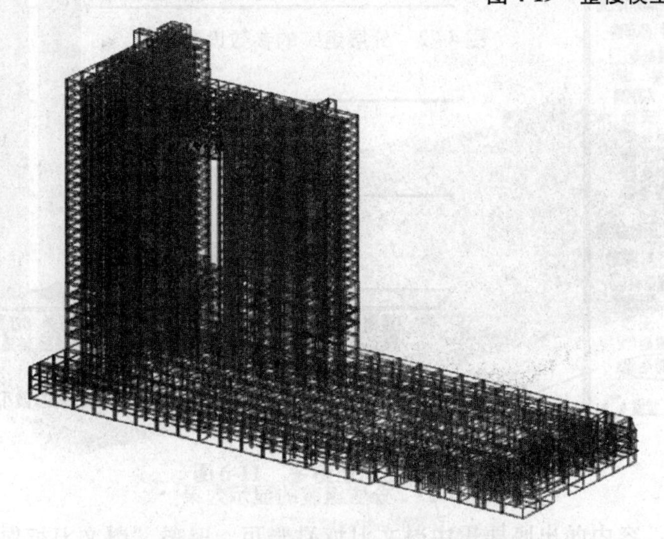

图4-20　整楼模型的三维线框显示

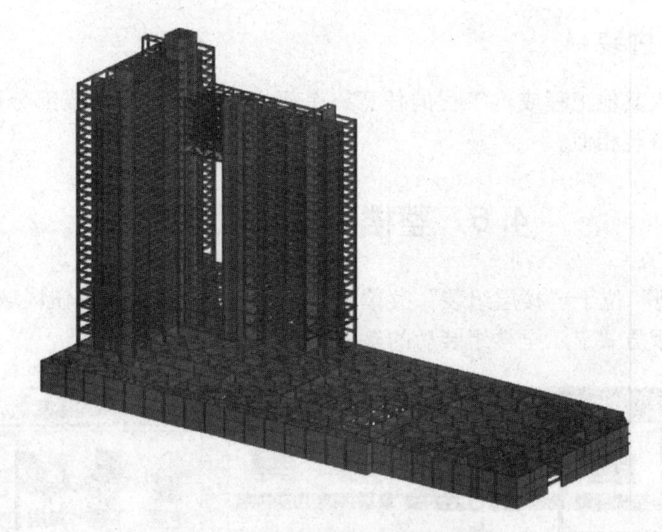

图 4-21　整楼模型的三维实体显示

（3）“分层组装”：只拼装显示局部的几层模型。用户输入要显示的起始层高和终止层高，即三维显示局部几层的模型，如图 4-22、图 4-23 所示。

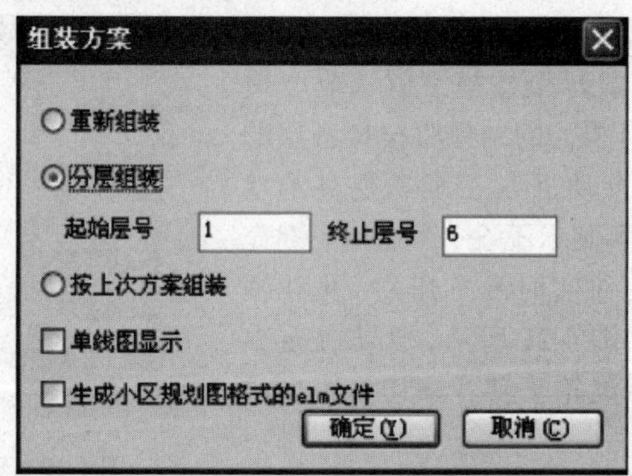

图 4-22　分层组装的参数设置

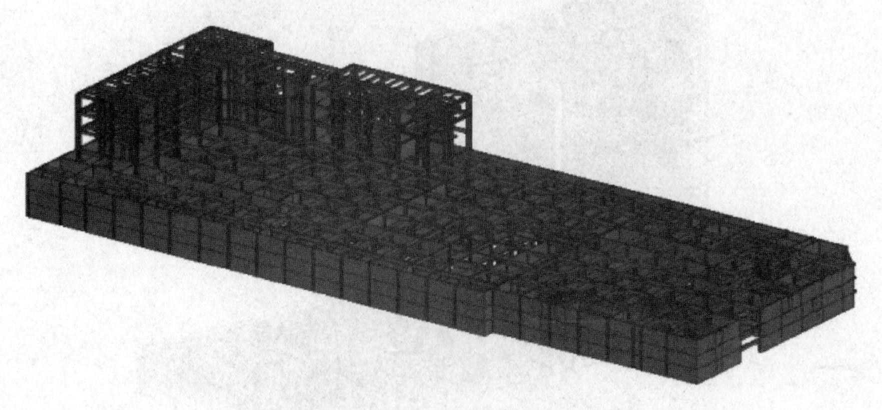

图 4-23　分层组装的显示效果

（4）“单线图显示”：楼层组装时可以选择按单线图方式显示三维模型。在单线图方式下，柱、梁、斜杆等杆件所画的位置，是忽略了杆件偏心的位置，这样做的好处是便于检查构件之间的连接关系。

如图 4-24 所示，从单线图显示状态，容易看出斜杆未与上层梁连接上。

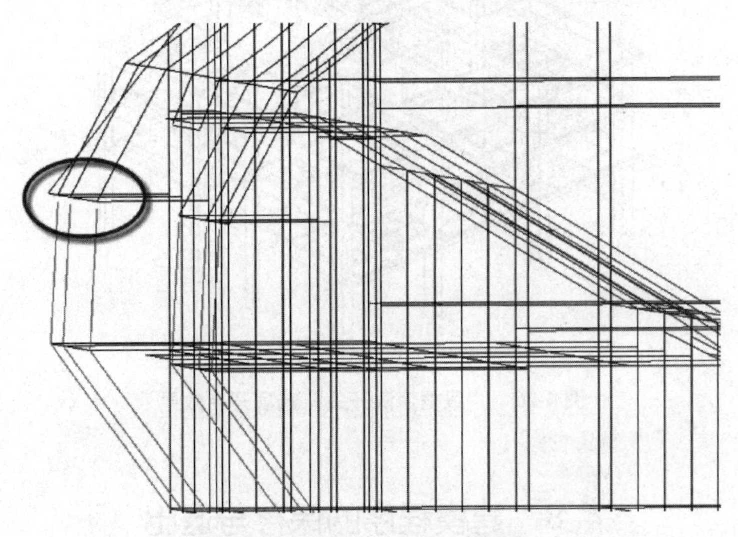

图 4-24　斜杆与上层梁未连接上

4.7　模型的三维显示

对各层或全楼的三维模型，渲染后的各杆件均加了描边，模型更加逼真。描边效果可以通过进入渲染状态中屏幕右键菜单中的“设置描边”选项开启或关闭，同时可以设置描边线的颜色。“设置描边”选项开启的效果如图 4-25 所示。

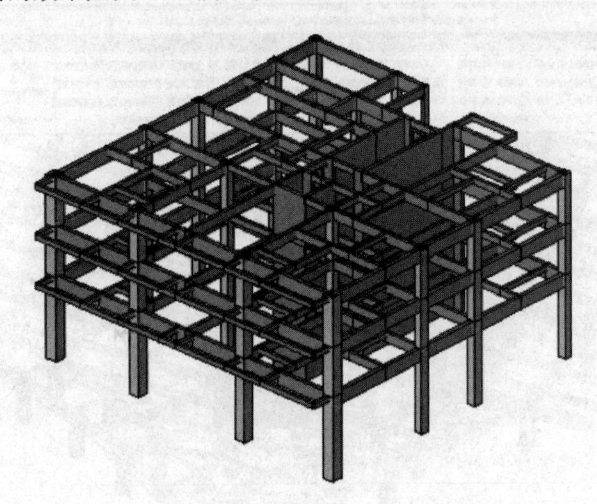

图 4-25　“设置描边”选项开启效果

在渲染状态下单击鼠标右键，选取屏幕菜单中的“线框消隐开关”，可以生成该模型的线框消隐模型，如图 4-26 所示。

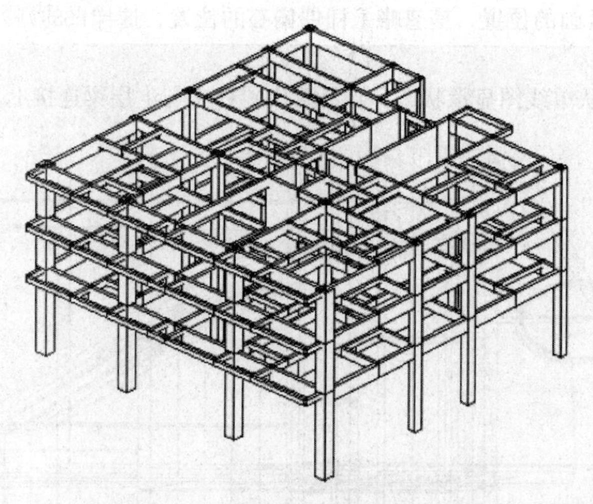

图 4-26 “线框消隐开关”选项开启效果

4.8 建模程序的保存与退出

4.8.1 建模程序的保存

随时保存文件可防止因程序的意外中断而丢失已输入的数据。可以从图 4-27 中五处位置来进行模型的保存，其中，有两个地方可以单击“保存”按钮，直接进行模型的保存工作；另外三处则会给出“是否保存”的提示，在进行结构计算分析模块切换或程序退出的过程中，进行模型的保存工作。

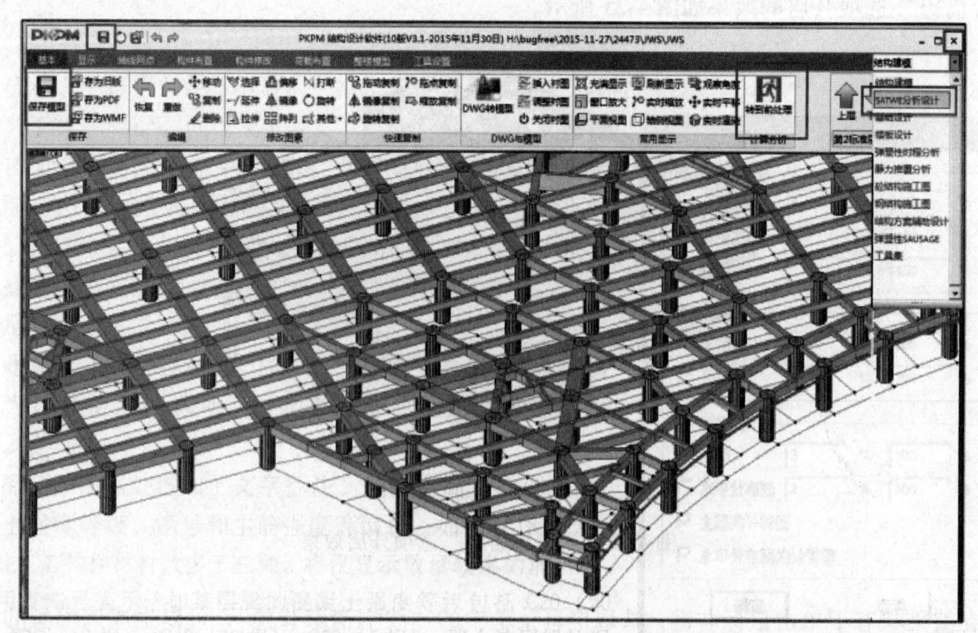

图 4-27 “建模程序的保存”菜单位置

4.8.2　建模程序的退出

执行上部“计算分析”菜单的“转到前处理”命令后，或直接在下拉列表中选择分析模块的名称，程序会给出“存盘退出”“不存盘退出”“取消”的选项，如果选择“不存盘退出”，则程序将不保存已做的操作并直接退出交互建模程序（图4-28）。

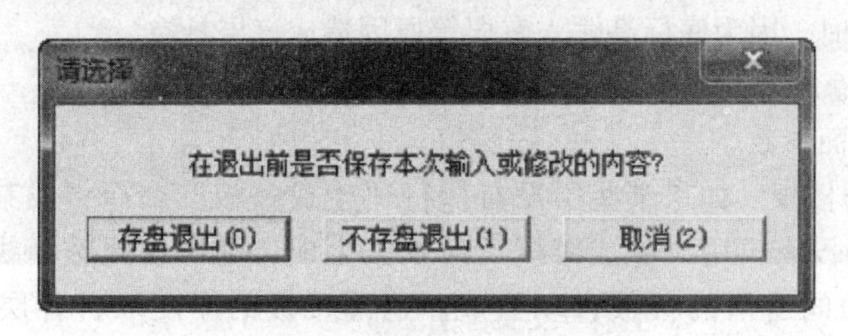

图4-28　退出建模程序的提示

如果选择“存盘退出”，则程序保存已做的操作，同时，程序对模型整理归并，生成以后分析设计模块所需要的数据文件，并接着给出如图4-29的提示。

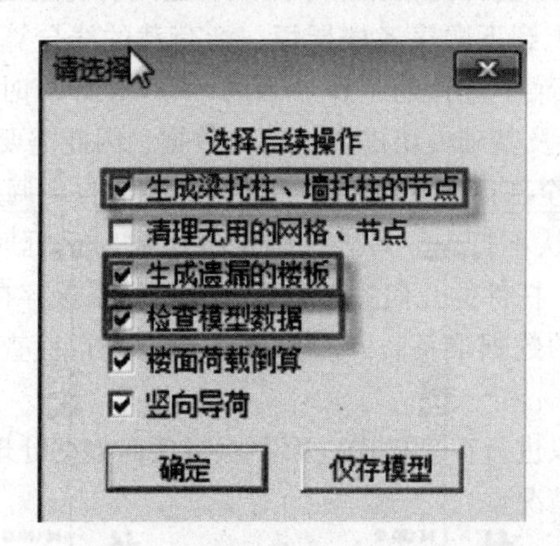

图4-29　选择退出过程中执行的功能

如果建模工作没有完成，只是临时存盘退出程序，则这几个选项可不必执行，因为其执行需要耗费一定时间，可以只单击“仅存模型”按钮退出建模程序。

如建模已经完成，准备进行设计计算，则应执行以下几个功能选项：

（1）生成梁托柱、墙托柱的节点。如模型有梁托上层柱或斜柱，墙托上层柱或斜柱的情况，则应执行这个选项，当托梁或托墙的相应位置上没有设置节点时，程序自动增加节点，以保证结构设计计算的正确进行。

（2）清理无用的网格、节点。模型平面上的某些网格节点可能是由某些辅助线生成，或由其他层复制而来，这些网点可能不关联任何构件，也可能会把整根梁或墙打断成几截，打碎的梁会增加后面的计算负担，不能保持完整梁墙的设计概念，有时还会带来设计误差，因此，应选择此项把它们自动清理掉。执行此项后再进入模型时，原有各层无用的网格、节点都将被自动清理删除。此项程序默认不打勾。

（3）检查模型数据。勾选此项后，程序会对整楼模型可能存在的不合理之处进行检查和提示，用户可以选择返回建模核对提示内容、修改模型，也可以直接继续退出程序。

目前该项检查包含的内容如下：

①墙洞超出墙高。

②两节点间网格数量超过 1 段。

③柱、墙下方无构件支撑并且没有设置成支座（柱、墙悬空）。

④梁系没有竖向杆件支撑从而悬空（飘梁）。

⑤广义楼层组装时，因为底标高输入有误等原因造成该层悬空。

⑥ ±0 以上楼层输入了人防荷载。

⑦无效的构件截面参数。

（4）生成遗漏的楼板。如果某些层没有执行“生成楼板”命令，或某层修改了梁墙的布置，对新生成的房间没有再用“生成楼板”命令去生成，则应在此选择执行此项。程序会自动将各层及各层各房间遗漏的楼板自动生成。遗漏楼板的厚度取自各层信息中定义的楼板厚度。

（5）楼面荷载倒算。程序做楼面上恒载、活载的导算。完成楼板自重计算，并对各层各房间做从楼板到房间周围梁墙的导算，如有次梁则先做次梁导算，生成作用于梁墙的恒、活荷载。这一步是对应 PMCAD 在主菜单进行的工作。程序默认退出时勾选上。

（6）竖向导荷。完成从上到下顺序各楼层恒、活荷载的线导算，生成作用在底层基础上的荷载。这是对应 PMCAD 在主菜单进行的工作。因为 SATWE 计算时不需要这部分数据，所以程序默认退出时不勾选。PKPM 及基础模块需要这部分数据，因此需要进行勾选。

（7）SATWE 生成数据 + 全部计算。建模程序退出时，会自动调用 SATWE“生成数据 + 全部计算”的功能。此项程序默认不打勾。另外，确定退出此对话框时，无论是否勾选任何选项，程序都会进行模型各层网点、杆件的几何关系分析，分析结果保存在工程文件 layadjdata. pm，为后续的结构设计菜单做必要的数据准备。同时对整体模型进行检查，找出模型中可能存在的缺陷，进行提示。

取消退出此对话框时，只进行存盘操作，而不执行任何数据处理和模型几何关系分析，适用于建模未完成时临时退出等情况。

4. 8. 3　建模程序产生的文件

建模程序存盘退出后主要产生的文件见表 6-1。

表 6-1　建模程序存盘退出后产生的文件

[工程名]. jws	模型文件，包括建模中输入的所有内容、楼面恒活导算到梁墙上的结果，后续各模块部分存盘数据等。由于 10/08 版中后续计算程序都直接使用此文件数据，不再使用 05 版的各种中间文件，从而也进一步提高了程序的稳定性
[工程名]. bws	建模过程中的临时文件，内容与 [工程名]. jws 一样，当发生异常情况导致 jws 文件丢失时，可将其更名为 jws 使用
[工程名]. 1ws ~ [工程名]. 9ws	9 个备份文件，存盘过程中循环覆盖，当发生异常情况导致 jws 文件损坏时，可按时间排序，将最新一个更名为 jws 使用
axisrect. axr	“正交轴网”功能中设置的轴网信息，可以重复利用
layadjdata. pm	建模存盘退出时生成的文件，记录模型中网点、杆件关系的预处理结果，供后续的程序使用

续表

pm3j_ 2jc. pm	荷载竖向导算至基础的结果
pm3j_ gjwei. txt	构件自重文件，主要构件梁、柱、墙分层自重及全楼总重
PmCmdHistory. log	建模程序自打开至退出过程，执行过的所有命令的名称、运行时间的日志文件
［工程名］zhlg. pm	记录了组合楼盖布置的位置信息、荷载值
dchlay. pm	记录了吊车布置的位置信息、荷载值

第5章

上部结构计算-前处理及计算

★内容提要

本章的主要内容包括分析与设计参数补充定义、特殊构件补充定义、多塔结构补充定义等。

★学习目标

通过本章的学习，学生应掌握各种参数的设置方法，熟练查找到需要应用的相应规范条文，掌握特殊构件补充定义的操作要领，了解多塔结构定义的方法。

5.1 分析与设计参数补充定义

对于一个新建工程，在PMCAD模块已经建立了结构的模型同时也输入了部分参数时，虽然这些参数可以为PKPM系列的多个软件模块所公用，但对于结构分析而言并不完备。SATWE在PMCAD参数的基础上，提供了一套更为丰富的参数，以适应结构分析和设计的需要。

选择“SATWE分析与设计”，单击“前处理及计算”，执行“参数定义”命令后，弹出参数页切换菜单，共13大项，分别为总信息、多模型及包络、风荷载信息、地震信息、活荷载信息、二阶效应、调整信息、设计信息、材料信息、荷载组合、地下室信息、性能设计和高级参数。

5.1.1 总信息

总信息对话框如图5-1所示。

1. 水平力与整体坐标夹角（°）

该参数为地震力、风荷载作用方向与结构整体坐标的夹角。程序默认的0°是地震作用和风荷载的方向沿着结构建模的整体坐标系*X*轴和*Y*轴方向成对作用的。改变角度后，程序并不直接改变水平力的作用方向，而是将结构反向旋转相同的角度，以间接改变水平力的作用方向，即填入30°时，SATWE中将结构平面顺时针旋转30°，此时水平力的作用方向将仍然沿整体坐标系的*X*轴和*Y*轴方向，即0°和90°方向。改变结构平面布置转角后，必须重新执行“生成数据”命令，以便自动生成新的模型几何数据和风荷载信息。

因为此参数将同时影响地震作用和风荷载的方向，所以建议需改变风荷载方向时再采用该

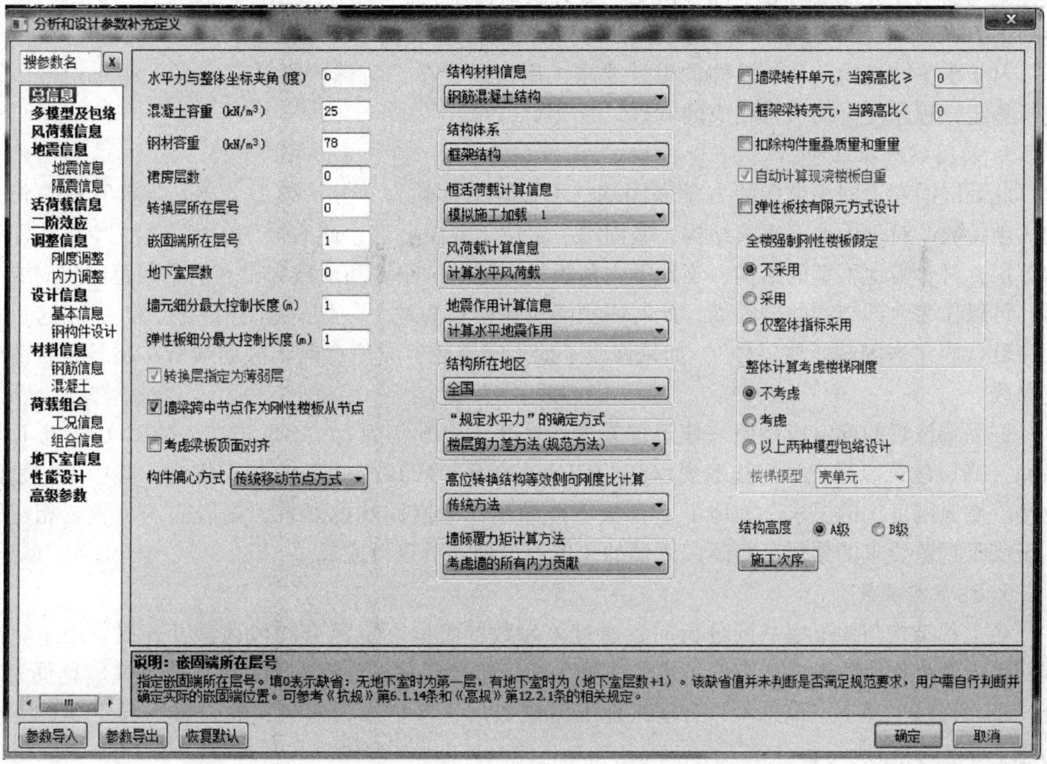

图 5-1　总信息对话框

参数。如不改变风荷载方向，只需考虑其他角度的地震作用时，则无须改变“水平力与整体坐标夹角”，只增加附加地震作用方向即可。

2. 混凝土容重、钢材容重（kN/m^3）

混凝土容重和钢材容重用于求梁、柱、墙和板自重，一般情况下混凝土容重为 25 kN/m^3，钢材容重为 78.0 kN/m^3，即程序的默认值。如要考虑梁、柱、墙和板上的抹灰、装修层等荷载时，混凝土相对容重宜取 26 ~27，对于框架结构可取“26”，剪力墙结构可取“27”。若采用轻质混凝土等，也可在此修改相对容重值。该参数在 PMCAD 和 SATWE 中同时存在，其数值是联动的。

3. 裙房层数

裙房是指在高层建筑主体投影范围外，与高层建筑相连的建筑高度不超过 24 m 的附属建筑。《建筑抗震设计规范（2016 年版）》（GB 50011—2010）第 6.1.10 条文说明指出：有裙房时，加强部位的高度也可以延伸至裙房以上一层。SATWE 在确定剪力墙底部加强部位高度时，总是将裙房以上一层作为加强区高度判定的一个条件。程序不能自动识别裙房层数，需要人工指定。裙房层数应从结构最底层起算（包括地下室）。例如地下室 3 层，地上裙房 4 层时，裙房层数应填入 7。裙房层数仅用作底部加强区高度的判断。

4. 转换层所在层号

程序不能自动识别转换层，需要人工指定转换层。转换层所在层号按照 PMCAD 楼层组装的自然层填写。例如不带地下室的建筑第一层为柱子，第二层用剪力墙，那么转换层所在层号就是 2。填写此参数后，程序自动按《高层建筑混凝土结构技术规程》（JGJ 3—2010）第 10.2 条针对两种结构通用设计规定。对于部分框支－剪力墙结构还会自动执行此结构类型的相关条文规定。包括第 10.2.6 条、第 10.2.16 条、第 10.2.17 条、第 10.2.18 条、第 10.2.19 条。

对于水平转换构件和转换柱的设计要求，用户需要在“特殊构件补充定义”中对构件属性进行指定，程序便自动执行相应的调整。

5. 嵌固端所在层号

此处嵌固端不同于结构的力学嵌固端，不影响结构的力学分析模型，而是与计算调整相关的一项参数。对于无地下室的结构，嵌固端一定位于首层底部，此时嵌固端所在层号为 1，即结构首层；对于带地下室的结构，当地下室顶板具有足够的刚度和承载力，并满足规范的相应要求时，可以作为上部结构的嵌固端，此时嵌固端所在楼层为地上一层，即地下室层数 +1，这也是程序默认的“嵌固端所在层号”。如果修改了地下室层数，应注意确认嵌固端所在层号是否需相应修改。

嵌固端位置的确定应参照《建筑抗震设计规范（2016 年版）》（GB 50011—2010）第 6.1.14 条和《高层建筑混凝土结构技术规程》（JGJ 3—2010）第 12.2.1 条的相关规定，其中应特别注意楼层侧向刚度比的要求。如地下室顶板不能满足作为嵌固端的要求，则嵌固端位置要相应下移至满足规范要求的楼层。判断嵌固端的位置由设计人员自行完成。

6. 地下室层数

当上部结构与地下室共同分析时，通过该参数屏蔽地下室部分的风荷载，并提供地下室外围回填土约束作用数据。如有地下室，应输入地下室楼层数，如该参数为 0，地下室信息页为灰色，不允许输入地下室信息。只有输入地下室层数后，该栏方为黑色，允许输入地下室的有关信息。

7. 墙元、弹性板细分最大控制长度（m）

计算剪力墙时，对于尺寸较大的剪力墙，在做墙元细分形成一系列小墙元时，为确保分析精度，要求小墙元的边长不得大于给定限值 D_{max}。工程规模较小时，建议在 0.5 ~1.0 之间填写；剪力墙数量较多，不能正常计算时，可适当增大细分尺寸，在 1.0 ~2.0 之间取值，但前提是一定要保证网格质量。设计人员可在 SATWE 的“分析模型及计算”→“模型简图”→“空间简图”中查看网格划分的结果。

当楼板采用弹性板或弹性膜时，弹性板细分最大控制长度起作用。通常墙元和弹性板可取相同的控制长度。当模型规模较大时可适当降低弹性板控制长度，在 1.0 ~2.0 之间取值，以提高计算效率。

8. 转换层指定为薄弱层

SATWE 中这个参数默认设置为灰色，不能操作，需要手动修改转换层号后才可进行勾选。勾选此项与在“内力调整”页“指定薄弱层号”中直接填写转换层层号的效果一样。

9. 墙梁跨中节点作为刚性楼板从节点

勾选此项时，剪力墙洞口上方墙梁的上部跨中节点将作为刚性楼板的从节点；不勾选时，这部分节点将作为弹性节点参与计算。是否勾选此项，其本质是确定连梁跨中结点与楼板之间的变形协调，将直接影响结构整体的分析和设计结果，尤其是墙梁的内力及设计结果。

10. 考虑梁板顶面对齐

用户在 PMCAD 建立的模型是梁和板的顶面与层顶对齐，这与真实的结构是一致的。但是在计算时 SATWE 模块会强制将梁和板上移，使梁的形心线、板的中面位于层顶，这与实际情况会有些出入。

新版本的 PMCAD 增加了“考虑梁板顶面对齐”的勾选项，考虑梁板顶面对齐时，程序将梁、弹性膜、弹性板沿法向向下偏移，使其顶面置于原来的位置。有限元计算时用刚域变换的方式处理偏移。当勾选考虑梁板顶面对齐，同时将梁的刚度放大系数置 1.0，理论上此时的模型最为准确合理。采用这种方式时应注意定义全楼弹性板。

11. 构件偏心方式

设计人员在进行建筑结构设计时，是要根据建筑图的要求和功能进行设计，由于考虑到建筑功能和外观的要求，很多梁、柱、墙会有偏心的情况，在建模的时候会造成梁、柱、墙实际位置与构件的节点位置不一致，即构件存在偏心。软件在处理构件偏心问题时给设计人员提供了传统移动节点方式和刚域变换方式，如图 5-2 所示。在 SATWE V3.1 之前的版本处理构件偏心的方式：如果模型中的墙存在偏心，则程序会将节点移动到墙的实际位置，以此来消除墙的偏心，即墙总是与节点贴合在一起，而其他构件的位置可以与节点不一致，它们通过刚域变换的方式进行连接。这种处理方法即传统的移动节点方式，这种处理墙偏心的方式存在这样一个问题，即为了使所有的墙的位置与节点的位置保持一致，致使墙的形状与真实情形有了较大出入，甚至产生了很多斜墙或不共面墙。SATWE V3.1 增加了新的考虑墙偏心的方式——刚域变换方式。刚域变换方式是将所有节点的位置保持不变，通过刚域变换的方式考虑墙与节点位置的不一致。

12. 结构材料信息

软件为设计人员提供了钢筋混凝土结构、钢与混凝土混合结构、钢结构及砌体结构四种结构材料信息，如图 5-3 所示。

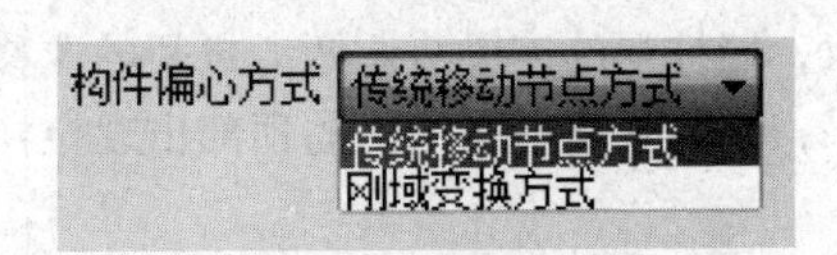

图 5-2　构件偏心方式

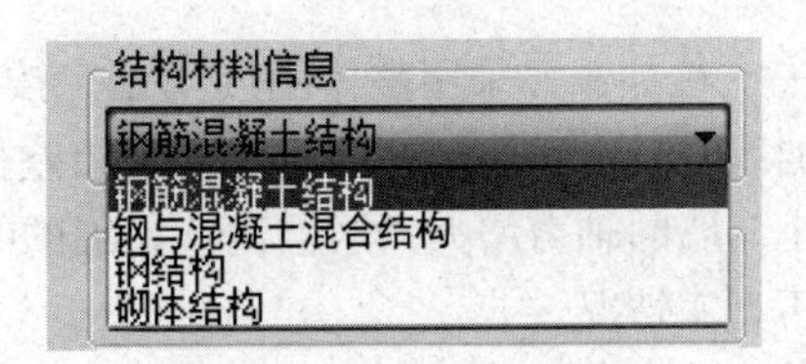

图 5-3　结构材料信息

对于该参数的选取，设计人员应根据结构的实际情况来确定。不同的结构材料程序会选择不同的规范来进行分析和设计，因此应正确填写该信息。

13. 结构体系

对于该参数的选择一般根据结构的实际情况来确定，不同的“结构体系”会影响不同的规范条文的执行，设计人员应当正确选择。此选项共有 24 个选项，如图 5-4 所示。

14. 恒活荷载计算信息

恒活荷载计算信息是竖向力控制参数，程序共有六个选项，如图 5-5 所示。

高层建筑结构的建造是遵循一定的施工次序，逐层或者批次完成的，构件的自重荷载与附加恒载是随着主体结构的施工逐步增加的，结构的刚度也是随着构件的形成不断地增加和改变，因此，结构的整体刚度以矩阵式变化。

(1) 不计算恒活荷载：对于实际工程，总是需要考虑恒活荷载的，因此程序不允许选择“不计算恒活荷载”项。

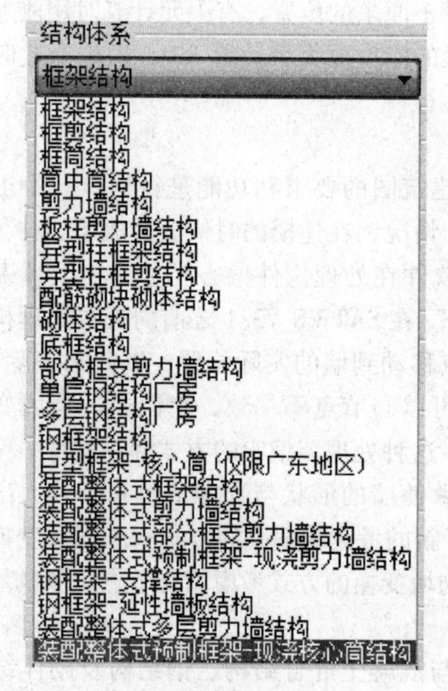

图 5-4　结构体系

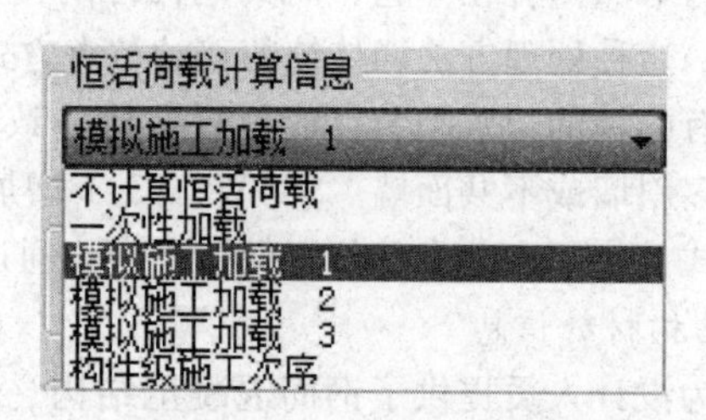

图 5-5　恒活荷载计算信息

(2) 一次性加载：采用整体刚度模型，按一次加载方式计算竖向力。当高层框剪结构竖向荷载一次加载时，由于墙与柱的竖向刚度相差很大，墙柱间的连梁协调两者之间的位移差，使柱的轴力减小，墙的轴力增大，层层调整累加的结果，有时会使高层结构的顶部出现拉柱或梁没有负弯矩的不真实情况。

(3) 模拟施工加载 1：在实际施工中竖向荷载逐层增加，逐层找平，下层变形对上层基本上没有影响，连梁的调节作用也不大。虽然程序模拟施工中通常运用逐层加载、逐层找平的加载方式计算竖向力，但为了简化计算过程，程序没有逐层对结构刚度增加，而是采用整体刚度分层加载模型进行计算。该施工加载方式主要适用于多层结构。

(4) 模拟施工加载 2：将柱的刚度放大 10 倍后，再按照模拟施工加载 1 的方式进行加载，以削弱竖向荷载按照刚度的重分配，使柱、墙上的分轴力比较均匀，接近人工计算结果，传给基础荷载更为合理，但是将柱的刚度放大 10 倍属于经验处理法，没有严格的理论依据，仅仅用于框剪结构或者框筒结构。

(5) 模拟施工加载 3：模拟施工加载 3 是对模拟施工加载 1 的改进，是采用分层刚度分层加载模型。在分层加载时，去掉了没有用的刚度，计算结果更接近于施工的实际情况。一般多、高层建筑首选“模拟施工加载 3”。需注意：采用“模拟施工加载 3”时，必须正确指定“施工次序”，否则会直接影响计算结果的准确性。当勾选“自定义构件施工次序”时，程序会强制将“恒活荷载计算信息”修改为“模拟施工加载 3”。

(6) 构件级施工次序：只有选择了“构件级施工次序”，程序才能支持前处理定义构件级的施工次序。

15. 风荷载计算信息

SATWE 通过“风荷载计算信息”参数判断参与内力组合和配筋时的风荷载种类，如图 5-6 所示。

(1) 不计算风荷载：任何风荷载均不计算。

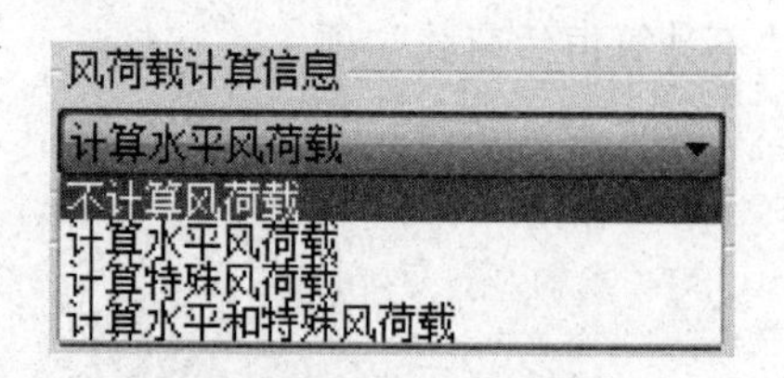

图 5-6　风荷载计算信息

（2）计算水平风荷载：无论是否存在特殊风荷载数据，仅水平风荷载参与内力分析和组合，这是用得最多的风荷载计算方式。

（3）计算特殊风荷载：仅特殊风荷载参与内力计算和组合，特殊风荷载是在“设计模型前处理”→“特殊风荷载”菜单中自定义的特殊风荷载。

（4）计算水平和特殊风荷载：水平风荷载和特殊风荷载同时参与内力分析和组合。这个选项只用于极特殊的情况，一般工程不建议采用。

16. 地震作用计算信息

程序提供了五个选项供设计人员选择，如图5-7所示。

（1）不计算地震作用：对于不进行抗震设防的地区或者抗震设防烈度为6度时的部分结构，规范规定可以不进行地震作用计算，参见《建筑抗震设计规范（2016年版）》（GB 50011—2010）第3.1.2条，此时可选择“不计算地震作用”。

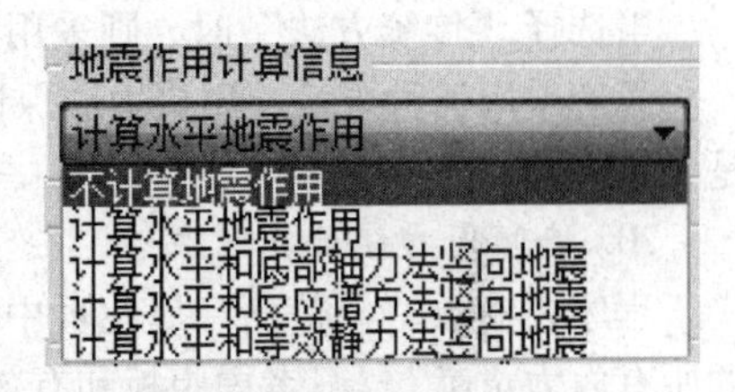

图5-7　地震作用计算信息

（2）计算水平地震作用：计算 X、Y 两个方向的地震作用。

（3）计算水平和底部轴力法竖向地震：按《建筑抗震设计规范（2016年版）》（GB 50011—2010）第5.3.1条规定的简化方法计算竖向地震。

（4）计算水平和反应谱方法竖向地震：按竖向振型分解反应谱方法计算竖向地震。《高层建筑混凝土结构技术规程》（JGJ 3—2010）第4.3.14规定：跨度大于24 m的楼盖结构、跨度大于12 m的转换结构和连体结构。悬挑长度大于5 m的悬挑结构，结构竖向地震作用效应标准值宜采用时程分析方法或振型分解反应谱方法进行计算。

（5）计算水平和等效静力法竖向地震：按《建筑抗震设计规范（2016年版）》（GB 50011—2010）第5.3.2条和第5.3.3条及《高层建筑混凝土结构技术规程》（JGJ 3—2010）第4.3.15条的要求，增加了“等效静力法”计算竖向地震作用效应，并且可以针对构件在结构中的不同位置指定不同的竖向地震效应系数，使得高烈度区的大跨度、长悬臂等结构的竖向地震效应计算更加合理。

17. 结构所在地区

程序提供了三个选项，如图5-8所示。选择不同的地区，程序会根据结构所在地区分别采用全国国家标准、上海地区规程及广东地区规程进行计算。

18. “规定水平力”的确定方式

“规定水平力”的确定方式有两种，如图5-9所示。

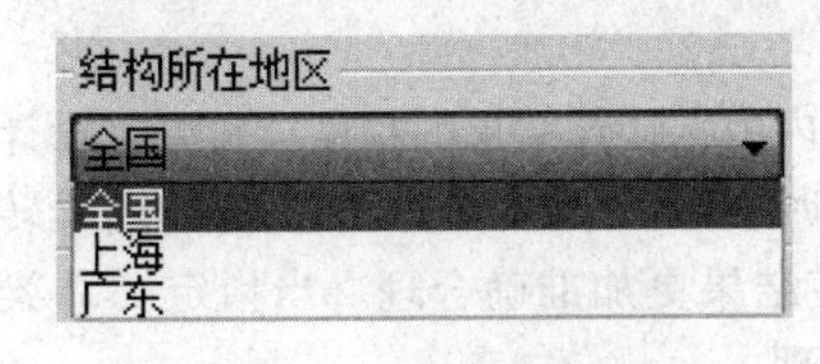

图5-8　结构所在地区

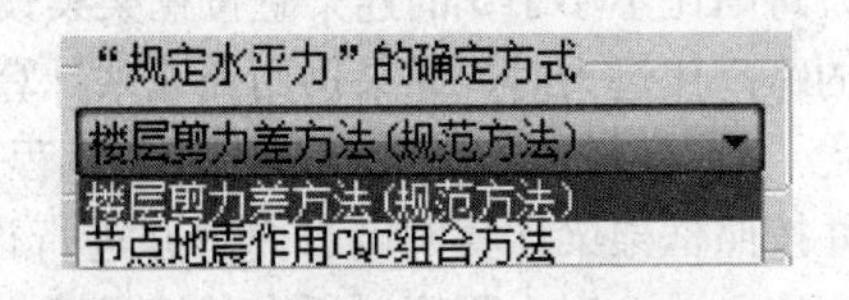

图5-9　“规定水平力”的确定方式

规定水平力的确定方式依据《建筑抗震设计规范（2016年版）》（GB 50011—2010）第3.4.3－2条和《高层建筑混凝土结构技术规程》（JGJ 3—2010）第3.4.5条的规定，采用楼层地震剪力差的绝对值作为楼层的规定水平力，即选项“楼层剪力差方法（规范方法）”，一般情况下建议选择此项方法。

“节点地震作用 CQC 组合方法”是 SATWE 软件提供的另一种方法，其结果仅供参考，用于结构布局复杂、较难划分明显的楼层。

19. 高位转换结构等效侧向刚度比计算

高位转换结构等效侧向刚度比计算，程序提供了两种方式，如图 5-10 所示。

高位转换结构等效侧向刚度比是指转换层在 2 层以上的结构等效侧向刚度比。如果“采用高规附录 E. 0. 3 方法”时，程序自动按照《高层建筑混凝土结构技术规程》（JGJ 3—2010）附录 E. 0. 3 的要求，分别建立转换层上、下部结构的有限元分析模型，并在层顶施加单位力，计算上下部结构的顶点位移，进而获得上、下部结构的刚度和刚度比。

当选择“传统方法”时，则采用串联层刚度模型计算。

无论采用何种方法，用户均应保证当前计算模型只有一个塔楼。当塔数大于 1 时，计算结果是无意义的。

20. 墙倾覆力矩计算方法

程序在参数“总信息”属性页中提供了墙倾覆力矩计算方法的三个选项，分别为“考虑墙的所有内力贡献”“只考虑腹板和有效翼缘，其余计入框架”和“只考虑面内贡献，面外贡献计入框架”，如图 5-11 所示。

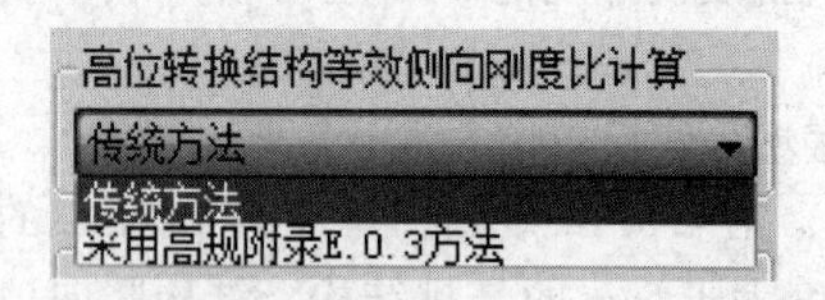

图 5-10　高位转换结构等效侧向刚度比计算

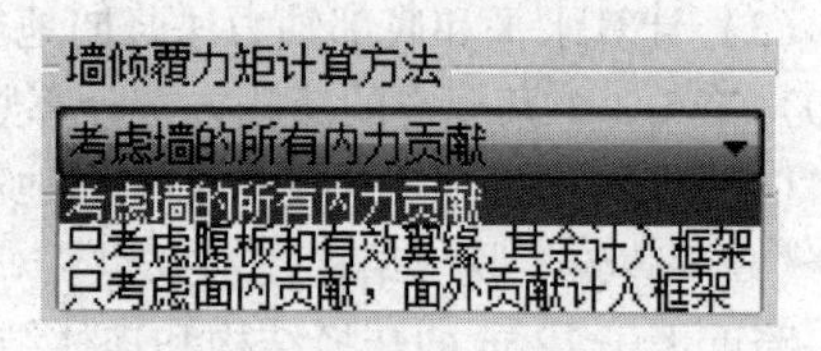

图 5-11　墙倾覆力矩计算方法

对于单向少墙框剪结构，建议选择“只考虑面内贡献，面外贡献计入框架”。

对于一般框剪结构应根据混凝土相关规范的要求，可以选择“只考虑腹板和有效翼缘，其余计入框架”。

本参数旨在将剪力墙的设计概念与有限元分析的结果相结合，对在水平侧向力作用下的剪力墙的面外作用进行折减，并确定结构中剪力墙所承担的倾覆力矩。在确定折减系数时，同时考虑腹板长度、翼缘长度、墙肢总高度和翼缘的厚度等因素。勾选该项后，软件每一种方法得到的墙所承担的倾覆力矩均进行折减，因此，对于框剪结构或者框筒结构中框架承担的倾覆力矩比例会增加，但短肢墙承担的作用一般会变小。

21. 墙梁转杆单元、框架梁转壳元的控制跨高比

《高层建筑混凝土结构技术规程》（JGJ 3—2010）规定跨高比小于 5 的连梁应按照连梁的有关规定设计，跨高比不小于 5 的连梁宜按框架梁设计。

当墙梁的跨高比过大时，如果仍用壳元来计算墙梁的内力，计算结果的精度会较差。设计人员可通过指定“墙梁转杆单元的控制跨高比”，程序会自动将墙梁的跨高比大于该值的墙梁转换成框架梁，并按照框架梁计算刚度、内力并进行设计，使结果更加准确合理。当指定“墙梁转杆单元的跨高比”为 0 时，程序对所有的墙梁不做转换处理。

根据跨高比将框架连梁转换为墙梁（壳），同时增加了转换壳元的特殊构件定义，将框架方式定义的转换梁转为壳的形式。设计人员可通过指定该参数将跨高比小于该限值的矩形截面框架连梁用壳元计算其刚度，若该限值取值为 0，则对所有框架连梁都不做转换。

22. 扣除构件重叠质量和重量

勾选此项时，梁、墙扣除与柱重叠部分的质量和重量。由于质量和重量同时扣除，恒荷载总

值会有所减小（传到基础的恒荷载总值也会随之减小），结构周期也会略有缩短，地震剪力和位移相应减小。

从设计安全性角度而言，适当的安全储备是有益的，因此仅在有经济性需要及对设计结构的安全富裕度有把握的时候勾选。

23. 弹性板按有限元方式设计

梁板共同工作的计算模型，可使梁上荷载由板和梁共同承担，从而减少梁的受力和配筋，特别是针对楼板较厚的板，应将其设置为弹性板3或者弹性板6计算，既节约了材料，又实现强柱弱梁，改善了结构抗震性能。如果不考虑实际现浇钢筋混凝土结构中梁、板互相作用的计算模式，单独计算板，则会因为忽略支座梁刚度的影响，无法正确反映板块内力的走向，容易留下安全隐患。需注意的是，勾选此选项，设置弹性膜的楼板不进行设计。

24. 全楼强制刚性楼板假定

关于全楼强制刚性楼板假定，程序给设计人员提供了三个选项，分别是不采用、采用和仅整体指标采用。

刚性楼板假定在工程设计中应用得最多，其物理意义是假定楼板平面内无限刚度，平面外刚度为零。在工程结构设计中，楼板的刚度合理与否，不仅影响分析效率，还决定分析结构的精度与可靠性，强制刚性楼板假定可能改变结构的初始分析模型，因此它的适用范围是有限的。

不采用：计算内力、配筋时可勾选此项。

采用：计算位移比、周期比、层间刚度比这些整体控制指标时，一般都宜勾选，以忽略局部震动造成的影响。

仅整体指标采用：新版本PKPM新增的选项。勾选此项，程序自动对强制刚性楼板假定和非强制刚性楼板假定两种模型分别进行计算，并对计算结果进行整合，设计人员可以在文本结果中同时查看到两种计算模型的位移比、周期比及刚度比这三项整体指标，其余设计结果则全部取自非强制刚性楼板假定模型。通常情况下，设计人员无须再对结果进行整理，即可实现与过去手动进行两次计算相同的效果。

25. 结构高度

目前，结构高度只针对执行广东省《高层建筑混凝土结构技术规程》（DBJ 15-92—2013）的项目起作用，A级和B级用于结构扭转不规则程度的判断和输出。

26. 施工次序

《高层建筑混凝土结构技术规程》（JGJ 3—2010）第5.1.9条规定：复杂高层建筑及房屋高度大于150 m的其他高层建筑结构，应考虑施工过程的影响。为此，SATWE提供了自定义施工次序的功能，不仅可以针对自然层指定施工次序，还可以针对构件指定施工次序。

程序默认的施工次序是逐层施工，但用户可根据工程实际情况，选择若干连续层为一次施工（简称为多层施工），或选择若干构件一次施工（简称为多构件施工）。

施工次序命令界面点开后有一个“联动调整”选项，如果设计人员勾选了“联动调整”选项，当用户修改某一层的施工次序，其以上的自然层施工次序也会调整相应的变化量。

5.1.2　多模型及包络

1. 地下室包络设计

带地下室与不带地下室模型自动进行包络设计：对于带地下室模型，勾选此项可以快速实现整体模型与不带地下室上部结构的包络设计。当模型考虑温度荷载或特殊风荷载，或存在跨越地下室上、下部位的斜杆时，该功能暂不适用。自动形成时不带地下室的上部结构模型时，用户在“层塔属性”中修改的地下室楼层高度不起作用。

2. 多塔结构包络设计

多塔结构自动进行包络设计：该参数主要用来控制多塔结构是否进行自动包络设计。勾选了该参数，程序允许进行多塔包络设计，反之不勾选该参数，即使定义了多塔子模型，程序仍然不会进行多塔包络设计。

3. 少墙框架结构包络设计

针对少墙框架结构，新版 PKPM 增加少墙框架结构自动包络设计功能。勾选该项，程序自动完成原始模型与框架结构模型的包络设计。

4. 刚重比计算模型

规范刚重比是在悬臂柱模型假定条件下推导的，这就要求建筑结构刚重比计算模型应能简化为悬臂柱型，其计算模型应掐头去尾，即去掉地下室，去掉顶部局部附属结构，并将附属结构自重作为荷载输入。对于大底盘多塔结构及连体结构等这类无法简化为悬臂柱模型的结构体系，不能简单的按照规范计算的刚重比进行整体稳定的控制。

勾选“采用指定的刚重比计算模型”，程序将在全楼模型的基础上，增加计算一个子模型，该子模型的起始层号和终止层号由用户指定，即从全楼模型中剥离出一个刚重比计算模型。该功能适用于结构存在地下室、大底盘，顶部附属结构自重可忽略的刚重比指标计算，且仅适用于弯曲型和弯剪型的单塔结构。

5.1.3 风荷载信息

风荷载信息界面如图 5-12 所示。

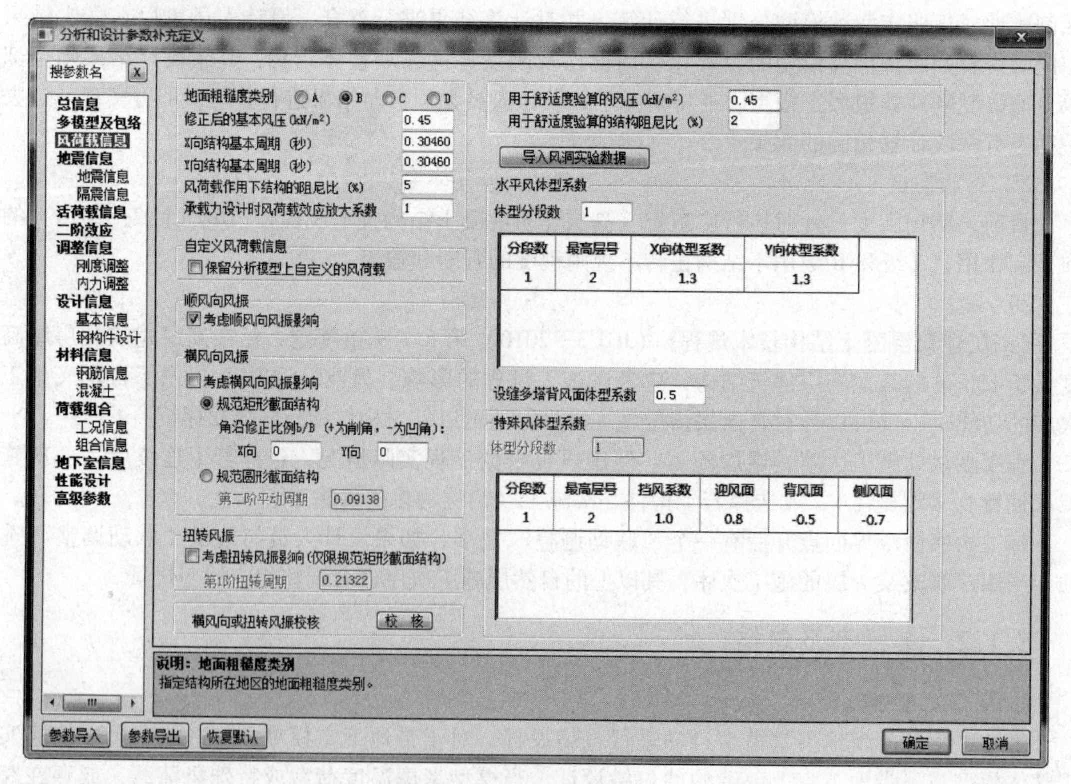

图 5-12 风荷载信息界面

1. 地面粗糙度类别

地面粗糙度可分为A、B、C、D四类。

A：是指近海海面和海岛、海岸、湖岸及沙漠地区。

B：是指田野、乡村、丛林、丘陵以及房屋比较稀疏的乡镇和城市郊区。

C：是指有密集建筑群的城市市区。

D：是指有密集建筑群且房屋较高的城市市区。

2. 修正后的基本风压（kN/m^2）

《建筑结构荷载规范》（GB 50009—2012）第8.1.2条规定："基本风压应采用按本规范规定的方法确定的50年重现期的风压，但不得小于0.3 kN/m^2。对于高层建筑、高耸结构以及对风荷载比较敏感的其他结构，基本风压的取值应适当提高，并应符合有关结构设计规范的规定"。设计人员应当依据相关的规范、规程对基本风压进行修正，程序是以设计人员填入的修正后的风压值进行风荷载计算，不再另行修正。

3. X、Y向结构基本周期（秒）

"结构基本周期"用于脉动风荷载的共振分量因子R的计算，见《建筑结构荷载规范》（GB 50009—2012）公式（8.4.4-1）。SATWE可以分别指定X向和Y向的基本周期，用于X向和Y向风荷载的计算。

对于比较规则的结构，可以采用近似方法计算基本周期：框架结构$T=(0.08\sim0.10)N$；框剪结构、框筒结构$T=(0.06\sim0.08)N$；剪力墙结构、筒中筒结构$T=(0.05\sim0.06)N$，其中N为结构层数。

设计人员可按照程序初始给定的默认值对结构进行分析计算，计算完成后可将在WZQ.OUT文本中查询程序输出的第一平动周期值和第二平动周期值，分别填入X、Y向结构基本周期，然后再重新对结构进行分析计算。

4. 风荷载作用下结构的阻尼比（%）

与"结构基本周期"相同，该参数也用于脉动风荷载的共振分量因子R的计算。

新建工程第一次进SATWE时，会根据"结构材料信息"自动对"风荷载作用下结构的阻尼比"赋初值：混凝土结构及砌体结构0.05，有填充墙钢结构0.02，无填充墙钢结构0.01。

5. 承载力设计时风荷载效应放大系数

《高层建筑混凝土结构技术规程》（JGJ 3—2010）第4.2.2条规定：对风荷载比较敏感的高层建筑，承载力设计时应按基本风压的1.1倍采用。对于正常使用极限状态设计，一般仍可采用基本风压值或由设计人员根据实际情况确定。也就是说，部分高层建筑在风荷载承载力设计和正常使用极限状态设计时，可能需要采用两个不同的风压值。为此，SATWE新增了"承载力设计时风荷载效应放大系数"，设计人员只需按照正常使用极限状态确定风压值，程序在进行风荷载承载力设计时，将自动对风荷载效应进行放大，相当于对承载力设计时的风压值进行了提高，这样一次计算就可同时得到全部结果。

填写该系数后，程序将直接对风荷载作用下的构件内力进行放大，不改变结构位移。结构对风荷载是否敏感，以及是否需要提高基本风压，规范尚无明确规定，应由设计人员根据实际情况确定。一般情况下，对于房屋高度超过60 m时，承载力设计风载计算可输入该项。

6. 自定义风荷载信息

设计人员在执行"生成数据"后可在"模型修改"的"风荷载"菜单中对程序自动计算的水平风荷载进行修改。勾选此参数，再次执行生成数据，风荷载将会包络；否则，自定义风荷载将会被替换。

7. 顺风向风振

《建筑结构荷载规范》(GB 50009—2012) 第 8. 4. 1 条规定：对于高度大于 30 m 且高宽比大于 1. 5 的房屋，以及基本自振周期 T_1 大于 0. 25 s 的各种高耸结构，应考虑风压脉动对结构产生顺风向风振的影响。当计算中需考虑顺风向风振时，应勾选该项，程序自动按照规范要求进行计算。

8. 横风向风振、扭转风振

《建筑结构荷载规范》(GB 50009—2012) 第 8. 5. 1 条规定："对于横风向风振作用效应明显的高层建筑以及细长圆形截面构筑物，宜考虑横风向风振的影响"。第 8. 5. 4 条规定："对于扭转风振作用效应明显的高层建筑及高耸结构，宜考虑扭转风振的影响"。

9. 横风向或扭转风振校核

考虑风振的方式可以通过风洞试验或者按照《建筑结构荷载规范》(GB 50009—2012) 附录 H. 1、H. 2 和 H. 3 确定。当采用风洞试验数据时，软件提供文件接口 WINDHOLE. PM，设计人员可根据格式进行填写。当采用软件所提供的规范附录方法时，除了需要正确填写周期等相关参数外，必须根据规范条文确保其适用范围，否则计算结果可能无效。为便于验算，软件提供"校核"结果供设计人员参考，如图 5-13 所示。

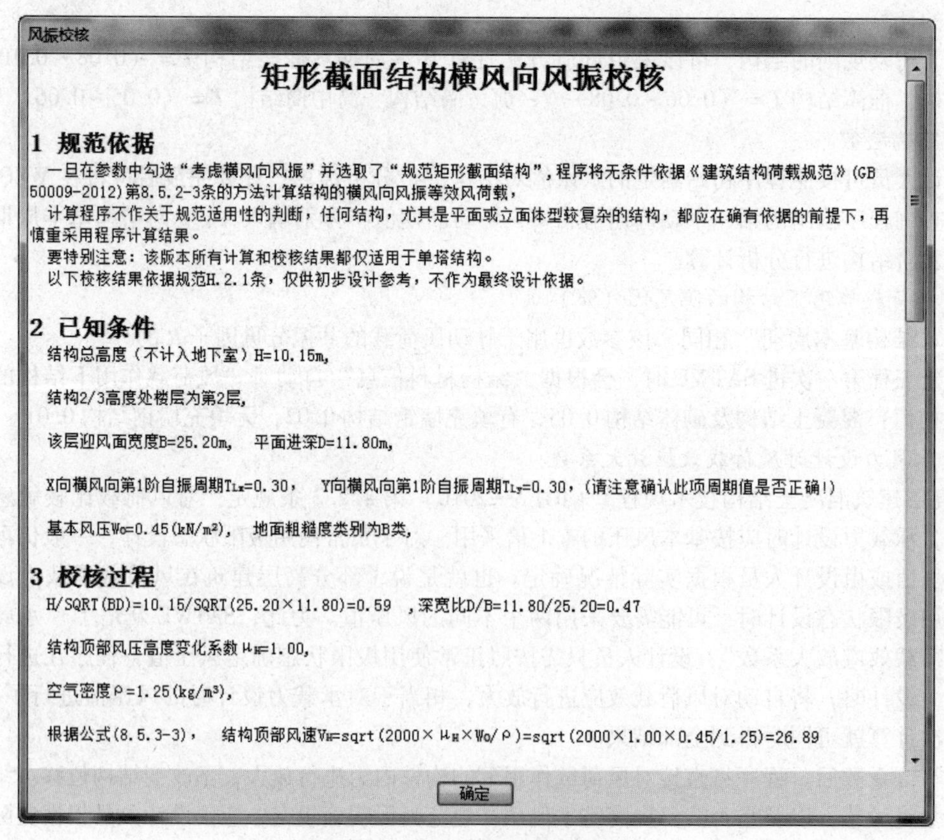

图 5-13 横风向或扭转风振校核

10. 用于舒适度验算的风压 (kN/m²)、用于舒适度验算的结构阻尼比 (%)

《高层建筑混凝土结构技术规程》(JGJ 3—2010) 第 3. 7. 6 条规定：房屋高度不小于 150m 的高层混凝土建筑结构应满足风振舒适度要求。SATWE 可对风振舒适度进行验算，验算结果在

WMASS. OUT 文件中输出。

验算风振舒适度时，需要用到“风压”和“阻尼比”，其取值与风荷载计算时采用的“基本风压”和“阻尼比”可能不同，因此单独列出，仅用于舒适度验算。

按照《高层建筑混凝土结构技术规程》（JGJ 3—2010）要求，验算风振舒适度时结构阻尼比宜取0. 01 ~0. 02，程序默认取值为0. 02。

11. 导入风洞试验数据

设计人员如果想对各层各塔的风荷载做更精细的指定，可使用此功能，如图5-14所示。

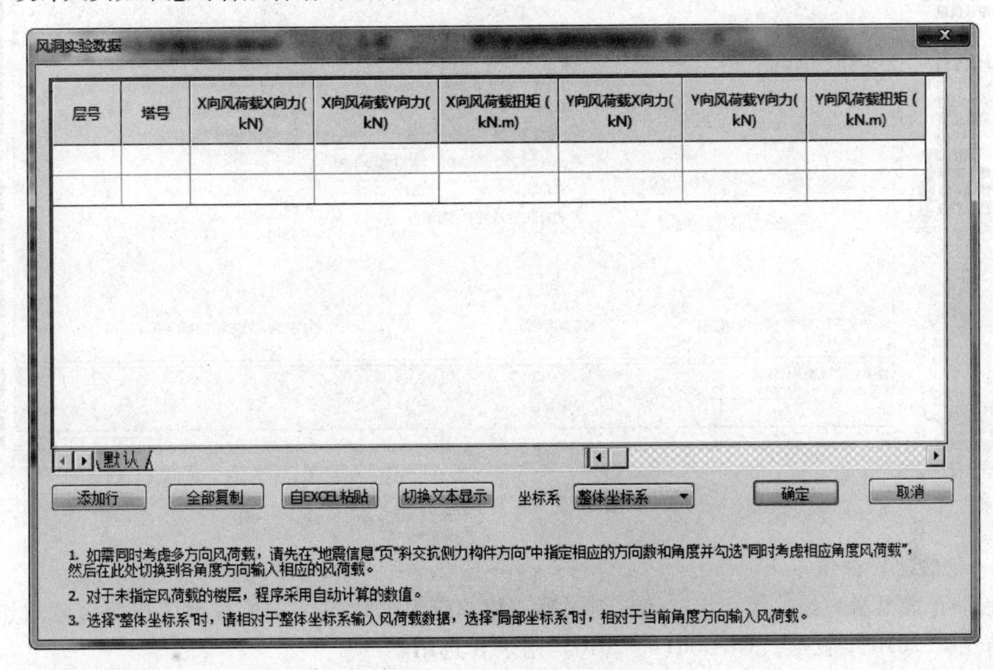

图5-14　导入风洞试验数据

12. 水平风体型系数、体型分段数

由于现代多、高层结构立面变化较大，不同区段内的体型系数可能不一样，程序限定体型系数最多可分三段取值。若建筑物立面体型无变化是填数值“1”。因为程序计算风荷载时自动扣除地下室高度，所以分段时只需考虑上部结构，不用将地下室单独分段。

计算水平风荷载时，程序不区分迎风面和背风面，直接按照最大外轮廓计算风荷载的总值，此处应填入迎风面体型系数与背风面体型系数绝对值之和。

13. 特殊风体型系数

“总信息”页“风荷载信息”下拉框中，选择“计算特殊风荷载”或者“计算水平和特殊风荷载”时，“特殊风体型系数”变亮，允许修改，否则为灰色，不可修改。“特殊风荷载定义”菜单中使用“自动生成”菜单自动生成全楼特殊风荷载时，需要用到此处定义的信息。

“特殊风荷载”的计算公式与“水平风荷载”相同，区别在于程序自动区分迎风面、背风面和侧风面，分别计算其风荷载，是更为精细的计算方式。应在此处分别填写各区段迎风面、背风面和侧风面的体型系数。

5.1.4　地震信息

地震信息界面如图5-15所示。

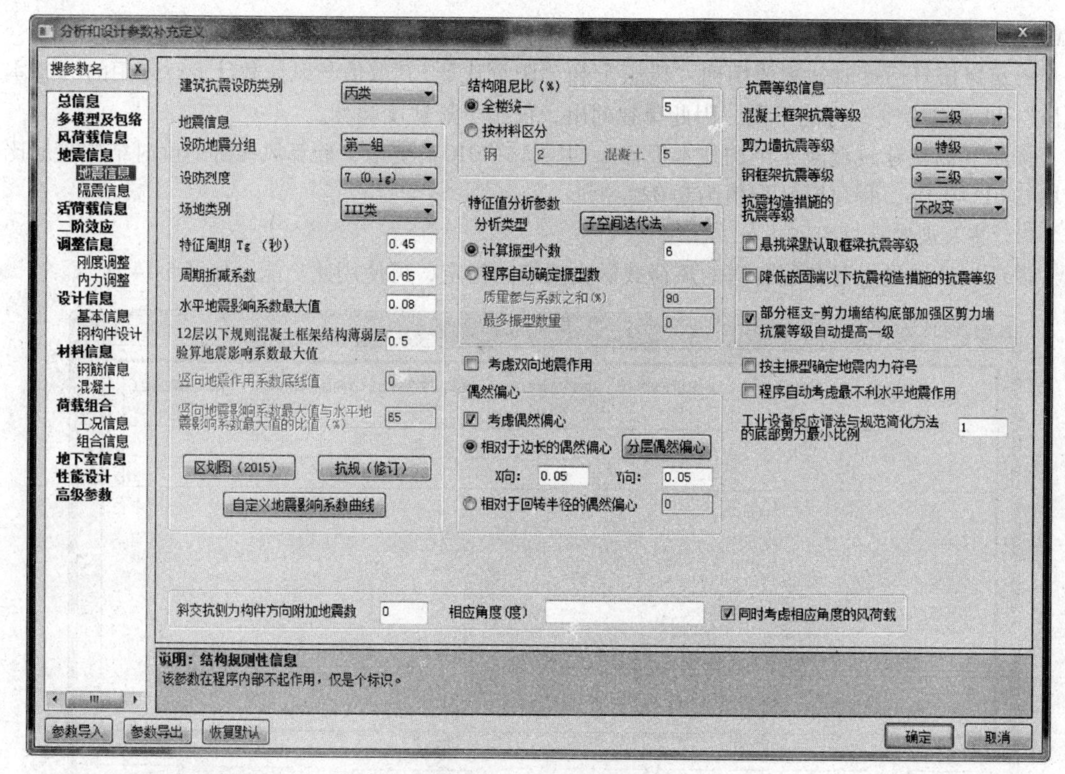

图 5-15 地震信息界面

1. 设防地震分组

设防地震共分三组：第一组、第二组、第三组，应根据建筑结构所在地区按照《建筑抗震设计规范（2016 年版）》（GB 50011—2010）附录 A 选用。

2. 设防烈度

应根据建筑结构所在地区按照《建筑抗震设计规范（2016 年版）》（GB 50011—2010）附录 A 选用。

3. 场地类别

依据《建筑抗震设计规范（2016 年版）》（GB 50011—2010），提供Ⅰ0、Ⅰ1、Ⅱ、Ⅲ、Ⅳ共五类场地类别。

4. 特征周期 T_g（秒）、水平地震影响系数最大值、12 层以下规则混凝土框架结构薄弱层验算地震影响系数最大值

由“总信息”页“结构所在地区”参数、“地震信息”页“场地类别”和“设计地震分组”三个参数确定“特征周期”的默认值；“地震影响系数最大值”和“12 层以下规则混凝土框架结构薄弱层验算地震影响系数最大值”则由“总信息”页“结构所在地区”参数和“地震信息”页“设防烈度”两个参数共同控制。当改变上述相关参数时，程序将自动按《建筑抗震设计规范（2016 年版）》（GB 50011—2010）重新判断特征周期或地震影响系数最大值。

设计人员也可根据需要进行修改，但需注意当上述几个相关参数：“场地类别”“设防烈度”等改变时，经设计人员手动修改的特征周期或者地震影响系数最大值将不会保留，而是自动恢复为规范默认值，设计人员应注意修改。

5. 周期折减系数

周期折减的目的是充分考虑框架结构和框架 - 剪力墙结构的填充墙刚度对计算周期的影响。

对于框架结构，若填充墙较多，周期折减系数可取0.6～0.7，填充墙较少时可取0.7～0.8；对于框架－剪力墙结构，可取0.7～0.8，纯剪力墙结构的周期可不折减。

6. 竖向地震作用系数底线值

根据《高层建筑混凝土结构技术规程》（JGJ 3—2010）第4.3.15条规定：高层建筑中，大跨度结构、悬挑结构、转换结构、连体结构的连接体的竖向地震作用标准值，不宜小于结构或构件承受的重力荷载代表值与规程中表4.3.15所规定的竖向地震作用系数的乘积。

程序设置“竖向地震作用系数底线值”这项参数以确定竖向地震作用的最小值。当振型分解反应谱方法计算的竖向地震作用小于该值时，程序将自动取该参数确定的竖向地震作用底线值。需要注意的是当用该底线值调控时，相应的有效质量系数应该达到90%以上。

7. 竖向地震影响系数最大值与水平地震影响系数最大值的比值（%）

设计人员可指定竖向地震影响系数最大值占水平地震影响系数最大值的比值，来调整竖向地震的大小。

8. 自定义地震影响系数曲线

单击“自定义地震影响系数曲线”按钮，弹出“地震影响系数曲线调整”对话框，设计人员可在此基础上根据需要进行修改，形成自定义的地震影响系数曲线。

9. 结构阻尼比（%）

《建筑抗震设计规范（2016年版）》（GB 50011—2010）规定：一般混凝土结构取0.05。

《建筑抗震设计规范（2016年版）》（GB 50011—2010）第8.2.2条规定：钢结构抗震计算的阻尼比宜符合下列规定：多遇地震下的计算，高度不大于50 m时可取0.04；高度大于50 m且小于200 m时，可取0.03；高度不小于200 m时宜取0.02。当偏心支撑框架部分承担的地震倾覆力矩大于结构总地震倾覆力矩的50%时，其阻尼比可相应增加0.005。在罕遇地震下的弹塑性分析，阻尼比可取0.05。

设计人员如果想要采用新的阻尼比计算方法，只需要选择“按材料区分”，并对不同材料指定阻尼比（程序默认钢材为0.02，混凝土为0.05），程序即可自动计算各振型阻尼比，并相应计算地震作用。程序在WZQ.OUT文件以及计算书中均输出了各振型的阻尼比。

10. 特征值分析参数

对于大体量结构，如大规模的多塔结构、大跨结构，以及竖向地震作用计算等，往往需要计算大量振型才能满足要求，但大阶数的振型带来了地震作用计算的内存消耗和计算量大幅增加，使得计算机难堪重负，用户也无法忍受如此低效的计算。多重里兹向量法可以采用相对精确特征值算法，以较少的振型数即可满足有效质量系数要求，使得大型结构的动态响应问题的计算效率得以大幅提高。

11. 计算振型个数

在计算地震作用时，振型个数的选取应遵循《建筑抗震设计规范（2016年版）》（GB 50011—2010）第5.2.2条条文说明的规定：“振型个数一般可以取振型参与质量达到总质量90%所需的振型数”。

当仅计算水平地震作用或者用规范方法计算竖向地震作用时，振型数应至少取3。为了使每阶振型都尽可能的得到两个平动振型和一个扭转振型，振型数最好为3的倍数。

12. 程序自动确定振型数

当选择子空间迭代法进行特征值分析时可使用此功能。

13. 考虑双向地震作用

《高层建筑混凝土结构技术规程》（JGJ 3—2010）第4.3.2.2条，《建筑抗震设计规范（2016

年版)》(GB 50011—2010) 第5.1.1.3条规定:“质量与刚度分布明显不对称的结构,应计算双向水平地震作用下的扭转影响”。质量和刚度分布明显不对称、不均匀的结构,一般是指在刚性楼板假定下,在考虑偶然偏心影响的单向水平地震作用下,楼层最大位移与平均位移之比超过位移比下限1.2较多的结构。

14. 考虑偶然偏心,X、Y向相对偶然偏心值,用户指定偶然偏心

验算结构位移比时,总是要考虑偶然偏心;结构构件设计时,分下列两种情况处理。

(1) 如果位移比超过1.2,则考虑双向地震,不考虑偶然偏心。

(2) 如果位移比小于1.2,则不考虑双向地震,考虑偶然偏心。

勾选了“考虑偶然偏心”后,程序允许设计人员修改X和Y向的相对偶然偏心值,程序默认值为0.05。设计人员也可单击“指定偶然偏心”按钮,分层分塔填写相对偶然偏心值。

15. 混凝土框架、剪力墙、钢框架抗震等级

程序提供了0、1、2、3、4、5六种值。其中0、1、2、3、4分别代表抗震等级为特一级、一、二、三或四级,5代表不考虑抗震构造要求。此处指定的抗震等级是全楼适用的。通过此处指定的抗震等级,SATWE自动对全楼所有构件的抗震等级赋初值。依据《建筑抗震设计规范(2016年版)》(GB 50011—2010)、《高层建筑混凝土结构技术规程》(JGJ 3—2010) 等相关条文,某些部位或构件的抗震等级可能还需要在此基础上进行单独调整,SATWE将自动对这部分构件的抗震等级进行调整。对于少数未能涵盖的特殊情况,设计人员可通过前处理第二项菜单“特殊构件补充定义”进行单独构件的补充指定,以满足工程需求。

16. 抗震构造措施的抗震等级

在某些情况下,结构的抗震构造措施等级可能与抗震等级不同。用户应根据工程的设防类别查找相应的规范,以确定抗震构造措施等级。当抗震构造措施的抗震等级与抗震措施的抗震等级不一致时,在配筋文件中会输出此项信息。

17. 悬挑梁默认取框梁抗震等级

当不勾选此参数时,程序默认按次梁选取悬挑梁抗震等级,如果勾选该参数,悬挑梁的抗震等级默认同主框架梁。程序默认不勾选该参数。

18. 降低嵌固端以下抗震构造措施的抗震等级

根据《建筑抗震设计规范(2016年版)》(GB 50011—2010) 第6.1.3-3条的规定:当地下室顶板作为上部结构的嵌固部位时,地下一层的抗震等级应与上部结构相同,地下一层以下抗震构造措施的抗震等级可逐层降低一级,但不应低于四级。当勾选该选项之后,程序将自动按照规范规定执行,设计人员将无须在“设计模型补充定义”中单独指定相应楼层构件的抗震构造措施的抗震等级。

19. 部分框支-剪力墙结构底部加强区剪力墙抗震等级自动提高一级

根据《高层建筑混凝土结构技术规程》(JGJ 3—2010) 表3.9.3、表3.9.4,部分框支-剪力墙结构底部加强区和非底部加强区的剪力墙抗震等级可能不同。

对于“部分框支-剪力墙结构”,如果用户在“地震信息”页“剪力墙抗震等级”中填入部分框支-剪力墙结构中一般部位剪力墙的抗震等级,并在此勾选了“部分框支-剪力墙结构底部加强区剪力墙抗震等级自动提高一级”,程序将自动对底部加强区的剪力墙抗震等级提高一级。

20. 程序自动考虑最不利水平地震作用

在旧版的SATWE软件中,当设计人员需要考虑最不利水平地震作用时,必须先进行一次计算并在WZQ.OUT文件中查看最不利地震角度,然后回填到附加地震相应角度进行第二次计算。

而新版本对此做了改进，设计人员如果勾选自动考虑最不利水平地震作用后，程序将自动完成最不利水平地震作用方向的地震效应计算，无须手动回填。

21. 工业设备地震计算

该参数用来确定反应谱放大计算工业设备地震作用的最小值。此比例值是程序自动将设备的底部剪力放大至规范简化方法底部剪力的比例倍数。

22. 斜交抗侧力构件方向附加地震数，相应角度

《建筑抗震设计规范（2016 年版）》（GB 50011—2010）第 5. 1. 1 条规定：有斜交抗侧力构件的结构，当相交角度大于 15°时，应分别计算各抗侧力构件方向的水平地震作用。

设计人员可在此处指定附加地震方向。附加地震数可在 0 ~5 之间取值，在“相应角度”输入框填入各角度值。该角度是与整体坐标系 X 轴正方向的夹角，单位为度，逆时针方向为正，各角度之间以逗号或空格隔开。

23. 同时考虑相应角度的风荷载

程序仅考虑多角度地震，不计算相应角度风荷载，各角度方向地震总是与 0°和 90°风荷载进行组合。勾选时，“斜交抗侧力构件方向附加地震数”参数同时控制风和地震的角度，且地震和风同向组合。

该功能主要有两种用途，一种是改进过去对于多角度地震与风的组合方式，可使地震与风总是保持同向组合；另一种更常用的用途是满足对于复杂工程的风荷载计算需要，可根据结构体型进行多角度计算，或根据风洞实验结果一次输入多角度风荷载。

5.1.5　活荷载信息

活荷载信息界面如图 5-16 所示。

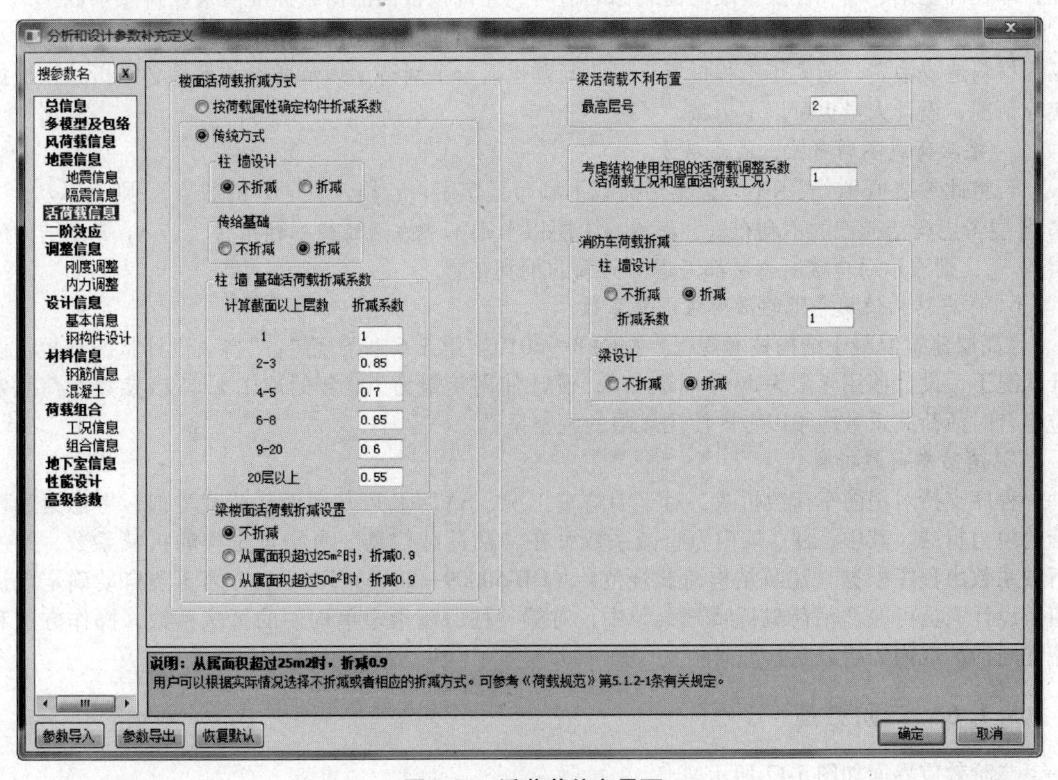

图 5-16　活荷载信息界面

1. 楼面活荷载折减方式

新版的 SATWE 增加了按照荷载属性确定构件折减系数的选项［具体规定参见《建筑结构荷载规范》（GB 50009—2012）第 5. 1. 2 条］。使用该方式时，需根据实际情况，在结构建模中荷载布置—楼板活荷载类型中定义房间属性，对于未定义属性的房间，程序默认按住宅处理。对于梁、墙梁，程序会对其周围的房间进行遍历，每个房间根据《建筑结构荷载规范》（GB 50009—2012）第 5. 1. 2 -1 条得到一个折减系数，最后取大。

2. 柱、墙、基础设计时活荷载是否折减

《建筑结构荷载规范》（GB 50009—2012）第 5. 1. 2 条规定：梁、墙、柱及基础设计时，可对楼面活荷载进行折减。

为了避免活荷载在 PMCAD 和 SATWE 中出现重复折减的情况，建议设计人员使用 SATWE 进行结构计算时，不要在 PMCAD 中进行活荷载折减，而是统一在 SATWE 中进行梁、柱、墙和基础设计时的活荷载折减。

此处指定的“传给基础的活荷载”是否折减仅用于 SATWE 设计结果的文本及图形输出，在接力 JCCAD 时，SATWE 传递的内力为没有折减的标准内力，由设计人员在 JCCAD 中另行指定折减信息。

3. 柱、墙、基础活荷载折减系数

此参数的折减系数是当折减墙柱设计活荷载或折减传给基础的活荷载勾选后才会生效。程序会对每个柱、墙截面上方的楼层自动分析计算，从而取得正确的活荷载折减系数。

4. 梁楼面活荷载折减设置

活荷载折减可以按一个概率问题考虑，作用在楼面上的活荷载，不可能以标准值大小同时布满在所有楼面上。因此，在设计楼面梁、墙、柱及基础时，还要考虑实际荷载沿楼面分布的情况，即在确定梁、墙、柱及基础的荷载标准值时，允许按楼面活荷载标准值乘以折减系数。

活荷载折减也是工程经济的需要，如果不按规范折减，计算结果偏于保守，在一定程度上对工程材料造成浪费，增大了工程投资。但此问题也需辩证对待，规范要求并不是必须折减，根据实际情况，设计人员也可以不折减。

5. 梁活荷载不利布置，最高层号

若将此参数填 0，表示不考虑梁活荷载不利布置作用；若填入大于 0 的数 N_L，则表示从 1 ~ N_L 各层考虑梁活荷载的不利布置，而 N_L+1 层以上则不考虑活荷载不利布置，若 N_L 等于结构的层数 N_{st}，则表示对全楼所有层都考虑活荷载的不利布置。

6. 考虑结构使用年限的活荷载调整系数

《高层建筑混凝土结构技术规程》（JGJ 3—2010）第 5. 6. 1 条规定：“持久设计状况和短暂设计状况下，设计使用年限为 50 年时取 1. 0，设计使用年限为 100 年时取 1. 1”。该参数在荷载效应组合时活荷载系数应乘以考虑使用年限的调整系数。

7. 消防车荷载折减

程序支持对消防车荷载折减，对于消防车工况，SATWE 可与楼面活荷载类似，考虑梁和柱墙的内力折减。其中，柱、墙内力折减系数可在“活荷载信息”页指定全楼的折减系数，梁的折减系数由程序根据《建筑结构荷载规范》（GB 50009—2012）5. 1. 2 -1 第 3 条自动确定默认值。设计人员可在“活荷载折减”菜单中，对梁、柱、墙指定单构件的折减系数，操作方法和流程与活荷载内力折减系数类似。

5. 1. 6　二阶效应

二阶效应界面如图 5-17 所示。

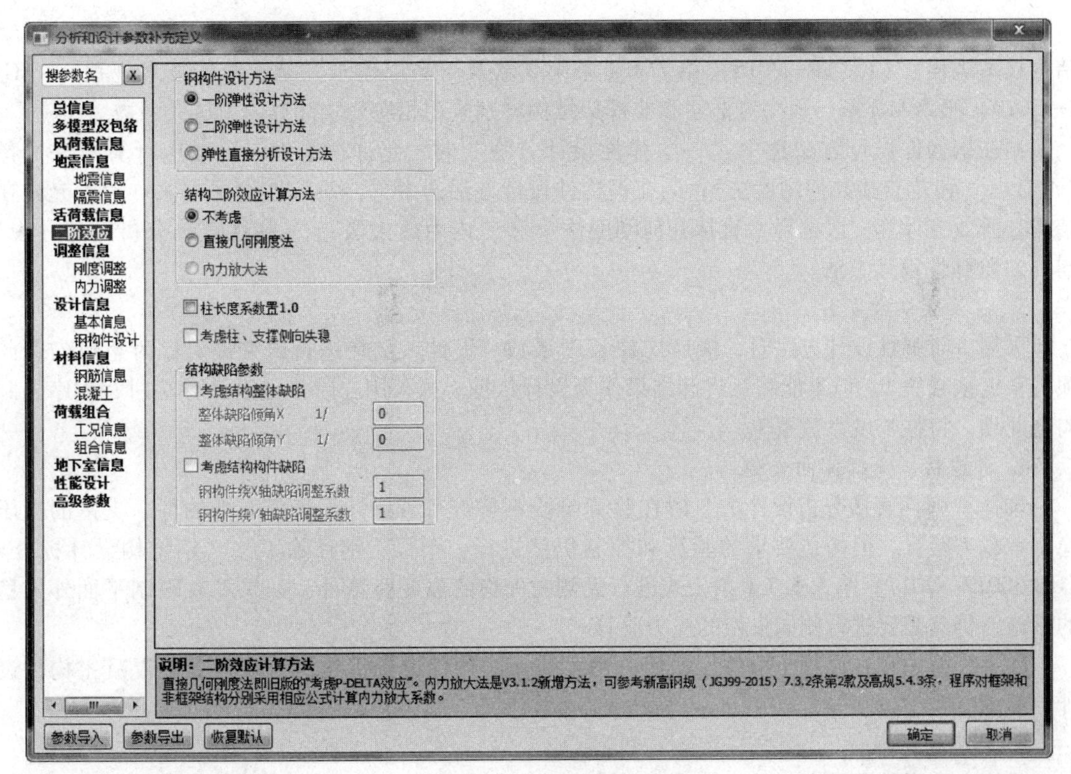

图5-17　二阶效应界面

1. 钢构件设计方法

钢构件设计方法程序共提供了三种设计方法：一阶弹性设计方法、二阶弹性设计方法和弹性直接分析设计方法。

《高层民用建筑钢结构技术规程》(JGJ 99—2015) 第7.3.2条第1款条文规定："结构内力分析可采用一阶线弹性分析或二阶线弹性分析。当二阶效应系数大于0.1时，宜采用二阶线弹性分析。二阶效应系数不应大于0.2"。

针对以上规范修改，对于框架结构新版本输出了二阶效应系数，用以判断是否需要采用二阶弹性方法，设计人员需自行进行判断。

当采用二阶弹性设计方法时，须同时勾选"考虑结构缺陷"和"柱长度系数置1.0"选项，且二阶效应计算方法应该选择"直接几何刚度法"或"内力放大法"。

根据《钢结构设计标准》(GB 50017—2017) 第5章规定，直接分析可以分为考虑材料进入塑性的弹性直接分析和不考虑材料进入塑性的弹性直接分析。

弹性直接分析除不考虑材料非线性的因素外，需要考虑几何非线性（$P-\Delta$效应和$P-\delta$效应)、结构整体缺陷以及构件缺陷（包括残余应力等)。

采用弹性直接分析的结构，不再需要按计算长度法进行构件受压稳定承载力验算。

当选择新的"弹性直接分析设计方法"选项时，二阶效应计算方法可以选择"直接几何刚度法"或"内力放大法"，默认可以放在"直接几何刚度法"，默认柱的计算长度系数置1，默认考虑结构缺陷。

2. 结构二阶效应计算方法

结构二阶效应计算方法提供了三个选项：不考虑、直接几何刚度法和内力放大法。

其中“直接几何刚度法”即旧版考虑 $P-\Delta$ 效应，“内力放大法”可参考《高层民用建筑钢结构技术规程》（JGJ 99—2015）第 7.3.2 条第 2 款及《高层建筑混凝土结构技术规程》（JGJ 3—2010）第 5.4.3 条，程序对框架和非框架结构分别采用相应公式计算内力放大系数。

当在钢构件设计方法选中“一阶弹性设计方法”时，允许在结构二阶效应计算方法选择“不考虑”和“直接几何刚度法”；当在钢构件设计方法选中“二阶弹性设计方法”时，允许在结构二阶效应计算方法选择“直接几何刚度法”和“内力放大法”；“弹性直接分析设计方法”同“二阶弹性设计方法”。

3. 柱长度系数置 1

采用一阶弹性设计方法时，应考虑柱长度系数，设计人员在进行研究或对比时也可勾选此项将长度系数置 1，但不能随意将此结果作为设计依据。当采用二阶弹性设计方法时，程序强制勾选此项，将柱长度系数置 1。

4. 考虑柱、支撑侧向失稳

选择“弹性直接分析设计法”时在验算阶段不再进行考虑计算长度系数的柱、支撑的受压稳定承载力验算，但构造要求的验算和控制仍然进行。钢梁、钢柱除了按《钢结构设计标准》（GB 50017—2017）第 5.5.7-1 条公式进行无侧向失稳的强度验算外，如果没有限制平面外失稳的措施，仍然需要进行侧向失稳的应力验算。

如果模型中存在混凝土构件，截面内力不修正，构件设计仍然执行现行规范混凝土构件设计的要求。

5. 结构缺陷参数

采用二阶弹性设计方法时，应考虑结构缺陷。程序开放整体缺陷倾角参数，默认为 1/250，设计人员可根据结构实际情况进行修改。局部缺陷暂不考虑。

5.1.7 调整信息

1. 梁刚度调整

梁刚度调整程序提供了三种方法，分别是采用中梁放大系数 B_K、梁刚度放大系数按规范取值和混凝土矩形梁转 T 形梁（自动附加楼板翼缘）。

《高层建筑混凝土结构技术规程》（JGJ 3—2010）规定：“在结构内力与位移计算中，现浇楼面和装配整体式楼面中梁的刚度可考虑翼缘的作用予以增大。楼面梁增大系数可根据翼缘情况取为 1.3 ~ 2.0。对于无现浇面层的装配式结构，可不考虑楼面翼缘的作用”。因为《高层建筑混凝土结构技术规程》（JGJ 3—2010）中没有给出具体的量划值，所以设计时应根据具体情况具体分析。

中梁放大系数 B_K 一般可在 1.0 ~ 2.0 范围内取值，程序默认值为 2.0。

考虑楼板作为翼缘对梁刚度的贡献时，对于每根梁，由于截面尺寸和楼板厚度等差异，其刚度放大系数可能各不相同。SATWE 提供了按规范取值的选项，勾选此项后，程序将根据《混凝土结构设计规范（2015 年版）》（GB 50010—2010）第 5.2.4 条的表格，自动计算每根梁的楼板有效翼缘宽度，按照 T 形截面与梁截面的刚度比例，确定每根梁的刚度系数。如果不勾选，则仍按上一条所述，对全楼指定唯一的刚度系数。

当勾选混凝土矩形梁转 T 形梁（自动附加楼板翼缘）参数时，程序自动将所有混凝土矩形截面梁转换成 T 形截面，在刚度计算和承载力设计时均采用新的 T 形截面，此时梁刚度放大系数程序将自动置为 1。

2. 梁刚度放大系数按主梁计算

选择“梁刚度放大系数按 2010 规范取值”或“混凝土矩形梁转 T 形梁”时，对于被次梁打断成多段的主梁，可以选择按照打断后的多段梁分别计算每段的刚度系数，也可以按照整根主梁进行计算。当勾选此项时，程序将自动进行主梁搜索并据此进行刚度系数的计算。

3. 连梁刚度折减系数

地震作用：多、高层结构设计中允许连梁开裂，开裂后连梁的刚度有所降低，程序中通过连梁刚度折减系数来反映开裂后的连梁刚度。根据《高层建筑混凝土结构技术规程》（JGJ 3—2010）第5.2.1条规定："高层建筑结构地震作用效应计算时，可对剪力墙连梁刚度予以折减，折减系数不宜小于0.5"。指定该折减系数后，程序在计算时只在集成地震作用计算刚度阵时进行折减，竖向荷载和风荷载计算时连梁刚度不予折减。

采用SAUSAGE-Design连梁刚度折减系数：如果勾选该项，程序会在"分析模型及计算"→"设计属性补充"→"刚度折减系数"中采用SAUSAGE-Design计算结果作为默认值，如果不勾选则仍选用调整信息中"连梁刚度折减系数－地震作用"的输入值作为连梁刚度折减系数的默认值。

计算地震位移时不考虑连梁刚度折减：《建筑抗震设计规范（2016年版）》（GB 50011—2010）第6.2.13－2条规定"计算地震内力时，抗震墙连梁刚度可折减；计算位移时，连梁刚度可不折减。"若执行上述条文，旧版需建立两个模型，并分别取对应的指标作为设计结果，新版程序可直接勾选该选项，一键完成计算。

4. 风荷载作用

当风荷载作用水准提高到100年一遇或更高，在承载力设计时，应允许一定程度地考虑连梁刚度的弹塑性退化，即允许连梁刚度折减，以便整个结构的设计内力分布更贴近实际，连梁本身也更容易设计。

设计人员可以通过该参数指定风荷载作用下全楼统一的连梁刚度折减系数，该参数对开洞剪力墙上方的墙梁及具有连梁属性的框架梁有效，不与梁刚度放大系数连乘。风荷载作用下内力计算采用折减后的连梁刚度，位移计算不考虑连梁刚度折减。

5. 梁柱重叠部分转化为刚域

刚域是在内力与位移分析中，可考虑的梁、柱重叠部分的范围。正常情况下，梁的长度为柱间形心的距离。当柱截面面积较大时，可将梁柱重叠部分作为刚域考虑。当作为刚域时，程序将梁柱重叠部分作为刚域计算，梁刚度大，自重小，两端负弯矩小；当不作为刚域时，程序将梁柱重叠部分作为梁的一部分，梁刚度小，自重大，梁端负弯矩大。需注意的是，考虑梁端负弯矩调幅后，不宜考虑节点刚域；考虑节点刚域后，则在梁的平法施工图中不宜在考虑支座宽度对裂缝的影响。

6. 考虑钢梁刚域

当钢梁端部与钢管混凝土柱或者型钢混凝土柱相连接时，程序默认地生成40%倍柱直径（或B边长度）的梁端刚域，当与其他截面柱相连时默认不生成钢梁端的刚域。但用户也可以根据需要在分析模型的设计属性补充修改中交互修改每个钢梁的刚域。

7. 托墙梁刚度放大系数

实际工程中常常会出现"转换大梁上面托剪力墙"的情况，当设计人员使用梁单元模拟转换大梁，用壳元模式的墙单元模拟剪力墙时，墙与梁之间实际的协调工作关系在计算模型中就不能得到充分体现，存在近似性。

实际的协调关系是剪力墙的下边缘与转换大梁的上表面变形协调，而计算模型则是剪力墙的下边缘与转换大梁的中性轴变形协调，这样造成转换大梁的上表面在荷载作用下将会与剪力墙脱开，失去本应存在的变形协调性，与实际情况相比，计算模型的刚度偏柔了，这就是软件提供托墙梁刚度放大系数的原因。

当考虑托墙梁刚度放大时，转换层附近的超筋情况（若有）通常可以缓解。但是为了使设计保持一定的富裕度，建议不考虑或少考虑托墙梁刚度放大。

8. 钢管束剪力墙计算模型

程序既支持采用拆分墙肢模型计算，也支持采用合并墙肢模型计算，还支持两种模型包络设计，主模型采用合并模型，平面外稳定、正则化宽厚比、长细比和混凝土承担系数各个分肢较大值。

9. 钢管束墙混凝土刚度折减系数

当结构中存在钢管束剪力墙时，可通过该参数对钢管束内部填充的混凝土刚度进行折减。该参数仅用于特定版本。

10. 剪重比调整

《建筑抗震设计规范（2016 年版）》（GB 50011—2010）第 5. 2. 5 条规定：抗震验算时，结构任一楼层的水平地震的剪重比不应小于表 5. 2. 5 给出的最小地震剪力系数 λ。

如果设计人员勾选“调整”，程序将自动进行调整。设计人员也可点取“自定义调整系数”，分层分塔指定剪重比调整系数。

11. 扭转效应明显

该参数用来标记结构的扭转效应是否明显。当勾选时，楼层最小地震剪力系数取《建筑抗震设计规范（2016 年版）》（GB 50011—2010）表 5. 2. 5 第一行的数值，无论结构基本周期是否小于 3. 5 s。

12. 自定义楼层最小地震剪力系数

新版本 PKPM 提供了自定义楼层最小地震剪力系数的功能。当选择此项时并填入恰当的 X、Y 向最小地震剪力系数时，程序不再按《建筑抗震设计规范（2016 年版）》（GB 50011—2010）表 5. 2. 5 确定楼层最小地震剪力系数，而是执行用户自定义值。

13. 弱/强轴方向动位移比例

程序所说的弱轴是对应结构长周期方向，强轴对应短周期方向。

《高层建筑混凝土结构技术规程》（JGJ 3—2010）第 5. 2. 5 条条文说明中明确了三种调整方式，即加速度段、速度段和位移段。当动位移比例为 0 时，程序采取加速度段方式进行调整；动位移比例为 1 时，采用位移段方式进行调整；动位移比例为 0. 5 时，采用速度段方式进行调整。

14. 按刚度比判断薄弱层的方式

设计人员在设计过程中要避免薄弱层的轻易出现，如果不可避免应按照规范采取相应的加强措施。

程序修改了原有“按抗规和高规从严判断”的默认做法，改为提供“按抗规和高规从严判断”，“仅按抗规判断”，“仅按高规判断”和“不自动判断”四个选项供用户选择。程序默认值仍为从严判断。

15. 受剪承载力突变形成的薄弱层自动进行调整

《高层建筑混凝土结构技术规程》（JGJ 3—2010）第 3. 5. 3 条规定：A 级高度高层建筑的楼层抗侧力结构的层间受剪承载力不宜小于其相邻上一层受剪承载力的 80%，不应小于其相邻上一层受剪承载力的 65%；B 级高度高层建筑的楼层抗侧力结构的层间受剪承载力不应小于其相邻上一层受剪承载力的 75%。

当勾选该参数时，对于受剪承载力不满足《高层建筑混凝土结构技术规程》（JGJ 3—2010）第 3. 5. 3 条要求的楼层，程序会自动将该层指定为薄弱层，执行薄弱层相关的内力调整，并重新进行配筋设计。若该层已被设计人员指定为薄弱层，程序不会对该层重复进行内力调整。采用此项功能时设计人员应注意确认程序自动判断的薄弱层信息是否与实际相符。

16. 指定薄弱层个数及相应的各薄弱层层号

SATWE自动按楼层刚度比判断薄弱层并对薄弱层进行地震内力放大，但对于竖向抗侧力构件不连续、或承载力变化不满足要求的楼层，不能自动判断为薄弱层，需要设计人员在此指定。填入薄弱层楼层号后，程序对薄弱层构件的地震作用内力按“薄弱层地震内力放大系数”进行放大。输入各层号时以逗号或空格隔开。

17. 薄弱层地震内力放大系数、自定义调整系数

《建筑抗震设计规范（2016年版）》（GB 50011—2010）第3.4.4－2条规定：薄弱层的地震剪力增大系数不小于1.15。《高层建筑混凝土结构技术规程》（JGJ 3—2010）第3.5.8条规定：地震作用标准值的剪力应乘以1.25的增大系数。SATWE对薄弱层地震剪力调整的做法是直接放大薄弱层构件的地震作用内力。“薄弱层地震内力放大系数”即设计人员根据实际情况指定放大系数，以满足不同需求。程序默认值为1.25。

18. 地震作用调整

程序支持全楼地震作用放大系数，设计人员可通过此参数来放大全楼地震作用，提高结构的抗震安全度，其经验取值范围是1.0～1.5。

程序还支持分层地震效应调整系数，设计人员可通过该系数分层分塔调整地震作用，并记录在SATADJUSTFLOORCOEF.PM文件中，填写方式同“自定义剪重比调整系数”。旧版本的“顶塔楼地震作用放大起算层号及放大系数”软件会自动读取并作为初值写入文件。

设计人员通过“结构的弹性动力时程分析”菜单计算后，程序会给出分层分塔的地震力放大系数建议值，设计人员可以将其反填在这里重新计算，使作用在结构上的地震作用为弹性动力时程分析和CQC计算方法的包络值。

设计人员自定义的分层分塔地震效应放大系数，即放大地震内力的同时，对地震位移也进行了放大。

19. 读取时程分析地震效应放大系数

按照规范要求，对于一些高层建筑应采用弹性时程分析法进行补充验算。SATWE软件的弹性时程分析功能会提供分层分塔地震效应放大系数，为了方便设计人员直接使用结果，新版程序添加了直接读取时程分析结果的功能。弹性时程分析计算完成后，单击“读取时程分析地震效应放大系数”按钮，程序自动读取弹性时程分析得到的地震效应放大系数作为最新的分层地震效应放大系数。

20. 调整与框支柱相连的梁内力

《高层建筑混凝土结构技术规程》（JGJ 3—2010）第10.2.17条规定：框支柱剪力调整后，应相应调整框支柱的弯矩及柱端框架梁的剪力和弯矩。程序自动对框支柱的剪力和弯矩进行调整，与框支柱相连的框架梁的剪力和弯矩是否进行相应调整，由设计人员决定，通过此项参数进行控制。

21. 梁端负弯矩调幅系数

在竖向荷载作用下，钢筋混凝土框架梁设计允许考虑混凝土的塑性变形内力重分布，适当减小支座负弯矩，相应增大跨中正弯矩。梁端负弯矩调幅系数可在0.8～1.0范围内取值。

22. 梁端弯矩调幅方法

旧版程序在调幅时仅以竖向支座作为判断主梁跨度的标准，以竖向支座处的负弯矩调幅量插值出跨中各截面的调幅量。但在实际工程中，刚度较大的梁有时也可作为刚度较小的梁的支座存在；新版程序增加了“通过负弯矩判断调幅梁支座”的功能。程序自动搜索恒载下主梁的跨中负弯矩处，也将其作为支座来进行分段调幅。

23. 梁活荷载内力放大系数

该参数用于考虑活荷载不利布置对梁内力的影响。将活荷载作用下的梁内力（包括弯矩、剪力、轴力）进行放大，然后与其他荷载工况进行组合。一般工程建议取值 1.1 ~1.2。如果已经考虑了活荷载不利布置，则应填 1。

24. 梁扭矩折减系数

对于现浇楼板结构，可以考虑楼板对梁抗扭的作用而对梁的扭矩进行折减。建议折减系数可在“0.4 ~ 1.0”范围内取值。对结构转换层的边框架梁扭矩折减系数不宜小于“0.6”，SATWE 前处理“特殊构件补充定义”菜单中“特殊梁”下，设计人员可以交互指定楼层中各梁的扭矩折减系数。当默认折减系数时，梁的扭矩折减系数均按同折减系数显示。SATWE 软件程序中考虑了梁与楼板之间的连接关系，对于不与楼板相连的梁，该扭矩折减系数不起作用，对于弧形梁、不与楼板相连的独立梁均不起作用。

25. 转换结构构件（三、四级）水平地震效应放大系数

按《建筑抗震设计规范（2016 年版）》（GB 50011—2010）第 3.4.4 -2 -1 条要求，转换结构构件的水平地震作用计算内力应乘以 1.25 ~2.0 的放大系数；按照《高层建筑混凝土结构技术规程》（JGJ 3—2010）第 10.2.4 条的要求，特一级、一级、二级的转换结构构件的水平地震作用计算内力应分别乘以增大系数 1.9、1.6 和 1.3。此处填写大于 1.0 时，三、四级转换结构构件的地震内力乘以此放大系数。

5.1.8 设计信息 - 基本信息

基本信息界面如图 5-18 所示。

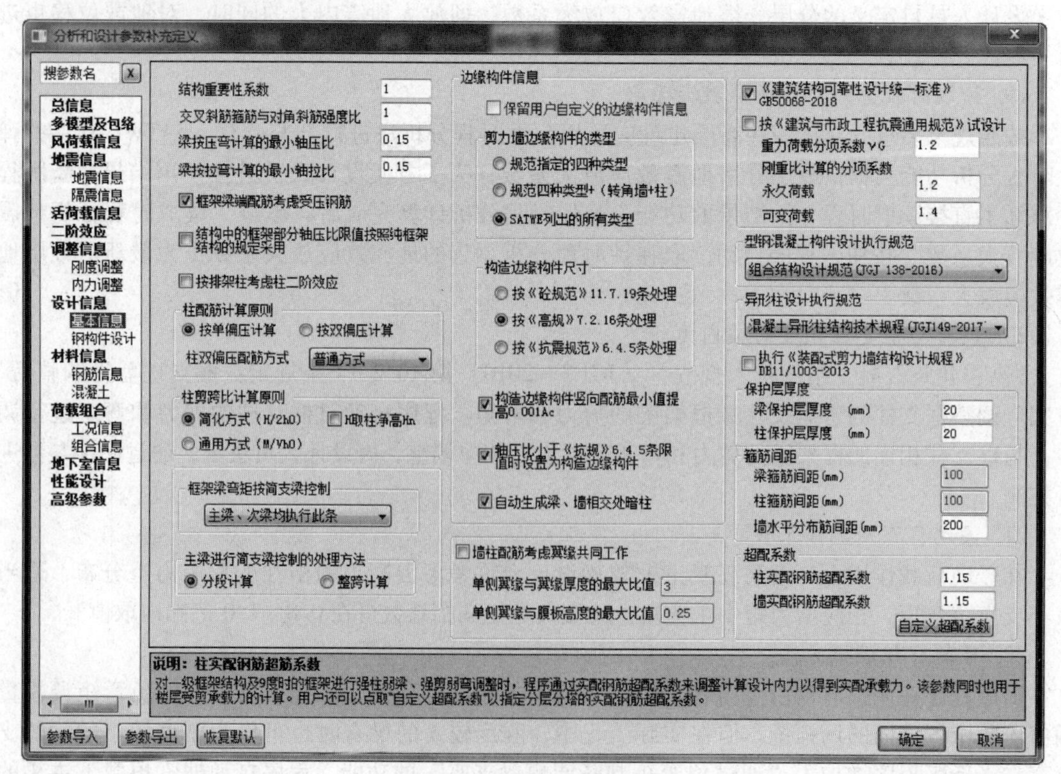

图 5-18 基本信息界面

1. 结构重要性系数

该参数用于非抗震组合的构件承载力验算。当结构安全等级为二级时或设计使用年限为50年时，应取“1.0”。默认值为“1.0”。

2. 交叉斜筋箍筋与对角斜筋强度比

此选项的含义是梁抗剪配筋采用交叉斜筋方式时，箍筋与对角斜筋的配筋强度比。此参数用于考虑梁的交叉斜筋方式的配筋。

3. 梁按压弯计算的最小轴压比

梁承受的轴力一般较小，默认按照受弯构件计算。实际工程中地震力作用下某些梁可能承受较大的轴力，此时应按照压弯构件进行计算。该值用来控制梁按照压弯构件计算的临界轴压比，默认值为0.15。当计算轴压比大于该临界值时，按照压弯构件计算，此处计算轴压比指的是所有抗震组合和非抗震组合轴压比的最大值。如果填入0.0表示梁全部按受弯构件计算。目前程序对混凝土梁和型钢混凝土梁都执行了这一参数。

4. 梁按拉弯计算的最小轴拉比

该参数是用来控制梁按拉弯计算的临界轴拉比，默认值为0.15。

5. 框架梁端配筋考虑受压钢筋

“框架梁端考虑受压钢筋”是抗震设计中“强柱弱梁”的一种措施，可以引导框架中的塑性铰首先在梁端形成。它的意义在于可以控制梁端截面混凝土受压区高度（主要是控制负弯矩截面下部的混凝土受压区高度），最终目的是控制梁端塑性铰区具有较大的塑性转动能力，以保证框架梁端截面具有足够的曲率延性。根据国内外试验结果和参考国外经验，当相对受压区高度控制在0.25～0.35时，梁的位移延性可达到3.0～4.0。

勾选此项时，程序会对应验算《混凝土结构设计规范（2015年版）》（GB 50010—2010）第11.3.1条和《高层建筑混凝土结构技术规程》（JGJ 3—2010）第6.3.2－1条“抗震设计时，计入受压钢筋作用的梁端截面混凝土受压区高度与有效高度之比值，一级不应大于0.25，二、三级不应大于0.35”。不满足时会给出超筋提示。

6. 结构中的框架部分轴压比限值按照纯框架结构的规定采用

根据《高层建筑混凝土结构技术规程》（JGJ 3—2010）第8.1.3条规定：对于框架－剪力墙结构，当底层框架部分承受的地震倾覆力矩的比值在一定范围内时，框架部分的轴压比需要按框架结构的规定采用。勾选此选项后，程序将一律按纯框架结构的规定控制结构中框架柱的轴压比，除轴压比外，其余设计仍遵循框剪结构的规定。

7. 按排架柱考虑柱二阶效应

《混凝土结构设计规范（2015年版）》（GB 50010—2010）规定：除排架结构柱外，应按第6.2.4条的规定考虑柱轴压力二阶效应，排架结构柱应按B.0.4条计算其轴压力二阶效应。

勾选此项时，程序将按照B.0.4条的方法计算柱轴压力二阶效应，此时柱计算长度系数仍采用底层1.0/上层1.25，对于排架结构柱，用户应注意自行修改其长度系数。不勾选时，程序将按照第6.2.4条的规定考虑柱轴压力二阶效应。

8. 柱配筋计算原则

程序按单偏压计算公式分别计算柱两个方向的配筋；程序按双偏压计算公式计算柱两个方向的配筋和角筋。对于用户指定的“角柱”，程序将强制采用“双偏压”进行配筋计算。

9. 柱双偏压的配筋方式

（1）迭代优化：选择此项后，对于按双偏压计算的柱，在得到配筋面积后，会继续进行迭代优化。通过二分法逐步减少钢筋面积，并在每一次迭代中对所有组合校核承载力是否满足，直到找到最小全截面配筋面积配筋方案。

（2）等比例放大：由于双偏压配筋设计是多解的，在有些情况下可能会出现弯矩大的方向配筋数量少，而弯矩小的方向配筋数量反而多的情况。对于双偏压算法本身来说，这样的设计结果是合理的。但考虑到工程设计习惯，程序新增了等比例放大的双偏压配筋方式。该方式中程序会先进行单偏压配筋设计，然后对单偏压的结果进行等比例放大去验算双偏压设计，以此来保证配筋方式和工程设计习惯的一致性。需要注意的是，最终显示给设计人员的配筋结果不一定和单偏压结果完全成比例，这是由于程序在生成最终配筋结果时，还要考虑一系列构造要求。

10. 柱剪跨比计算原则

对于各类结构的框架柱；剪跨比为 $M/(V\times h_0)$。

对于框架结构的框架柱，当其反弯点在层高范围内时，剪跨比为 $H_n/(2h_0)$。

11. 主梁进行简支梁控制

《高层建筑混凝土结构技术规程》（JGJ 3—2010）第 5. 2. 3 - 4 条规定："框架梁跨中截面正弯矩设计值不应小于竖向荷载作用下按简支梁计算的跨中弯矩设计值的 50%"。

"次梁设计执行《高层建筑混凝土结构技术规程》（JGJ 3—2010）第 5. 2. 3 - 4 条"，若用户取消勾选该项，则对于次梁，程序不会执行第 5. 2. 3 - 4 条的规定，但对主梁仍会执行。由原来参数改为"主梁、次梁均执行此条""仅主梁执行此条"和"主梁、次梁均不执行此条"。即在原基础上增加对主梁的控制选项，允许用户对主梁是否执行此条进行控制。

12. 《建筑结构可靠性设计统一标准》（GB 50068—2018）

勾选此参数，则执行这一标准，其标准与原有规范主要修改了恒、活荷载的分项系数，不勾选，则与旧版本相同。

程序中给出了地震效应参与组合中的重力荷载分项系数控制参数，设计人员可以自行确定，目前默认参数为 1. 2。

13. 按《建筑与市政工程抗震通用规范》试设计

根据《建筑与市政工程抗震通用规范（征求意见稿）》要求，地震作用和地震作用组合的分项系数均增大。因此将对设计有比较显著的影响。

14. 重力荷载代表值的活荷组合系数

《建筑抗震设计规范（2016 年版）》（GB 50011—2010）第 5. 1. 3 条规定："在计算地震作用时，建筑的重力荷载代表值应取结构和构配件自重标准值和各可变荷载组合值之和"。《高层建筑混凝土结构技术规程》（JGJ 3—2010）第 4. 3. 6 条规定："计算地震作用时，建筑结构的重力荷载代表值应取永久荷载标准值和可变荷载组合值之和"。

一般民用建筑楼面等效均布活荷载取"0. 5"，此时各层活荷载不考虑折减，但根据建筑各楼层的使用功能不同，活荷载组合值系数不是一定的，而是根据使用条件的不同而改变。在 WMASS. OUT 文件中，"各层的质量、质心坐标信息项输出的活荷载产生的总质量"为组合值，即已经乘上了"重力荷载代表值的活荷组合系数"的结果。当"地震信息"页中修改了"重力荷载代表值的活荷组合系数"时，"荷载组合"页中"活荷重力代表值系数"将联动改变。

15. 保护层厚度

根据《混凝土结构设计规范（2015 年版）》（GB 50010—2010）第 8. 2. 1 条规定：不再以纵向受力钢筋的外缘，而以最外层钢筋（包括箍筋、构造筋、分布筋等）的外缘计算混凝土保护层厚度，设计人员应注意按新的要求填写保护层厚度。

梁、柱箍筋间距：梁、柱箍筋间距强制为 100 mm，不允许修改。对于箍筋间距非 100 mm 的情况，设计人员可对配筋结果进行折算。

对于 9 度设防烈度的各类框架和一级抗震等级的框架结构：框架梁和连梁端部剪力、框架柱端部弯矩、剪力调整应按实配钢筋和材料强度标准值来计算实际承载设计内力，但在计算时因得不到实际承载设计内力，而采用计算设计内力，所以只能通过调整计算设计内力的方法进行设计。超配系数就是按规范考虑材料、配筋因素的一个附加放大系数。

5.1.9　荷载组合 – 工况信息

工况信息界面如图 5-19 所示。

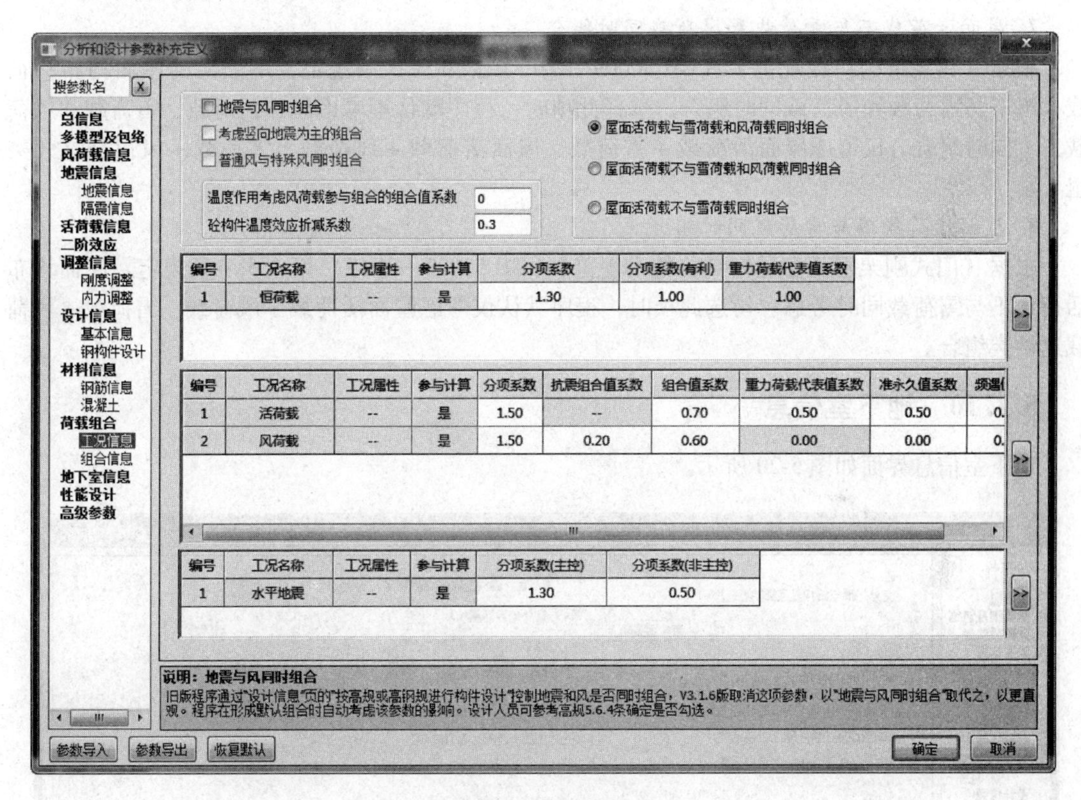

图 5-19　工况信息界面

1. 地震与风同时组合

《高层建筑混凝土结构技术规程》（JGJ 3—2010）第 5.6.4 条对地震与风荷载的组合做了详细规定。符合地震与风荷载同时组合的情况，设计人员按照规定确定是否勾选此项。

2. 考虑竖向地震为主的组合

参照《高层建筑混凝土结构技术规程》（JGJ 3—2010）第 5.6.4 条的规定，设计人员自主确定是否勾选此项。

3. 普通风与特殊风同时组合

程序自动计算主体结构的 X 向或 Y 向风荷载，局部构件上需补充指定相应风荷载，此时可通过定义特殊风荷载并勾选“普通风与特殊风同时组合”来实现。

4. 温度作用考虑风荷载参与组合的组合值系数

因为温度作用效应通常较大，所以设计人员可根据工程实际酌情考虑温度组合方式。

5. *混凝土构件温度效应折减系数*

由于温度应力分析采用瞬时弹性方法，为考虑混凝土的徐变应力松弛，可对混凝土构件的温度应力进行适当折减，默认值为 0.3。

6. *屋面活荷载与雪荷载和风荷载同时组合*

选择此项时，程序默认考虑屋面活荷载、雪荷载和风荷载三者同时参与组合。《建筑结构荷载规范》（GB 50009—2012）第 5.3.3 条规定，不上人的屋面均布活荷载，可不与雪荷载和风荷载同时组合。设计人员根据工程实际情况确定是否勾选此项。

7. *屋面活荷载不与雪荷载和风荷载同时组合*

根据《建筑结构荷载规范》（GB 50009—2012）第 5.3.3 条规定，不上人的屋面均布活荷载，可不与雪荷载和风荷载同时组合。选择此项时，程序默认不考虑屋面活荷载、雪荷载和风荷载三者同时组合，仅考虑屋面活荷载 + 雪荷载、屋面活荷载 + 风荷载、雪荷载 + 风荷载这几类组合。

8. *屋面活荷载不与雪荷载同时组合*

根据《门式刚架轻型房屋钢结构技术规范》（GB 51022—2015）第 4.5.1 条规定，屋面均布活荷载不与雪荷载同时考虑。勾选此项时，程序默认仅考虑屋面活荷载 + 风荷载、雪荷载 + 风荷载这两类组合。

5.1.10 地下室信息

地下室信息界面如图 5-20 所示。

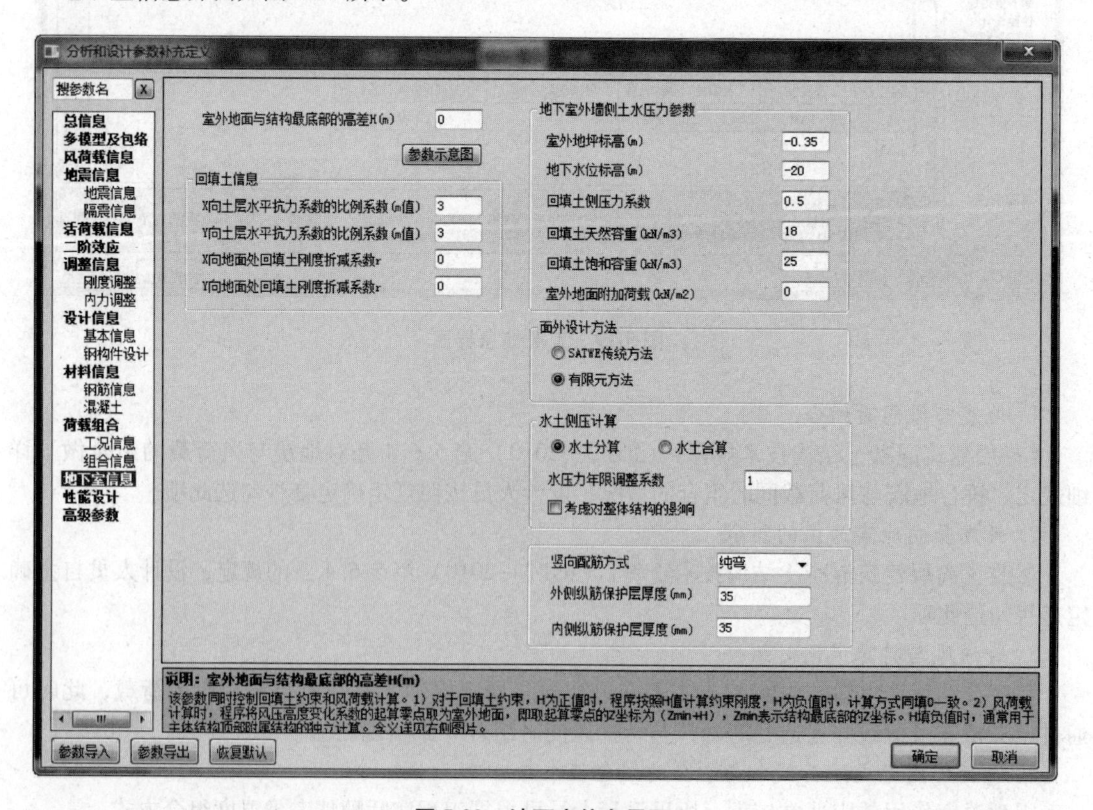

图 5-20　地下室信息界面

1. 室外地面与结构最底部的高差 H（m）

该参数同时控制回填土约束和风荷载计算，填0表示默认，程序取地下一层顶板到结构最底部的距离。对于回填土约束，H 为正值时，程序按照 H 值计算约束刚度，H 为负值时，计算方式同填0。风荷载计算时，程序将风压高度变化系数的起算零点取为室外地面，即取起算零点的 Z 坐标为（$Z_{min}+H$），Z_{min} 表示结构最底部的 Z 坐标。H 填负值时，通常用于主体结构顶部附属结构的独立计算。

2. X、Y 向土层水平抗力系数的比例系数（m）

该参数可以参照《建筑桩基技术规范》（JGJ 94—2008）表5.7.5来对 m 的大小进行取值。m 的取值范围一般为2.5 ~100，m 值的大小随土类及土的状态而不同，程序默认值为"3"。该 m 值考虑了土的性质，通过 m 值、地下室深度及侧向迎土面积，可得到地下室侧向约束的附加刚度，该附加刚度跟地下室刚度没有关联，而跟土的性质有关，从而可使得侧向约束更加合理，以便设计人员对该参数的掌握。

3. X、Y 向地面处回填土刚度折减系数 r

该参数主要用来调整室外地面回填土刚度。程序默认计算结构底部的回填土刚度 K（$K=1\,000\times m\times H$），并通过折减系数 r 来调整地面处回填土刚度为 $r\times K$。也就是说，回填土刚度的分布允许为矩形（$r=1$）、梯形（$0<r<1$）或三角形（$r=0$）。

当填0时，回填土刚度为三角形分布。

4. 室外地坪标高，地下水位标高

该参数一般按照工程实际填写，以结构±0.0标高为准，高则填正值，低则填负值。

5. 回填土天然容重、回填土饱和容重和回填土侧压力系数

这三个参数是用来计算地下室外围墙侧土压力的。设计人员根据工程实际情况填写。

6. 室外地面附加荷载（kN/m^2）

该参数建议取"5.0 kN/m^2"，主要用来计算地面附加荷载对地下室外墙的水平压力。

7. 水土侧压计算

水土侧压计算程序提供了两种选择，即水土分算和水土合算。选择"水土合算"时，增加土压力+地面活载（室外地面附加荷载）；选择"水土分算"时，增加土压力+水压力+地面活载（室外地面附加荷载）。

8. 竖向配筋方式

对于竖向配筋，程序提供了三种方式，默认按照纯弯计算非对称的形式输出配筋。当地下室层数很少，也可以选择压弯计算对称配筋。当墙的轴压比较大时，可以选择压弯计算和纯弯计算的较大值进行非对称配筋。

9. 外侧纵筋保护层厚度（mm）

《混凝土结构设计规范（2015年版）》（GB 50010—2010）第8.2.2-4条规定，"当对地下室墙体采取可靠的建筑防水做法或防护措施时，与土层接触一侧钢筋的保护层厚度可适当减少，但不应小于25 mm"。《混凝土结构耐久性设计标准》（GB/T 50476—2019）第3.5.4条规定，"当保护层设计厚度超过30 mm时，可将厚度取为30 mm计算裂缝的最大宽度"。设计人员根据实际情况填写此参数。

5.1.11　性能设计

性能设计界面如图5-21所示。

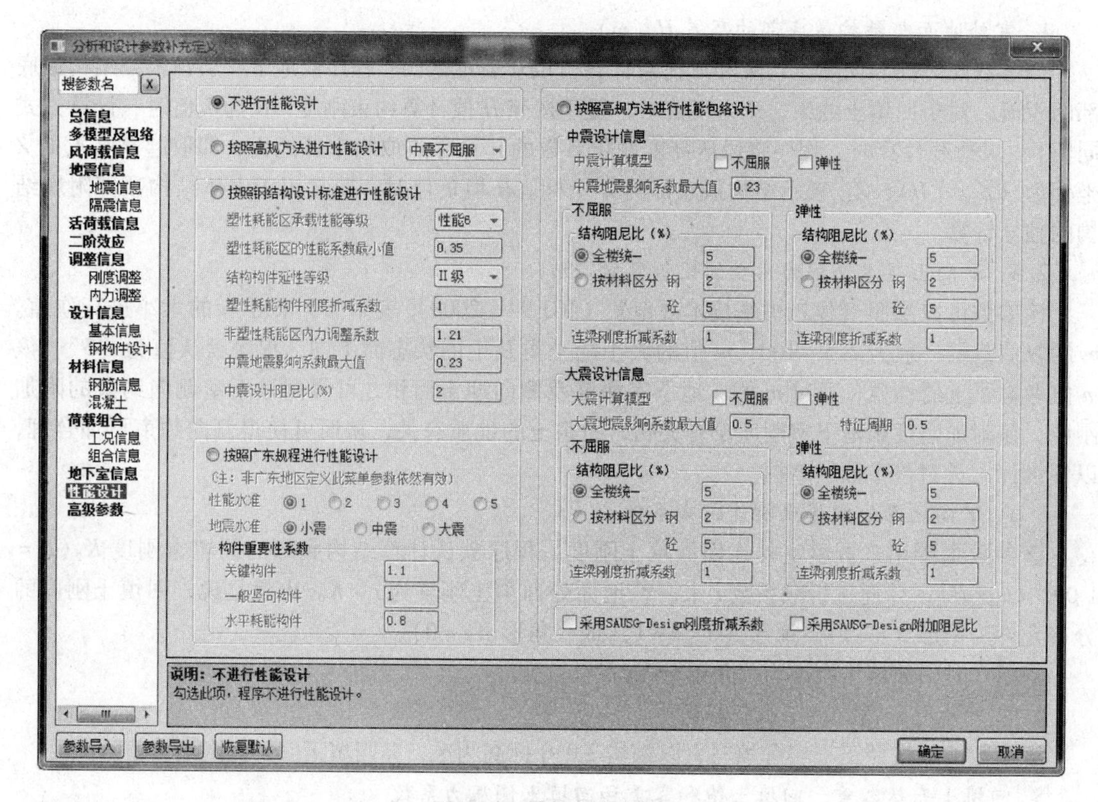

图 5-21　性能设计界面

1. 按照《高层建筑混凝土结构技术规程》（JGJ 3—2010）方法进行性能设计

《高层建筑混凝土结构技术规程》（JGJ 3—2010）第 3. 11. 1 条规定：“结构抗震性能目标应综合考虑抗震设防类别、设防烈度、场地条件、结构的特殊性、建造费用、震后损失和修复难易程度等各项因素选定”。SATWE 提供了中震弹性设计、中震不屈服设计、大震弹性设计和大震不屈服设计四种方法。

2. 按照《高层建筑混凝土结构技术规程》（JGJ 3—2010）方法进行性能包络设计

多模型包络设计功能，该参数主要用来控制是否进行性能包络设计。当选择该项时，用户可在下侧参数中根据需要选择多个性能设计子模型，并指定各子模型相关参数，然后在前处理“性能目标”菜单中指定构件性能目标，即可自动实现针对性能设计的多模型包络。

3. 采用 SAUSAGE - Design 刚度折减系数

该参数仅对 SAUSAGE - Design 计算过的工程有效。采用 SATWE 的性能包络设计功能时，勾选此项，各子模型会自动读取相应地震水准下 SAUSAGE - Design 计算得到的刚度折减系数。读取得到的结果可在“分析模型及计算”→“设计属性补充”→“刚度折减系数”进行查看。

4. 采用 SAUSAGE - Design 附加阻尼比

该功能仅对 SAUSAGE - Design 计算过的工程有效。采用 SATWE 的性能包络设计功能时，勾选此项，各子模型会自动读取相应地震水准下 SAUSAGE - Design 计算得到的附加阻尼比信息。

5. 1. 12　高级参数

高级参数界面如图 5-22 所示。

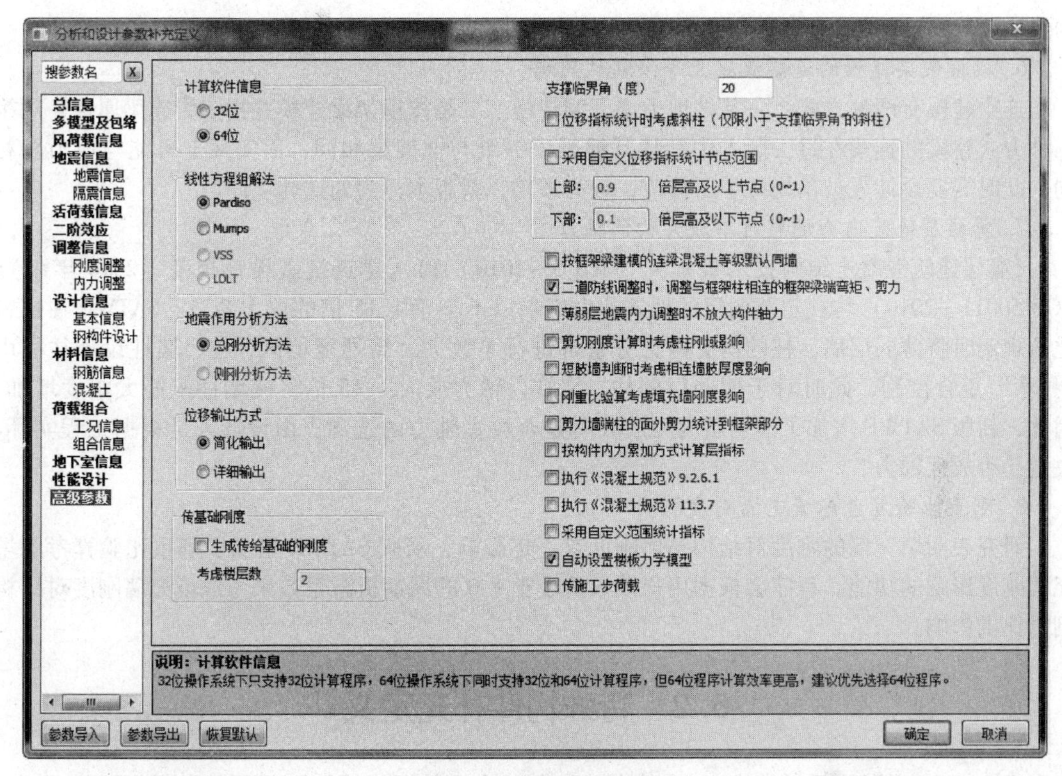

图5-22 高级参数界面

1. 计算软件信息

程序会自动判断用户计算机的操作系统，其操作系统如果为32位，则程序默认采用32位计算程序进行计算，并不允许用户选择64位计算程序；如果为64位，则程序默认采用64位计算程序进行计算，并允许用户选择32位计算程序。32位操作系统下只支持32位计算程序，64位操作系统下同时支持32位和64位计算程序，但64位程序计算效率更高，建议设计人员优先选择64位程序。

2. 地震作用分析方法

“地震作用分析方法”有“侧刚分析方法”和“总刚分析方法”两个选项。其中“侧刚分析方法”是指按侧刚模型进行结构振动分析；“总刚分析方法”则是指按总刚模型进行结构振动分析。当结构中各楼层均采用刚性楼板假定时可采用“侧刚分析方法”。其他情况，如定义了弹性楼板或有较多的错层构件时，建议采用“总刚分析方法”，即按总刚模型进行结构的振动分析。

3. 位移输出方式

在“位移输出方式”中有“简化输出”和“详细输出”两个选项。设计人员根据实际需要进行选择。当选择“简化输出”时，在WDISP. OUT文件中仅输出各工况下结构的楼层最大位移值；按总刚模型进行结构振动分析时，在WZQ. OUT文件中仅输出周期、地震力；若选择“详细输出”，则在前述的输出基础上，在WDISP. OUT文件中还输出各工况下每个节点的位移值；在WZQ. OUT文件中还输出各振型下每个节点的位移值。

4. 传基础刚度

若想进行上部结构与基础共同分析，应勾选“生成传给基础的刚度”选项。

5. 支撑临界角（度）

建模时常会有倾斜构件的出现，此角度即用来判断构件是按照柱还是按照支撑来进行设计。当构件轴线与 Z 轴夹角小于该临界角度时，程序对构件按照柱进行设计，否则按照支撑进行设计。

6. 按框架梁建模的连梁混凝土等级默认同墙

连梁建模有两种方式：一是按剪力墙开洞建模，二是按框架梁建模并指定为连梁属性，用第二种方式建模的连梁在过去版本中默认其混凝土等级与框架梁相同，而实际上可能与剪力墙相同，此时需要设计人员单构件手工修改，较为烦琐，新版本只需勾选此项即可。

7. 薄弱层地震内力调整时不放大构件轴力

《高层建筑混凝土结构技术规程》（JGJ 3—2010）和《建筑抗震设计规范（2016 年版）》（GB 50011—2010）均规定薄弱层的地震剪力应乘以不小于 1.15 倍的放大系数。SATWE 在执行此条规定时将薄弱层墙、柱的所有内力分量都进行了放大。高烈度地区，柱、墙柱设计往往由“拉弯”组合控制，此时对于薄弱层的柱、墙柱，轴力放大 1.15 倍将使墙柱配筋大幅度增加。因此，新版 SATWE 增加了薄弱层内力放大时是否放大轴力的选项，由设计人员根据工程实际，决定是否放大轴力。

8. 刚重比验算考虑填充墙刚度影响

研究表明填充墙的刚度对结构整体刚度有一定影响，新版 SATWE 增加了刚重比验算考虑填充墙刚度影响的功能。程序会根据用户填入的小于 1.0 的周期折减系数来考虑填充墙刚度对结构刚重比的影响。

5.2 特殊构件补充定义

在 SATWE 前处理及计算中，“参数定义”和“生成数据 + 计算”两项是最重要的选项，也是必须执行的选项。除这两项以外的其他各项，如设荷载校核、特殊构件补充定义、荷载补充、施工次序和多塔等选项，其中多数菜单都不是必须执行的，这些项目虽然不常用，也不是重点，但还是应当有大概的了解，以便一旦有工程需求时知道如何操作。

5.2.1 特殊梁

单击“特殊梁”菜单，可以设定各类特殊梁，包括一端铰接、两端铰接、滑动支座、连梁、转换梁、不调幅梁和多种组合梁。还可以有选择地修改梁的抗震等级、材料强度、刚度系数、风荷载连梁刚度折减系数、扭矩折减和调幅系数等，特殊梁定义菜单如图 5-23 所示。

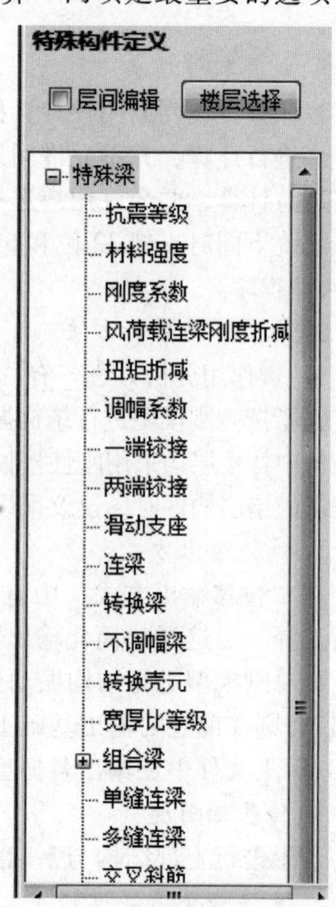

图 5-23 特殊梁定义菜单

现就设计中常用的特殊梁做如下说明：

（1）连梁：程序中“连梁”是指与剪力墙相连，允许开裂，可做刚度折减的梁。程序对全楼所有的梁自动进行判断，将两端与剪力墙相连，且至少在一段与剪力墙轴线的夹角不大于 25°的梁隐含定义为连梁。在结构布置中特意作为框架梁的梁，程序中可能会自动判断为连梁，需要手动修改。

（2）转换梁：程序中“转换梁”是指框支转换大梁或托柱梁，程序中没有隐含定义转换梁，需要设计人员自行定义。

被定义为转换梁后，程序自动按抗震等级放大转换梁的地震作用内力。

（3）铰接梁：非框架梁和非连梁在结构计算中可能由于地震力较大而超筋，可将该梁改为铰接梁。

5.2.2　特殊柱

单击“特殊柱”菜单，可以设定各类特殊柱，如角柱、（上端、下端、两端）铰接、转换柱、水平转换柱、隔震支座柱和门式钢柱等，特殊柱菜单如图 5-24 所示。同梁一样，特殊柱菜单下，设计人员也可以根据工程实际需要修改柱的抗震等级、材料强度等参数。

需注意的是程序不能自动搜索角柱，需要设计人员自行设定。被定义为角柱的柱子，程序自动按双偏压构件计算，并按角柱构造。对于框支柱程序也不会隐含定义，同样需要设计人员根据工程实际情况进行设定。

5.2.3　特殊支撑

单击“特殊支撑”菜单，可以设定各类特殊，如两端刚接、（上端、下端、两端）铰接、水平转换支撑、隔震支座支撑、单拉杆支撑等。还可以有选择的修改支撑的抗震等级、材料强度、宽厚比等级等信息。特殊支撑菜单如图 5-25 所示。

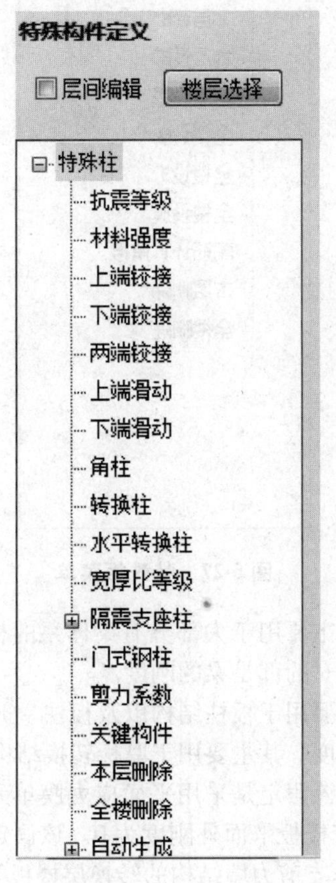

图 5-24　特殊柱菜单

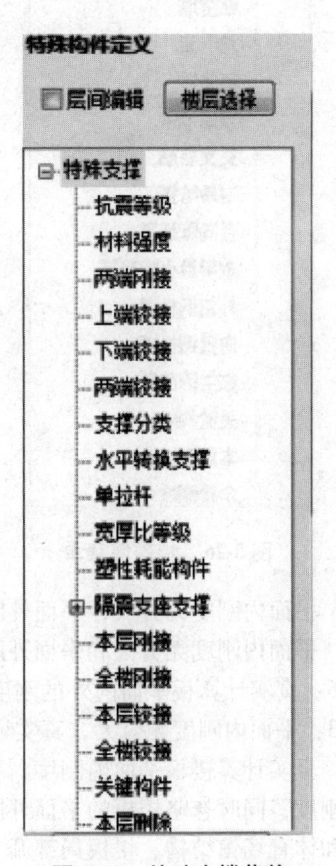

图 5-25　特殊支撑菜单

5.2.4 特殊墙

单击“特殊墙”菜单，可以设定各类特殊墙，如临空墙、地下室外墙、转换墙等。还可以修改墙的抗震等级、材料强度、墙梁刚度折减、风荷载墙梁刚度折减系数等信息。特殊墙菜单如图 5-26 所示。

5.2.5 特殊板

特殊板菜单如图 5-27 所示。单击“特殊板”菜单，可以设定以下四类特殊板：

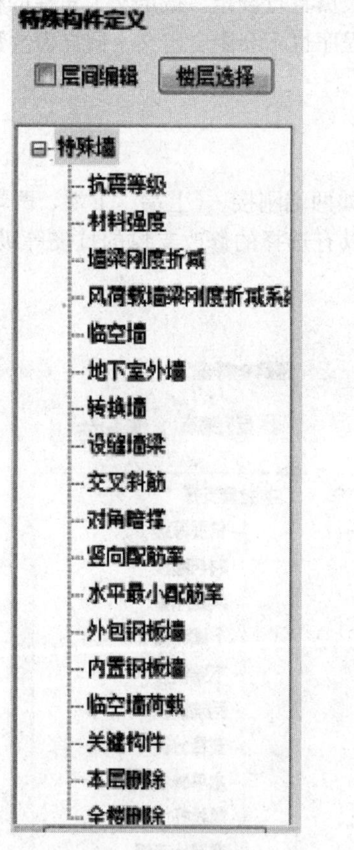

图 5-26 特殊墙菜单

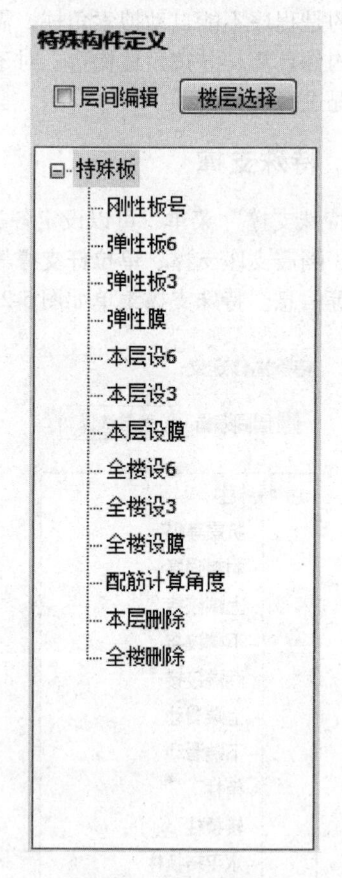

图 5-27 特殊板菜单

刚性板：平面内刚度无穷大，平面外刚度为 0。其主要用于大部分有梁体系的板，一般的非特别厚的板，平面内刚度无穷大和平面外刚度为 0，相对的都是梁的刚度。

弹性板 6：真实计算板平面内外的刚度的板。其主要用于板柱结构以及板柱 - 剪力墙结构。

弹性板 3：平面内刚度无穷大，真实计算平面外刚度。其主要用于厚板转换结构。

弹性膜：真实计算楼板平面内刚度，平面外为 0。该假定是采用平面应力膜单元真实计算楼板的平面内刚度，同时忽略楼板的平面外刚度，即假定楼板平面外刚度为 0。该假定适用于空旷的工业厂房和体育场馆结构、楼板局部开大洞结构和框支剪力墙结构的转换层楼板等。

5.2.6 特殊节点

特殊节点菜单如图 5-28 所示。共有附加质量、本层删除、全楼删除三个命令键。

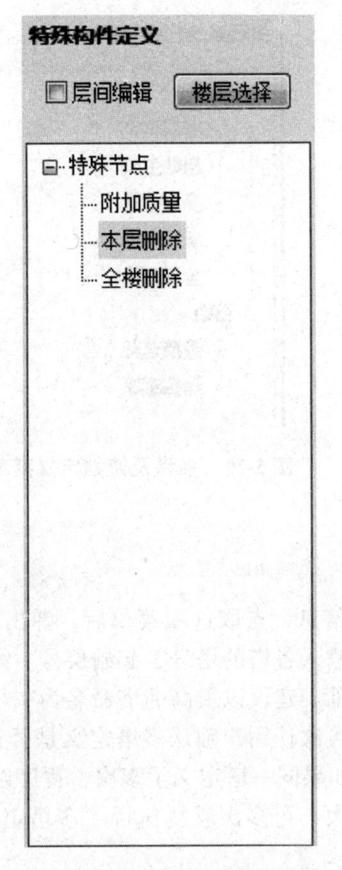

图 5-28　特殊节点菜单

（1）附加质量：可指定节点的附加质量，附加质量不包含在恒载、活载中的计算地震作用应考虑的质量。

（2）本层删除：可以删除打开层的特殊节点的质量。

（3）全楼删除：选择需要删除特殊节点的质量，执行此命令，全楼对应的节点定义的特殊质量都将被删除。

5.3　多塔结构补充定义

这是一项补充输入菜单，通过这项菜单，可补充定义结构的多塔信息。对于一个非多塔结构，可跳过此项菜单，直接执行“生成 SATWE 数据文件”命令，程序隐含规定该工程为非多塔结构。对于多塔结构，一旦执行过本项命令，补充输入和多塔信息将被存放在硬盘当前目录名为 SAT_ TOW. PM 和 SAT_ TOW_ PARA. PM 两个文件，以后再启动 SATWE 的前处理文件时，程序会自动读入以前定义的多塔信息。若想取消已经对一个工程做出的补充定义，可简单地将 SAT_ TOW. PM 和 SAT_ TOW_ PARA. PM 两个文件删掉。

多塔定义信息与 PMCAD 的模型数据密切相关，若某层平面布置发生改变，则应相应修改或复核该层的多塔信息，其他标准层的多塔信息不变。若结构的标准层数发生变化，则多塔定义信息不被保留。多塔及遮挡定义菜单如图 5-29 所示。

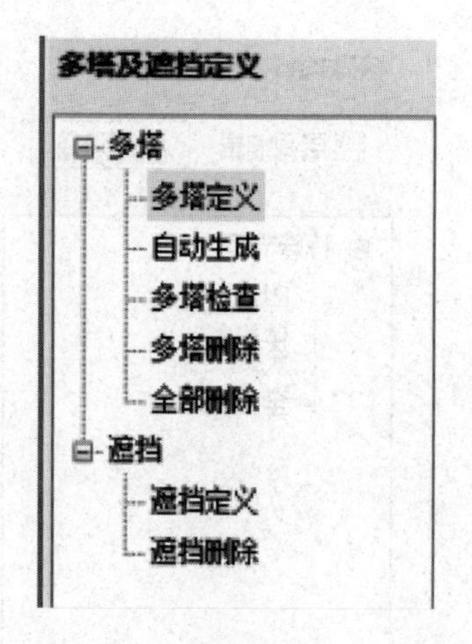

图 5-29　多塔及遮挡定义菜单

5.3.1　多塔定义

通过这项菜单可定义多塔信息，点取这项菜单后，弹出“多塔定义”对话框，用户在其中输入定义多塔的塔数，并依次输入各塔的塔号、起始层号、终止层号，单击指定围区，以闭合折线围区的方法指定当前塔的范围。建议以最高的塔命名为一号塔，次之为二号塔，以此类推，依次指定完各塔的范围后，程序再次让用户确认多塔定义是否正确，若正确可按 Enter 键，否则可按 Esc 键，再重新定义多塔。如果同一塔定义了多次，程序以最后一次定义的范围为准。对于一个复杂工程，立面可能变化较大，可多次反复执行“多塔定义”菜单，来完成整个结构的多塔定义工作。

5.3.2　自动生成

用户可以选择由程序对各层平面自动划分多塔，对于多数多塔模型，多塔的自动生成功能都可以进行正确的划分，从而提高了用户操作的效率。但对于个别较复杂的楼层不能对多塔自动划分，程序对这样的楼层将给出提示，用户可按照人工定义多塔的方式做补充输入即可。

5.3.3　多塔检查

进行多塔定义时，要特别注意以下三条原则，否则会造成后面的计算出错。

（1）任意一个节点必须位于某一围区内。

（2）每个节点只能位于一个围区内。

（3）每个围区内至少应有一个节点。

综上所述，即任意一个节点必须且只能属于一个塔，且不能存在空塔。执行“多塔检查”命令，程序会对上述三种情况进行检查并给出提示。

5.3.4　遮挡定义

通过这项命令，可指定设缝多塔结构的背风面，从而在风荷载计算中自动考虑背风面的影响。遮挡定义方式与多塔定义方式基本相同，需要首先指定起始和终止层号以及遮挡面总数，然后用闭合折线围区的方法依次指定各遮挡面的范围，每个塔可以同时有几个遮挡面，但是一个节点只能属于一个遮挡面。

定义遮挡面时不需要分方向指定，只需要将该塔所有的遮挡边界以围区方式指定即可，也可以两个塔同时指定遮挡边界，但要注意围区要完整包括两个塔在这个部位的遮挡边界。

5.4　生成数据＋全部计算

这项菜单是SATWE前处理的核心菜单。其功能是综合PMCAD生成的建模数据和前述几项菜单输入的补充信息，将其转换成空间结构有限元分析所需的数据格式。所有工程都必须执行本项菜单，正确生成数据并通过数据检查后，方可进行下一步的计算分析。设计人员可以单击执行“生成数据”和“计算＋配筋”命令，也可单击“生成数据＋全部计算”命令，连续执行全部的操作。

5.4.1　菜单的基本操作

新建工程必须在执行“生成数据”或“生成数据＋全部计算”命令后，才能生成分析模型数据，继而方允许对分析模型进行查看和修改。对分析模型进行修改后，必须重新执行“计算＋配筋”操作，才能得到新的分析模型和设计结果。

5.4.2　计算模型的基本转化

SATWE前处理生成数据的过程是将结构模型转化为计算模型的过程，是对PMCAD建立的结构进行空间整体分析的一个承上启下的关键环节，模型转化主要完成以下几项工作：

（1）根据PMCAD结构模型和SATWE计算参数，生成每个构件上与计算相关的属性、参数以及楼板类型等信息。

（2）生成实质上的三维计算模型数据。根据PMCAD模型中的已有数据确定所有构件的空间位置，生成一套新的三维模型数据。该过程中会将按层输入的模型进行上下关联，构件之间通过空间节点相连，从而得以建立完备的三维计算模型信息。

（3）将各类荷载加载到三维计算模型上。

（4）根据力学计算的要求，对模型进行合理简化和容错处理，使模型既能适应有限元计算的需求，又确保简化后的计算模型能够反映实际结构的力学特性。

（5）在空间模型上对剪力墙和弹性板进行单元剖分，为有限元计算准备数据。程序首先读入PM分层模型数据，生成空间轴网并将各层杆件在空间中定位；然后对模型上下层交界处自动衔接，形成有机的整体结构三维模型；在此基础上，程序再对空间模型进行一定的修正和调整，使模型尽量满足计算软件对模型数据的要求。

5.5　分步计算

随着社会经济的进步，建筑的高度和造型也越来越复杂，同时因为对建筑的研究深入，使得荷载类型与工况也不断的增加，所以执行设计部分的耗时也逐渐增长。在方案设计或初步设计阶段，用户不需要执行构件设计部分。在构件设计阶段，也可能不需要利用上次整体分析的结果，调整某些参数后重新进行构件设计。因此分析、设计可分步执行，这样可以为用户节约时间，提高效率。

分步计算执行方案，分为“整体指标（无构件内力）”“内力计算（整体指标＋构件内力）”和“只配筋”三步，如图5-30所示。

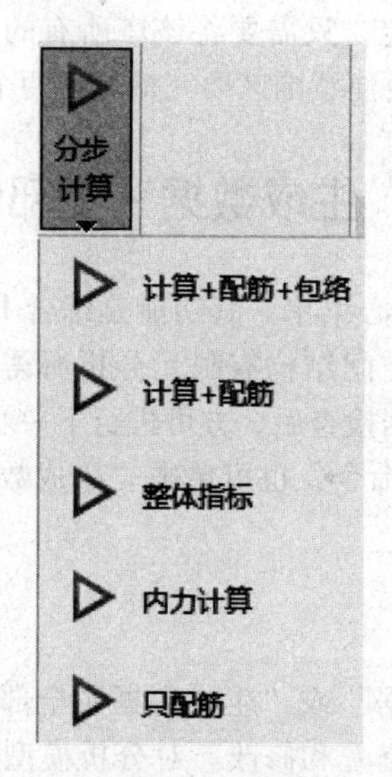

图 5-30　分布计算

“分步执行”计算完成后，用户可以到后处理中查看计算结果。不同的分步方案，可以查看的结果也不完全相同。设计人员可以根据工程的实际情况选择所需分步计算方案。

分步计算执行的前提：先执行“生成数据”，如果设计人员没有单击“生成数据”，“分布计算”选项则为灰色，不可用。

第 6 章

设计结果

★内容提要

本章的主要内容包括文本结果、构件编号、配筋、内力、梁设计包络、变形、导出计算书等。

★能力要求

通过本章的学习，学生应熟练掌握 PKPM 设计结果的查看，理解文本结果查看的操作步骤，掌握设计结果中构件编号以及轴压比和剪跨比的查看，并熟练掌握内力以及配筋结果查看的操作步骤，理解和掌握计算书导出功能的步骤。

6.1 文本结果

6.1.1 文本查看

“文本查看”可以快速查看各单项结果的内容。下面以“抗规方式竖向构件倾覆力矩”为例，简要介绍文本查看中的各项功能。

“图文公共控制”中的任何设置在表格、折线图、柱状图都会生效，并且表格、折线图、柱状图每项都可以独立控制是否输出。图文公共控制界面如图 6-1 所示，指标设置如图 6-2 所示。

在表格的设置中除了可设置指标项外，还有“⊙”按钮用于进行表格的定位，对于表格较多或者较长的情况能够快速切换到所关注的内容。“.00”按钮用于设置表格中各项内容的小数点保留位数，并提供恢复默认值的功能。

折线图设置中同样也有指标项的设置，之所以要与表格中的指标项设置独立，是因为表格中列出的内容并不一定都需要通过折线图来展示。折线图坐标量设置如图 6-3 所示。

对应 Y 轴还是 X 轴，与计算书中相同，可参考计算书中相关内容，“ ”按钮用于设置折线图中坐标轴的量纲，同时单击图集名也可进行折线图的定位。

柱状图的设置与折线图类似，就不一一说明了。

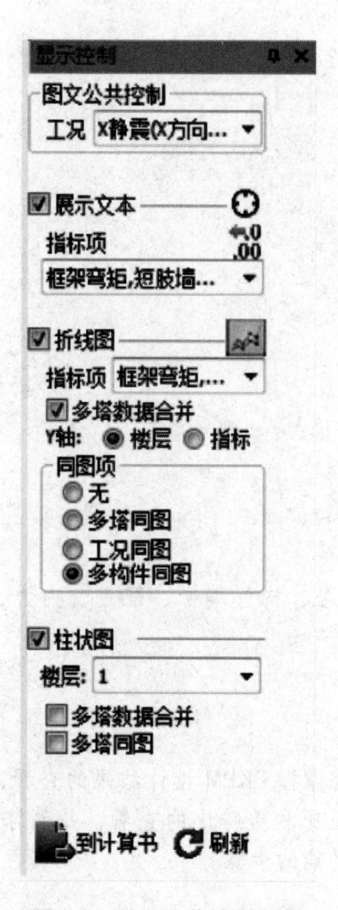

图 6-1 图文公共控制界面

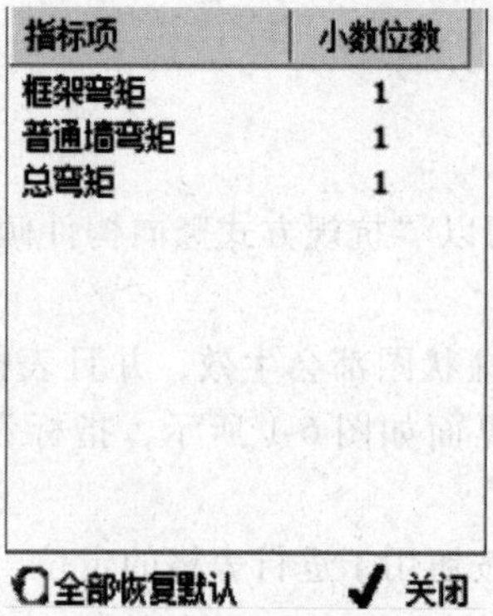

指标项	小数位数
框架弯矩	1
普通墙弯矩	1
总弯矩	1

全部恢复默认 关闭

图 6-2 指标设置

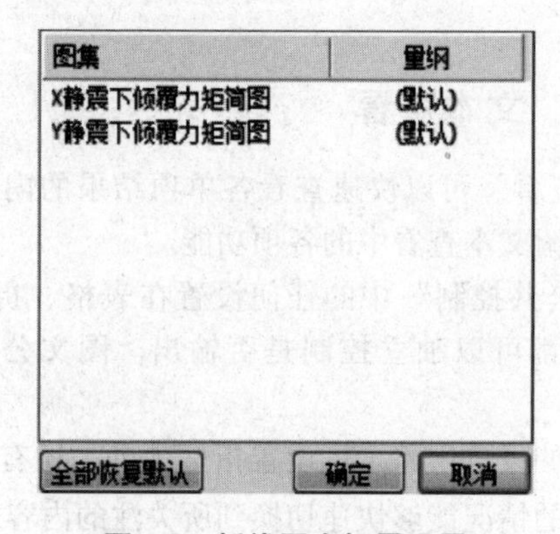

图 6-3 折线图坐标量设置

所有的设置必须单击刷新方可生效，“到计算书”按钮可将当前设置同步到计算书中，生成计算书时就无须重复设置。

柱、墙截面面积占楼层总面积的比例是衡量结构设计合理性的一个有意义的指标，因此新版本增加了如图 6-4 所示的输出。

```
***************************************************************
*                   各层的柱、墙面积信息                        *
***************************************************************
```

层号	塔号	柱面积 (m²)	墙面积 (m²)	楼层面积	柱比例	墙比例
1	1	67.29	135.12	5950.64	1.13%	2.27%
2	1	67.29	119.09	5959.00	1.13%	2.00%
3	1	66.93	108.39	5991.11	1.12%	1.81%
4	1	30.78	24.10	2166.67	1.42%	1.11%
5	1	31.07	24.10	2694.60	1.15%	0.89%
6	1	29.80	21.09	2198.52	1.36%	0.96%
7	1	29.80	21.09	2121.25	1.40%	0.99%
8	1	29.80	21.09	1941.90	1.53%	1.09%
9	1	24.82	18.07	2796.39	0.89%	0.65%
10	1	20.41	16.57	2500.82	0.82%	0.66%
11	1	20.41	16.57	2111.59	0.97%	0.78%
12	1	17.52	16.57	1779.50	0.98%	0.93%
13	1	3.52	11.02	185.22	1.90%	5.95%

图6-4　柱、墙截面面积占比输出

6.1.2　文本对比

对于两个或者多个工程，可将不同的工程结果分类组织进行对比，目前对比的内容包含系统总信息、楼层信息、层塔属性、结构质量分布、楼层侧向剪切刚度及刚度比、楼层侧向剪弯刚度及刚度比、楼层剪力/层间位移刚度、各楼层受剪承载力及承载力比值、楼层薄弱层调整系数、结构周期及振型方向、地震作用下剪重比及其调整、抗规方式竖向构件倾覆力矩、力学方式竖向构件倾覆力矩、通用的0.2V0调整系数、普通结构楼层位移指标统计，其他的内容在今后的版本会陆续增加。

单击“文本对比”按钮，弹出的界面分为三个部分，左侧为文本目录，包含各项对比内容的列表；右侧为显示控制菜单，控制显示的内容和效果；中间是文本、表格和图形的展示区，如图6-5所示。

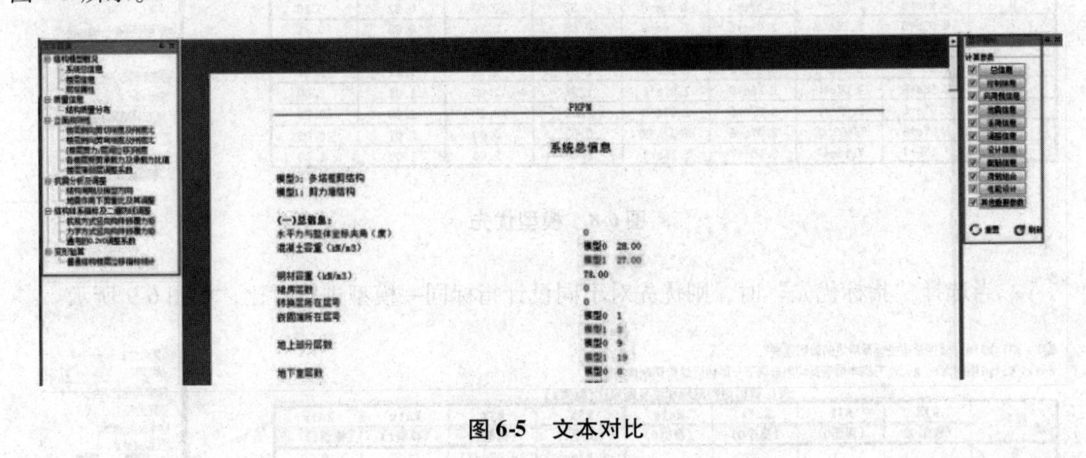

图6-5　文本对比

“文本对比”的“显示控制”菜单与“文本查看”基本一致，主要针对对比的需求增加了以下几个功能。

（1）差异显示选项。针对对比模型和主模型数据存在的差异，用户可选择两种方式进行对比，如图6-6所示。当选择“相对比例”时，差异值指的是对比模型与主模型数据的差值与主模型数据的比值；当选择“相对差值”时，差异值指的是对比模型与主模型数据的差值。无论选择哪种对比方式，当差异值为正并大于下方给定范围时，对比模型数据显示为红色；当差异值为负并小于给定范围时，对比模型数据显示为蓝色，如图 6-7 所示。

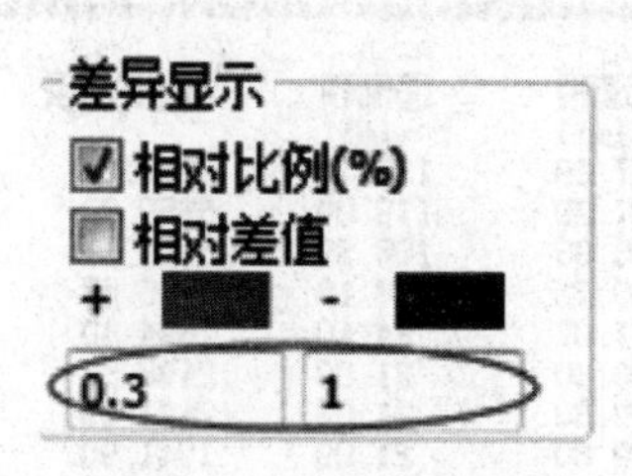

图 6-6 差异显示选项

层号	Ratx1（模型0）	Ratx1（模型1）	Raty1（模型0）	Raty1（模型1）	Ratx2（模型0）	Ratx2（模型1）	Raty2（模型0）	Raty2（模型1）
5	1.14	1.00	1.16	1.00	0.93	1.00	0.94	1.00
4	1.08	5.27	1.11	5.12	1.01	3.69	1.03	3.59
3	1.23	1.41	1.25	1.50	1.11	1.24	1.11	1.31
2	0.15	5.13	0.17	4.23	0.05	1.25	0.06	1.03
1	137.45	14.02	79.88	15.47	1479.53	9.81	770.81	10.83

图 6-7 差异显示效果

（2）数据对比的模式。数据对比的模式包括模型优先和指标优先两种。当选择“模型优先”时，则优先对不同模型同一设计指标进行对比，如图 6-8 所示。

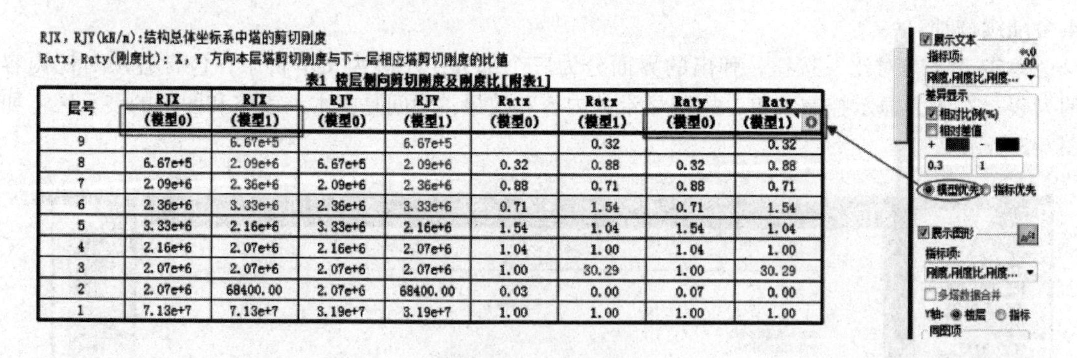
RJX，RJY(kN/m)：结构总体坐标系中塔的剪切刚度

Ratx，Raty(刚度比)：X，Y 方向本层塔剪切刚度与下一层相应塔剪切刚度的比值

表1 楼层侧向剪切刚度及刚度比[附表1]

层号	RJX（模型0）	RJX（模型1）	RJY（模型0）	RJY（模型1）	Ratx（模型0）	Ratx（模型1）	Raty（模型0）	Raty（模型1）
9		6.67e+5		6.67e+5		0.32		0.32
8	6.67e+5	2.09e+6	6.67e+5	2.09e+6	0.32	0.88	0.32	0.88
7	2.09e+6	2.36e+6	2.09e+6	2.36e+6	0.88	0.71	0.88	0.71
6	2.36e+6	3.33e+6	2.36e+6	3.33e+6	0.71	1.54	0.71	1.54
5	3.33e+6	2.16e+6	3.33e+6	2.16e+6	1.54	1.04	1.54	1.04
4	2.16e+6	2.07e+6	2.16e+6	2.07e+6	1.04	1.00	1.04	1.00
3	2.07e+6	2.07e+6	2.07e+6	2.07e+6	1.00	30.29	1.00	30.29
2	2.07e+6	68400.00	2.07e+6	68400.00	0.03	0.00	0.07	0.00
1	7.13e+7	7.13e+7	3.19e+7	3.19e+7	1.00	1.00	1.00	1.00

图 6-8 模型优先

当选择“指标优先”时，则优先对不同设计指标同一模型进行对比，如图 6-9 所示。

RJX，RJY(kN/m)：结构总体坐标系中塔的剪切刚度

Ratx，Raty(刚度比)：X，Y 方向本层塔剪切刚度与下一层相应塔剪切刚度的比值

表1 楼层侧向剪切刚度及刚度比[附表1]

层号	RJX（模型0）	RJY（模型0）	Ratx（模型0）	Raty（模型0）	RJX（模型1）	RJY（模型1）	Ratx（模型1）	Raty（模型1）
9					6.67e+5	6.67e+5	0.32	0.32
8	6.67e+5	6.67e+5	0.32	0.32	2.09e+6	2.09e+6	0.88	0.88
7	2.09e+6	2.09e+6	0.88	0.88	2.36e+6	2.36e+6	0.71	0.71
6	2.36e+6	2.36e+6	0.71	0.71	3.33e+6	3.33e+6	1.54	1.54
5	3.33e+6	3.33e+6	1.54	1.54	2.16e+6	2.16e+6	1.04	1.04
4	2.16e+6	2.16e+6	1.04	1.04	2.07e+6	2.07e+6	1.00	1.00
3	2.07e+6	2.07e+6	1.00	1.00	2.07e+6	2.07e+6	30.29	30.29
2	2.07e+6	2.07e+6	0.03	0.07	68400.00	68400.00	0.00	0.00
1	7.13e+7	3.19e+7	1.00	1.00	7.13e+7	3.19e+7	1.00	1.00

图 6-9 指标优先

（3）多模型同图。针对折线图和柱状图，文本对比在原有的同图方式的基础上新增了“多模型同图”，点选本项，可以在一张图中直观查看不同模型数据的差异，如图 6-10、图 6-11 所示。

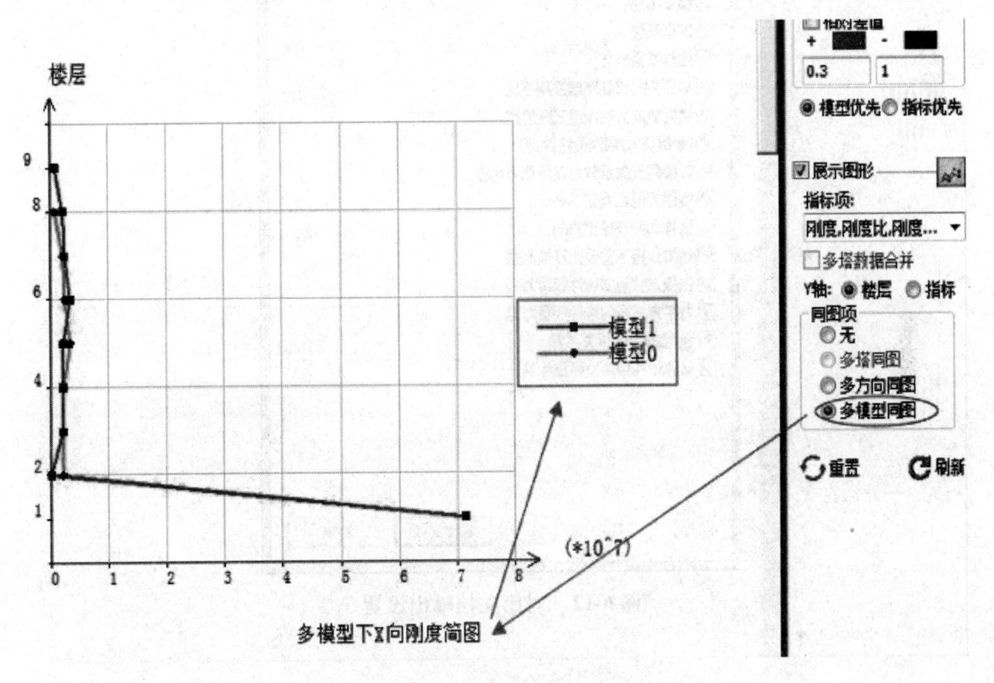

图 6-10　多模型同图折线图

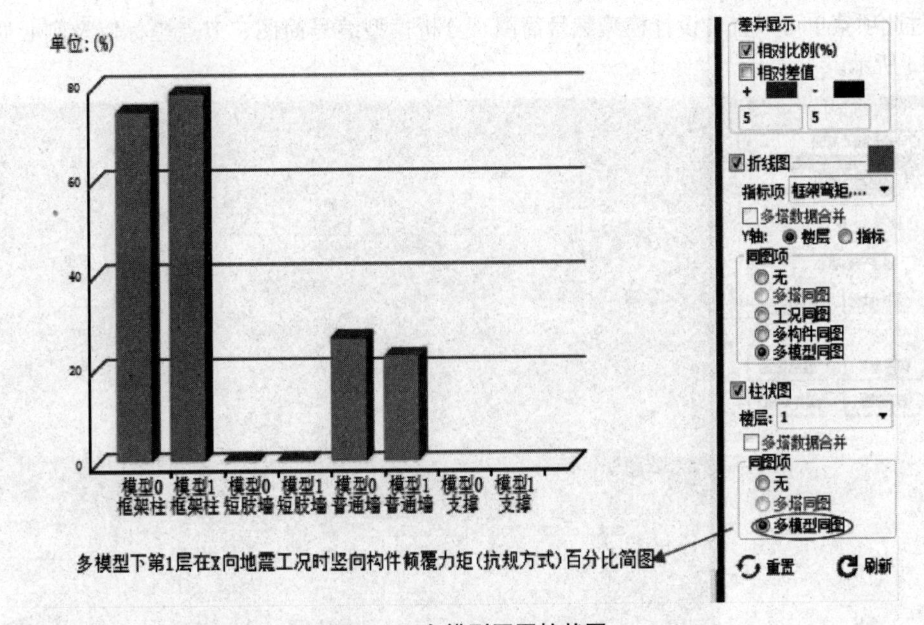

图 6-11　多模型同图柱状图

通过单击“生成对比文档”按钮，可选择对比文档中需要列出的内容，单击“输出文档”按钮，即可生成 Word 格式文件，如图 6-12 所示。

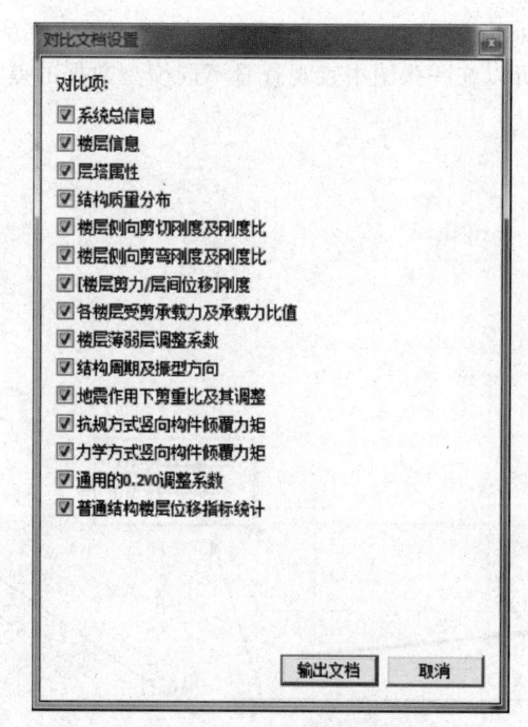

图 6-12　对比文档输出设置

6.2　构件编号

通过此项菜单可以查看设计模型编号简图、分析模型编号简图、节点坐标以及刚心质心等，如图 6-13 所示。

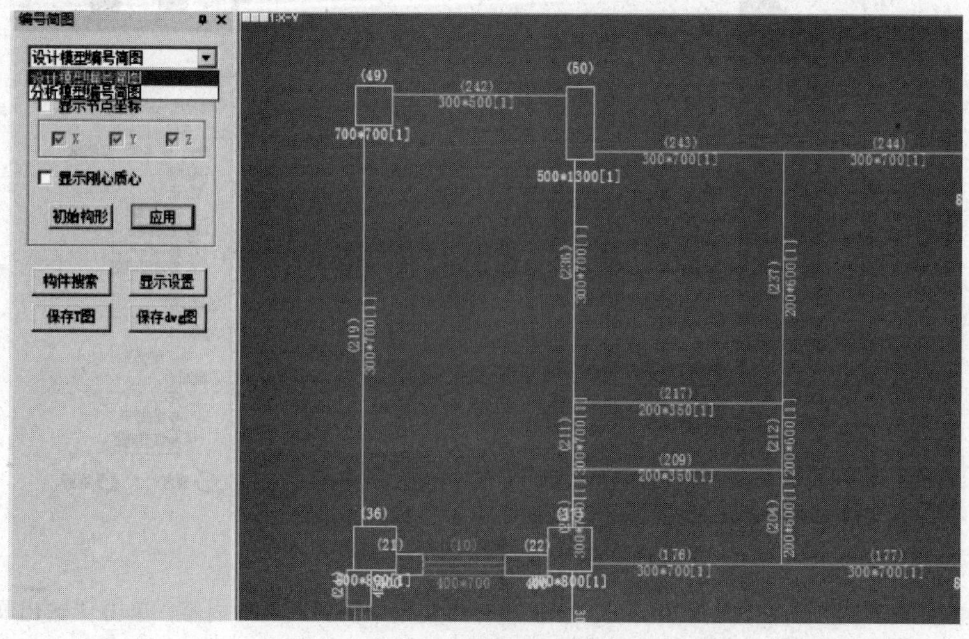

图 6-13　构件编号简图

这里须注意“显示节点坐标”和“显示刚心质心”选项默认不勾选；通过“显示设置”按钮可以设定是否显示构件编号、构件截面等。

6.3　配筋

通过配筋菜单可以查看构件的配筋验算结果。该菜单主要包括混凝土构件配筋及钢构件验算、剪力墙面外及转换墙配筋等选项。

为了满足设计人员的需求，新版本“配筋”主菜单中增加了配筋率的显示、字符开关、进位显示、超限设置、指定条件显示等功能，如图 6-14 所示。

“超限设置”按钮中会将所有超限类别列出，如果构件符合列表中勾选的超限条件，在配筋图中将会以红色显示。同样，如果某些超限类别并不想在配筋图中有所体现，也可以在超限设置的列表中将此类超限取消勾选。超限设置菜单如图 6-15 所示。

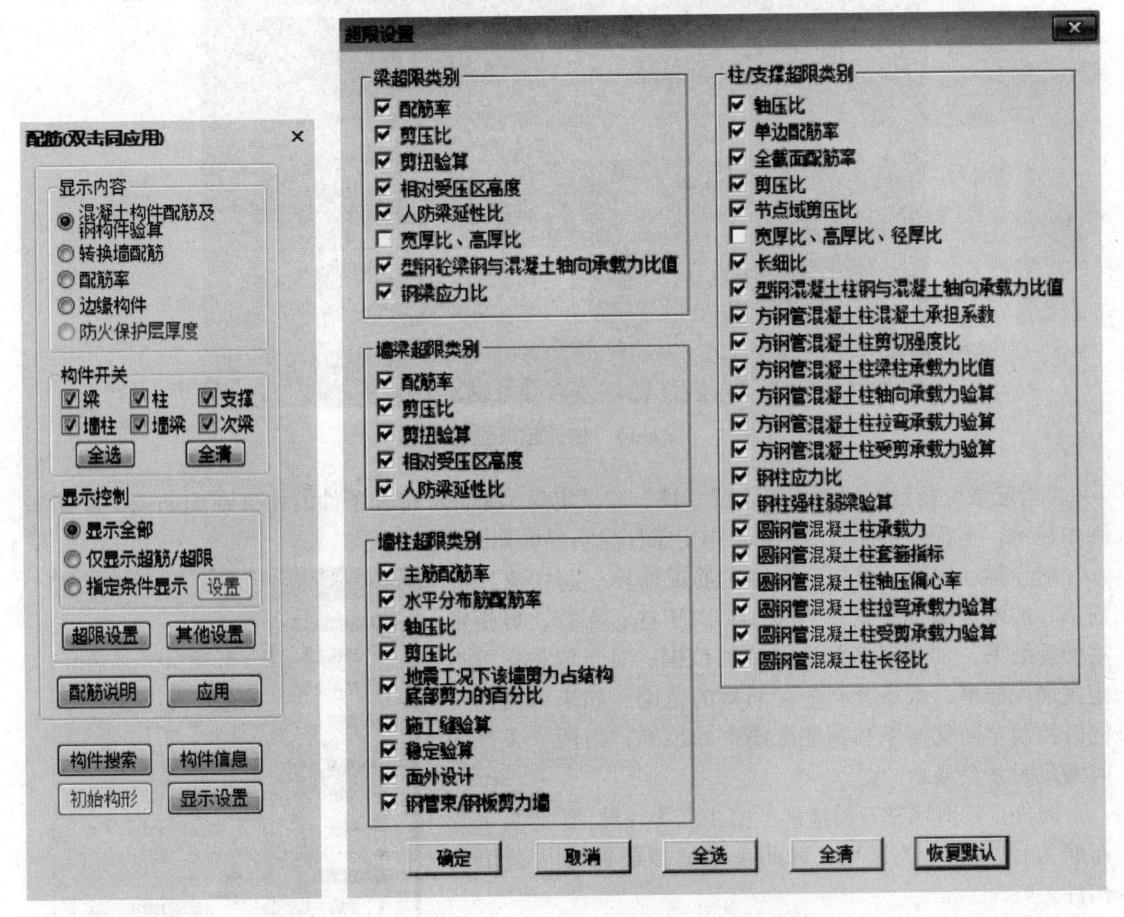

图 6-14　配筋率、字符开关和进位显示功能示意

图 6-15　超限设置菜单

构件在配筋图的超限显示形式在图中进行了明确的标识。有些超限在配筋图中有明确的对应项，如主筋超筋、轴压比超限、应力比超限等，则需要将此对应项显红；大部分的超限内容在配筋图中是没有对应项的，这时应增加字符串并显红标识。所有超限字符串的含义会在图中下方位置有明确的说明，超限的详细信息也可在构件信息中查询，如图 6-16 所示。

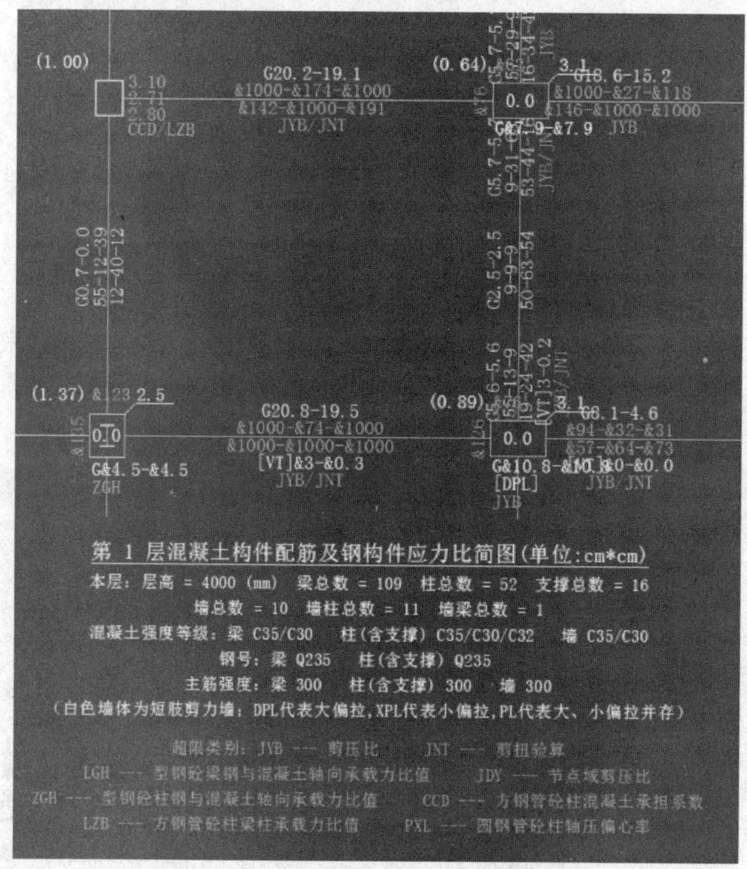

图 6-16　构件超限显示

“指定条件显示”可对混凝土梁、柱、墙设定显示条件，符合条件的构件在配筋图、配筋率图中显示，不符合条件的不显示。指定条件显示界面如图 6-17 所示。

对于梁、墙梁，可指定支座主筋配筋率、跨中支座配筋率、加密区箍筋配筋率的范围；对于柱、支撑，可指定主筋配筋率、加密区箍筋配筋率的范围；对于墙柱，可指定主筋配筋率、水平分布筋配筋率的范围。如果一类构件同时控制主筋配筋率和箍筋配筋率的范围，则两个条件同时满足时才会显示。

此外，针对墙柱专门增加了“主筋为计算值”“水平分布筋为计算值”的选项，以此来过滤掉配筋为构造值的构件。

配筋图图名处增加了文字标注，包括层高、构件数量、混凝土强度等级、钢号和主筋强度等信息，如图 6-18 所示。

注：若构件材料数多于三种，将仅显示数量较多的前三种，其余用省略号表示。如某层梁的混凝土强度等级包括 C20（20 根）、C30（10 根）、C40（30 根）、C50（5 根），那么该层梁的混凝土强度等级表示为 C40/C20/C30…。

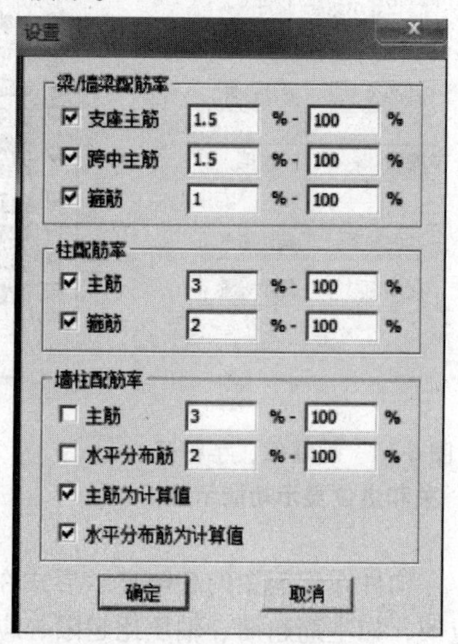

图 6-17　指定条件显示界面

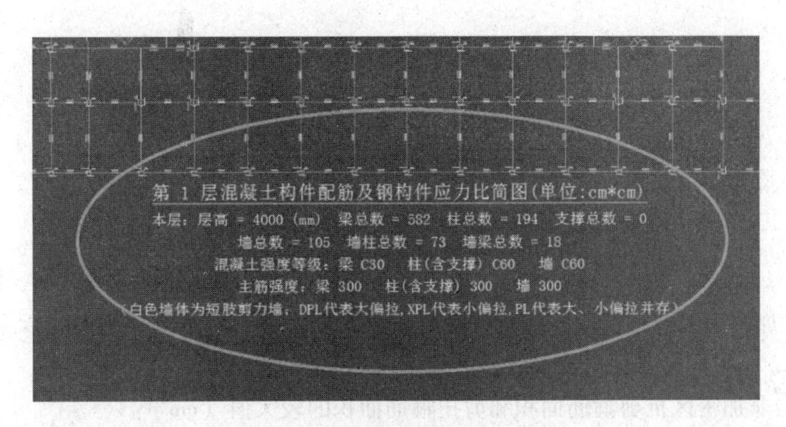

图 6-18　配筋图图名处文字标注

6.3.1　混凝土构件配筋及钢构件验算

当选中“混凝土构件配筋及钢构件验算”时，可以查看梁、柱、支撑、墙柱、墙梁和桁杆的配筋结果，如图 6-19 所示。

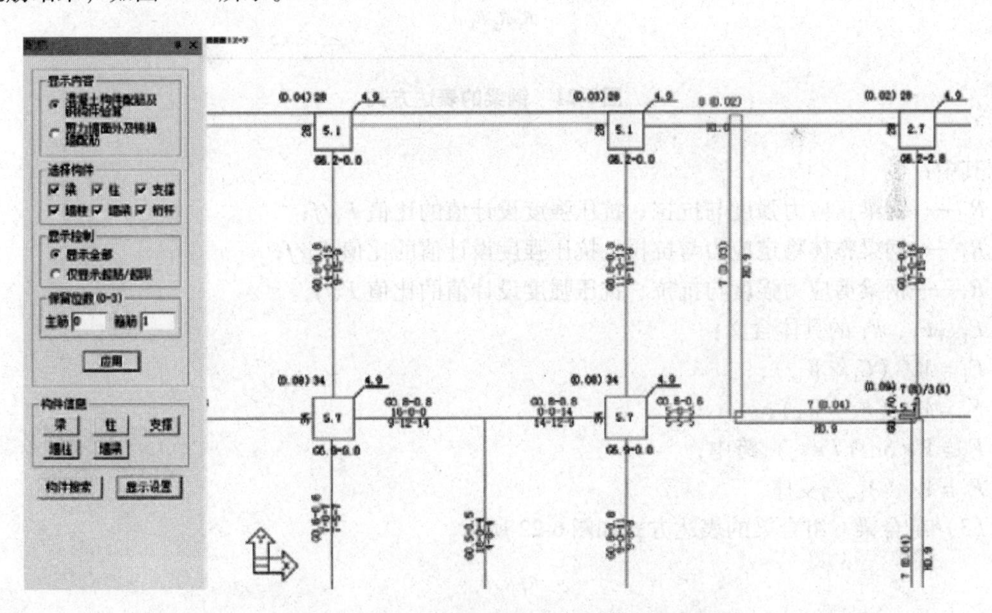

图 6-19　混凝土构件配筋及钢构件验算简图

还需注意，若钢筋面积前面有一符号“&”，意指超筋；画配筋简图时，超筋超限均以红色提示；仅“PMSAP 核心的集成设计”和“Spas + PMSAP 的集成设计”存在“桁杆”选项，“SATWE 核心的集成设计”不存在“桁杆”选项。

各种构件的配筋结果表达方式说明如下。

（1）混凝土梁和型钢混凝土梁。混凝土梁和型钢混凝土梁的表达方式如图 6-20 所示。

其中：

A_{su1}、A_{su2}、A_{su3}——梁上部左端、跨中、右端配筋面积（cm^2）。

A_{sd1}、A_{sd2}、A_{sd3}——梁下部左端、跨中、右端配筋面积（cm^2）。

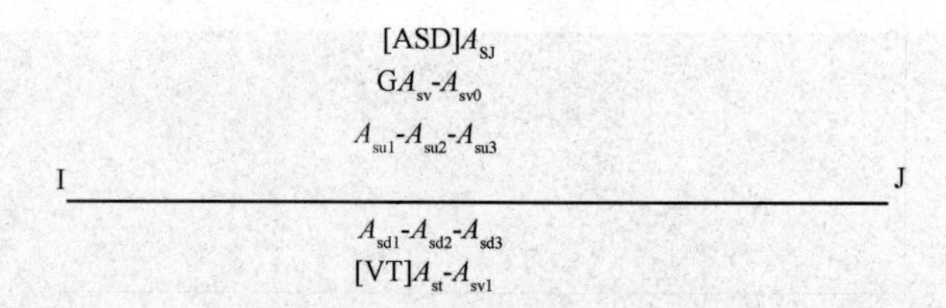

图 6-20　混凝土梁和型钢混凝土梁的表达方式

A_{sv}——梁加密区抗剪箍筋面积和剪扭箍筋面积的较大值（cm^2）。若存在交叉斜筋（对角暗撑），A_{sv}同一截面内箍筋各肢的全部截面面积（cm^2）。

A_{sv0}——梁非加密区抗剪箍筋面积和剪扭箍筋面积的较大值（cm^2）。

A_{st}、A_{sv1}——梁受扭纵筋面积和抗扭箍筋沿周边布置的单肢箍的面积（cm^2），若 A_{st}和 A_{sv1}都为零，则不输出［VT］$A_{st}-A_{sv1}$这一项。

G、VT——箍筋和剪扭配筋标志。

A_{SJ}——单向交叉斜筋或者对角暗撑的截面面积（cm^2）。

（2）钢梁。钢梁的表达方式如图 6-21 所示。

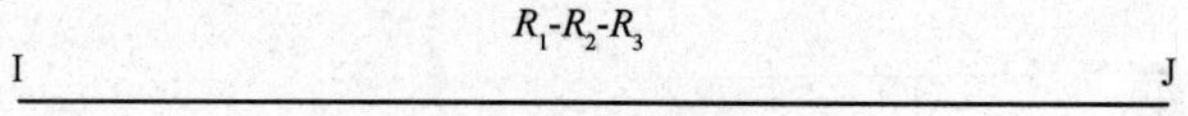

R_1-R_2-R_3

I ———————————————— J

图 6-21　钢梁的表达方式

其中：

R_1——钢梁正应力强度与抗拉、抗压强度设计值的比值 F_1/f；

R_2——钢梁整体稳定应力与抗拉、抗压强度设计值的比值 F_2/f；

R_3——钢梁剪应力强度与抗拉、抗压强度设计值的比值 F_3/f_v。

F_1、F_2、F_3 的具体含义：

$F_1=M/(G_b \times W_{nb})$；

$F_2=M/(F_b \times W_b)$；

$F_3=V \times S/(I \times t_w)$ 跨中；

$F_3=V/(A_{wn})$ 支座。

（3）组合梁。组合梁的表达方式如图 6-22 所示。

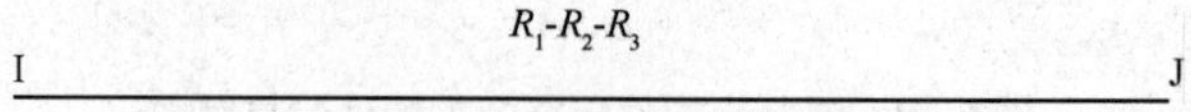

R_1-R_2-R_3

I ———————————————— J

图 6-22　组合梁的表达方式

其中：

R_1——组合梁最大正弯矩与受弯承载力的比值；

R_2——组合梁最大负弯矩与受弯承载力的比值；

R_3——组合梁剪应力强度与抗拉、抗压强度设计值的比值

（4）矩形混凝土柱和型钢混凝土柱。矩形混凝土柱和型钢混凝土柱的表达方式如图 6-23 所示。

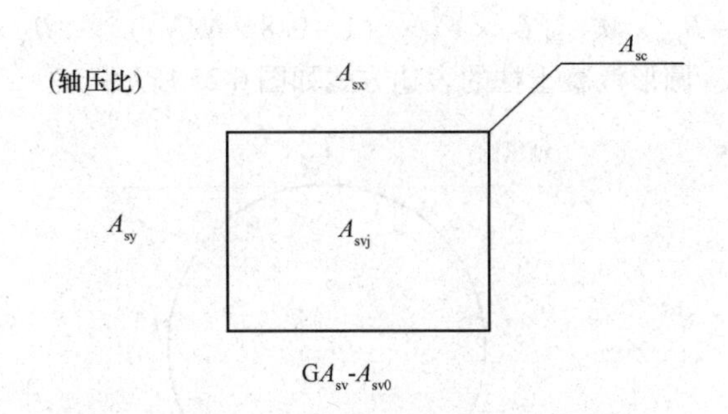

图6-23　矩形混凝土柱和型钢混凝土柱的表达方式

多段柱分段表达方式：

（轴压比） $-BA_{sx}-HA_{sy}-CA_{sc}$

$GA_{sv}-G'A_{sv0}-JA_{svj}$

其中：

G——箍筋标志。

A_{sc}——柱一根角筋的面积。

A_{sx}、A_{sy}——该柱 B 边和 H 边的单边配筋面积，包括两根角筋（cm^2）。

A_{svj}、A_{sv}、A_{sv0}——柱节点域抗剪箍筋面积、加密区斜截面抗剪箍筋面积、非加密区斜截面抗剪箍筋面积，箍筋间距均在 S_c 范围内。其中：A_{svj} 取计算的 A_{svjx} 和 A_{svjy} 的大值，A_{sv} 取计算的 A_{svx} 和 A_{svy} 的大值，A_{sv0} 取计算的 A_{svx0} 和 A_{svy0} 的大值（cm^2）。

若该柱与剪力墙相连（边框柱），而且是构造配筋控制，则程序取 A_{sc}、A_{sx}、A_{sy}、A_{svx}、A_{svy} 均为零。此时该柱的配筋应该在剪力墙边缘构件配筋图中查看。

（5）钢柱和方钢管混凝土柱。钢柱和方钢管混凝土柱的表达方式如图6-24所示。

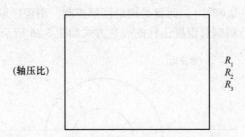

图6-24　钢柱和方钢管混凝土柱的表达方式

多段柱分段表达方式：

（轴压比） $-R_1-R_2-R_3$

其中：

R_1——钢柱正应力强度与抗拉、抗压强度设计值的比值 F_1/f；

R_2——钢柱 X 向稳定应力与抗拉、抗压强度设计值的比值 F_2/f；

R_3——钢柱 Y 向稳定应力与抗拉、抗压强度设计值的比值 F_3/f。

F_1、F_2、F_3 的具体含义：

$F_1=N/A_n+M_x/(G_x\times W_{nx})+M_y/(G_y\times W_{ny})$；

$F_2=N/(F_x\times A)+B_{mx}\times M_x/[G_x\times W_x\times(1-0.8\times N/N_{ex})]+B_{ty}\times M_y/(F_{by}\times W_y)$；

$F_3 = N/(F_y \times A) + B_{my} \times M_y/[G_y \times W_y \times (1-0.8 \times N/N_{ey})] + B_{tx} \times M_x/(F_{bx} \times W_x)$。

（6）圆形混凝土柱。圆形混凝土柱的表达方式如图 6-25 所示。

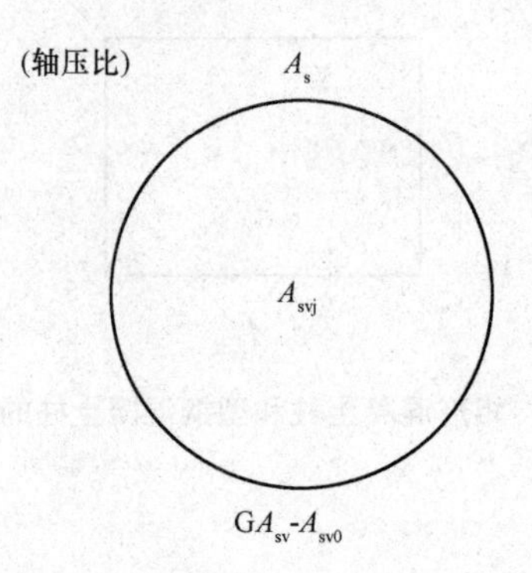

图 6-25　圆形混凝土柱的表达方式

多段柱分段表达方式：

（轴压比）$-BHA_s - CA_{sc}$

$GA_{sv} - G'A_{sv0} - JA_{svj}$

其中：

G——箍筋符号。

A_s——圆柱全截面配筋面积（cm^2）。

A_{svj}、A_{sv}、A_{sv0}——按等面积的矩形截面计算箍筋。柱节点域抗剪箍筋面积、加密区斜截面抗剪箍筋面积、非加密区斜截面抗剪箍筋面积，箍筋间距均在 S_c 范围内。其中：A_{svj} 取计算的 A_{svjx} 和 A_{svjy} 的大值，A_{sv} 取计算的 A_{svx} 和 A_{svy} 的大值，A_{sv0} 取计算的 A_{svx0} 和 A_{svy0} 的大值（cm^2）。

若该柱与剪力墙相连（边框柱），而且是构造配筋控制，则程序取 A_s、A_{sv} 均为零。

（7）圆钢管混凝土柱。圆钢管混凝土柱的表达方式如图 6-26 所示。

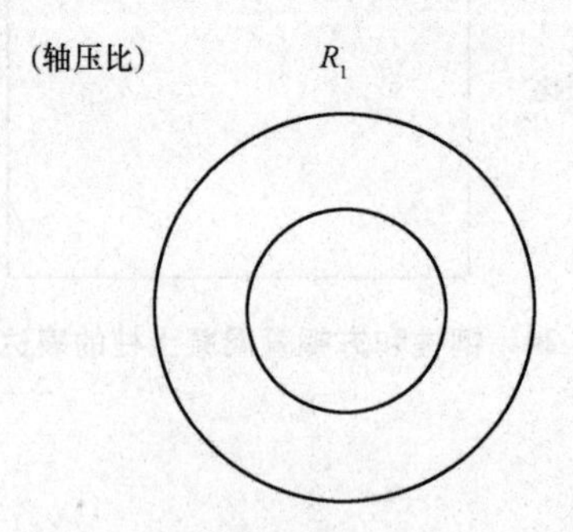

图 6-26　圆钢管混凝土柱的表达方式

多段柱分段表达方式：

（轴压比）$-R_1$

其中：

R_1——圆钢管混凝土柱的轴力设计值与其承载力的比值 N/N_u，具体条文参照《高层建筑混凝土结构技术规程》（JGJ 3—2010）附录 F。R_1 小于 1.0 代表满足规范要求。

N——圆钢管混凝土柱的轴力设计值。

N_u——圆钢管混凝土柱的轴向受压承载力设计值。

（8）异形混凝土柱。异形混凝土柱的表达方式如图6-27所示。

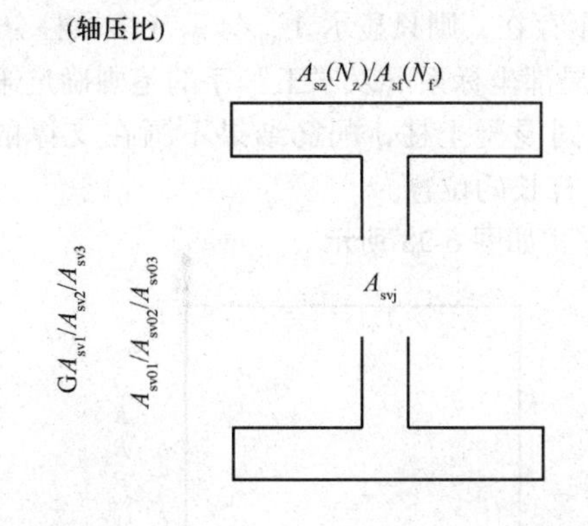

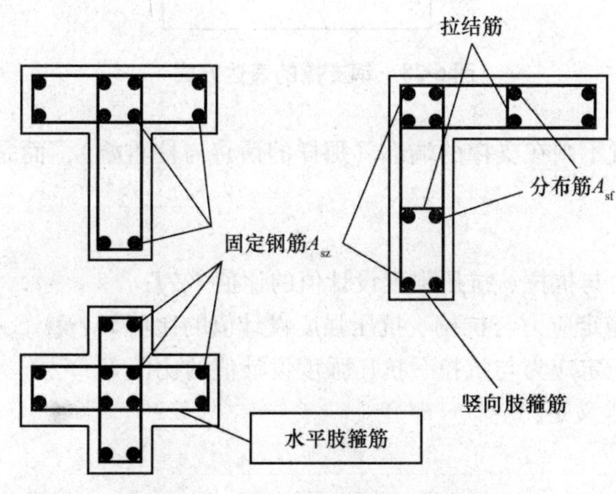

图6-27 异形混凝土柱的表达方式

多段柱分段表达方式：

（轴压比）$-ZA_{sz}-FA_{sf}$

$GA_{sv1}-A_{sv2}-A_{sv3}-G'A_{sv01}-A_{sv02}-A_{sv03}-JA_{svj}$

其中：

G——箍筋标志。

A_{sz}——异形柱固定钢筋位置的配筋面积，即位于直线柱肢端部和相交处的配筋面积之和（cm^2）。

N_z——异形柱固定钢筋位置的钢筋根数。

A_{sf}——分布钢筋的配筋面积，即除A_{sz}之外的钢筋面积（cm^2），当柱肢外伸长度大于200 mm时按间距200 mm布置。

N_f——分布钢筋的根数。

A_{svj}、A_{sv1}、A_{sv2}、A_{sv3}——柱节点域抗剪箍筋面积、第一肢抗剪箍筋面积（加密区）、第二肢抗剪箍筋面积（加密区）、第三肢抗剪箍筋面积（加密区），箍筋间距均在S_c范围内（cm^2）。若第三肢不存在，则只显示GA_{sv1}/A_{sv2}（多段柱分段显示只显示$GA_{sv1}-A_{sv2}$）。

A_{sv01}、A_{sv02}、A_{sv03}——第一肢抗剪箍筋面积（非加密区）、第二肢抗剪箍筋面积（非加密区）、第三肢抗剪箍筋面积（非加密区），箍筋间距均在 S_c 范围内（cm^2）。若第三肢不存在，则只显示 A_{sv01}/A_{sv02}（多段柱分段显示只显示 $G'A_{sv01}-A_{sv02}$）。在局部坐标系下以“工”字的笔画确定第一、二、三肢。

（9）混凝土支撑。混凝土支撑同混凝土柱，配筋结果不画在支撑的端部（否则将与柱重叠），而是画在距离支撑上端点 1/4 杆长的位置。

（10）钢支撑。钢支撑的表达方式如图 6-28 所示。

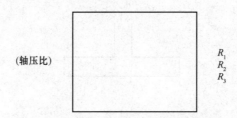

图 6-28　钢支撑的表达方式

钢支撑验算图的位置不画在支撑的端部（那样的话将与柱重叠），而是画在距离支撑上端点 1/4 杆长的位置。

其中：

R_1——钢支撑正应力与抗拉、抗压强度设计值的比值 F_1/f；

R_2——钢支撑 X 向稳定应力与抗拉、抗压强度设计值的比值 F_2/f；

R_3——钢支撑 Y 向稳定应力与抗拉、抗压强度设计值的比值 F_3/f。

F_1、F_2、F_3 的具体含义是：

$F_1=N/A_n$；

$F_2=N/\ (F_x\times A\times A_{tx})$；

$F_3=N/\ (F_y\times A\times A_{ty})$。

（11）墙柱。墙柱的表达方式如图 6-29 所示。

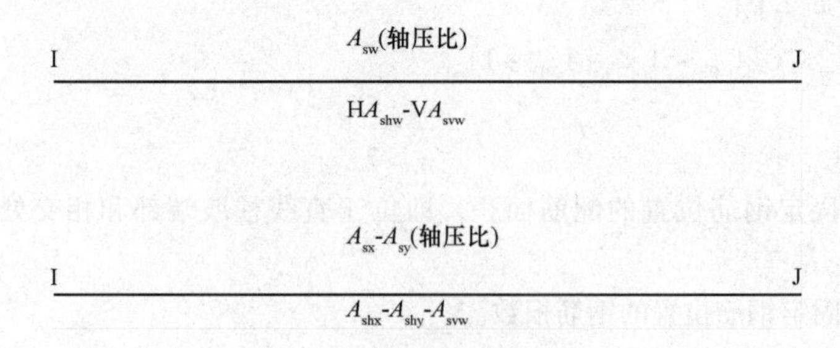

图 6-29　墙柱的表达方式

其中：

A_{sw}——墙柱一端的暗柱计算配筋总面积（cm^2），如计算不需要配筋时取 0 且不考虑构造钢筋；

A_{shw}——在水平分布筋间距 S_{wh} 范围内的水平分布筋面积（cm^2）；

A_{svw}——对地下室外墙或人防临空墙，每延米的双排竖向分布筋面积（cm^2）；

对于墙柱长度小于 4 倍墙厚的一字形墙，程序将按柱配筋；

A_{sx}——按柱设计时，墙面内单侧计算配筋面积（cm^2）；

A_{sy}——按柱设计时，墙面外单侧计算配筋面积（cm^2）；

A_{shx}——按柱设计时，墙面内设计箍筋间距 S_{wh} 范围内的箍筋面积（cm^2）；

A_{shy}——按柱设计时，墙面外设计箍筋间距 S_{wh} 范围内的箍筋面积（cm^2）；

H、V——水平分布筋、竖向分布筋标志。

（12）墙梁。墙梁的配筋及输出格式与普通框架梁一致，见“混凝土梁和型钢混凝土梁”小节。需要特别说明的是，墙梁除混凝土强度、抗震等级与剪力墙一致外，其他参数，如主筋强度、箍筋强度、墙梁的箍筋间距，均与框架梁一致。

（13）外包钢板组合剪力墙。外包钢板组合剪力墙的表达方式如图6-30所示。

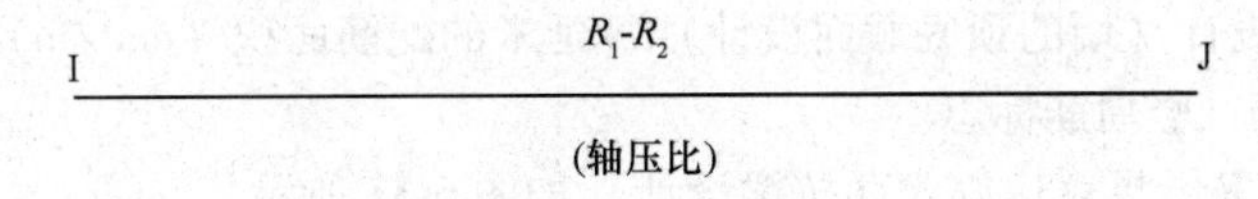

图6-30　外包钢板组合剪力墙的表达方式

其中：

R_1——受弯承载力比；

R_2——受剪承载力比。

6.3.2　剪力墙面外及转换墙配筋

当选中“剪力墙面外及转换墙配筋”时，可以查看剪力墙面外及转换墙的配筋结果，如图6-31所示。剪力墙面外配筋指的是剪力墙水平筋间距范围内的面积。对于没有做面外设计的墙，没有该结果。所谓转换墙，是指当结构中选用超大梁转换时，往往此梁高占据一层层高。此时，可以将此转换梁在建模中当作墙构件输入，并按照转换梁进行设计。如此处理超大梁转换结构，设计结果更为准确、合理。

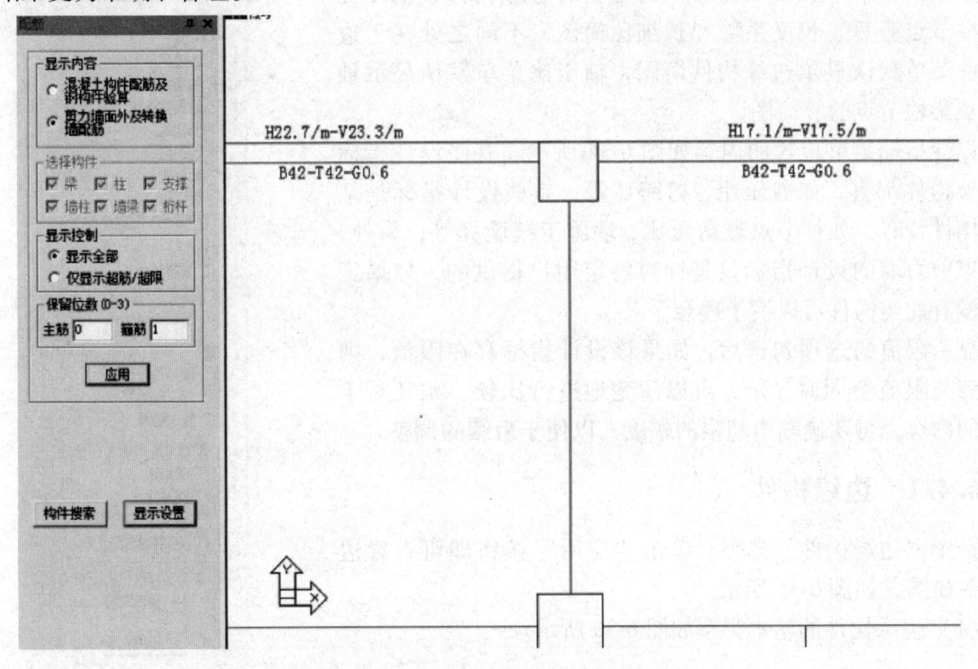

图6-31　剪力墙面外及转换墙配筋简图

还应注意，若钢筋面积前面有一符号“&”，意指超筋；画配筋简图时，超筋以红色提示；仅“PMSAP 核心的集成设计”和“Spas + PMSAP 的集成设计”存在剪力墙面外设计，“SATWE 核心的集成设计”不存在剪力墙面外设计。

（1）剪力墙面外的配筋结果表达方式如图 6-32 所示。

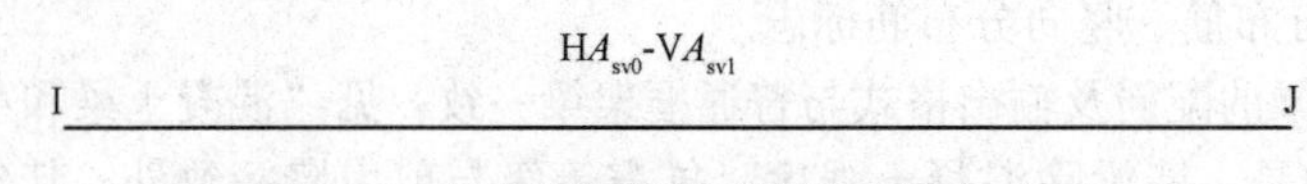

图 6-32　剪力墙面外的配筋结果表达方式

其中：

A_{sv0}、A_{sv1}——墙的面外水平筋设计（墙的左右截面设计）每延米的配筋面积、墙的面外竖向筋设计（墙的顶底截面设计）每延米的配筋面积（cm^2/m）；

H、V——水平筋、竖向筋标志。

（2）转换墙的配筋结果表达方式（按梁设计）如图 6-33 所示。

I　J

BA_{sd}-TA_{su}-GA_{sv}

图 6-33　转换墙的配筋结果表达方式

其中：

A_{sd}、A_{su}、A_{sv}——梁的下部配筋面积、梁的上部配筋面积、梁箍筋间距范围内的面积（cm^2）；

B、T、G——梁的下部配筋、上部配筋、箍筋标志。

6.4　轴压比、剪跨比、长细比

边缘构件菜单和轴压比菜单均可查看边缘构件、轴压比及梁柱节点验算、长度系数和长细比简图，不同之处在于边缘构件菜单默认显示边缘构件简图，轴压比菜单默认显示轴压比及梁柱节点验算简图。

设计指标菜单包含的内容如图 6-34 所示。有些设计指标是多类构件都有，如剪压比、剪跨比等；有些设计指标是某一类构件特有，如柱节点域剪压比、墙施工缝验算等；另外，钢管束剪力墙的设计指标只是针对特定用户提供的，如果工程中没有此类构件可以不予理会。

显示限值的选项勾选后，如果该设计指标存在限值，则指标值与限值会同时显示，可以清楚地进行比较。尤其对于超限的内容，可明确知道超限的幅度，以便于后续的调整。

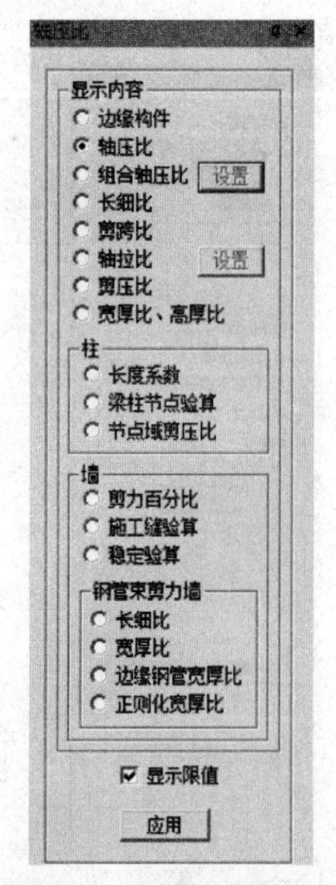

图 6-34　设计指标菜单示意

6.4.1　边缘构件

选中“边缘构件”选项，单击“应用”按钮即可查看边缘构件简图，如图 6-35 所示。

（1）边缘构件的基本类型如图 6-36 所示。

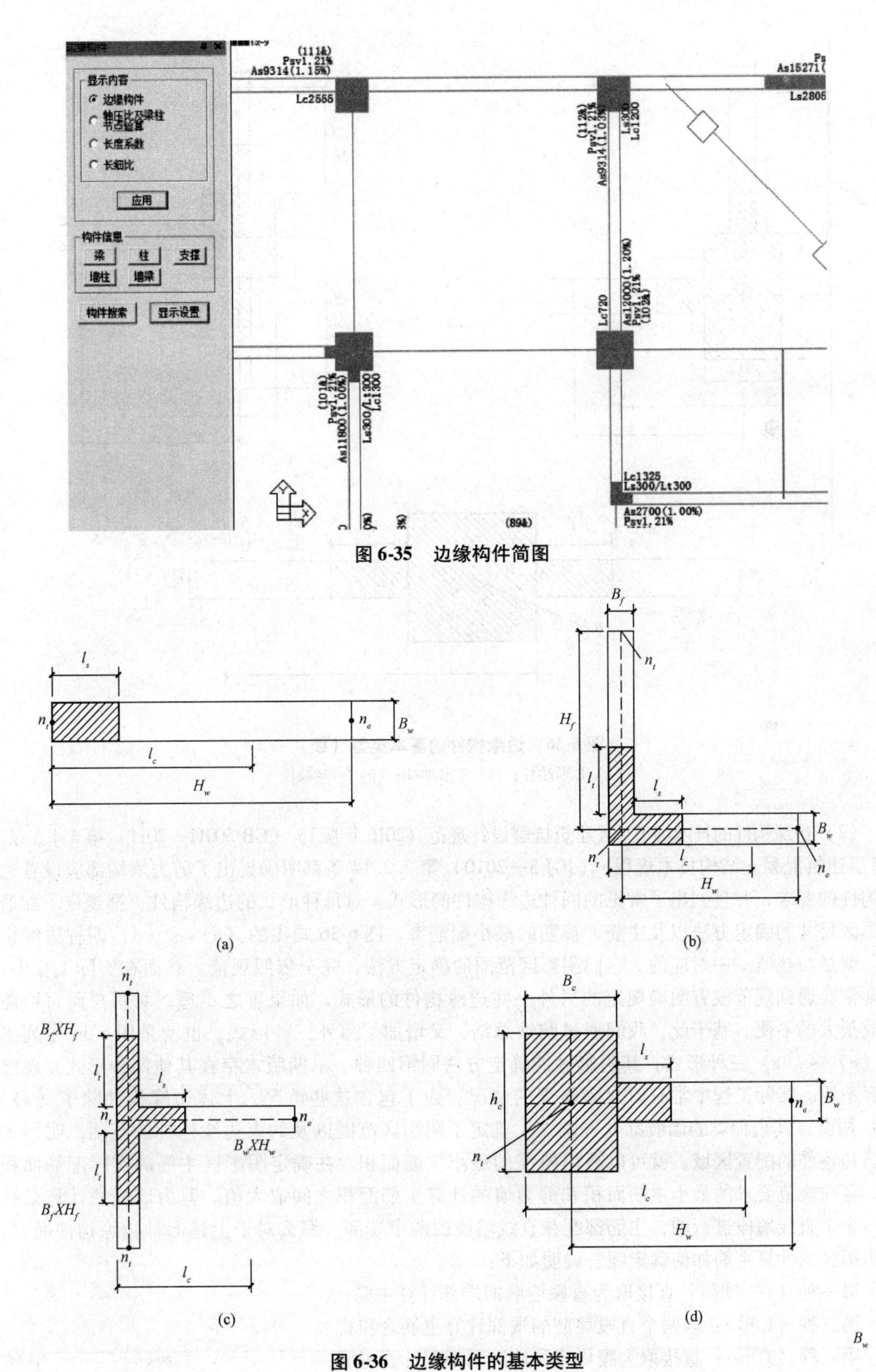

图 6-35 边缘构件简图

图 6-36 边缘构件的基本类型

（a）一字形；（b）L形；（c）T形；（d）端柱

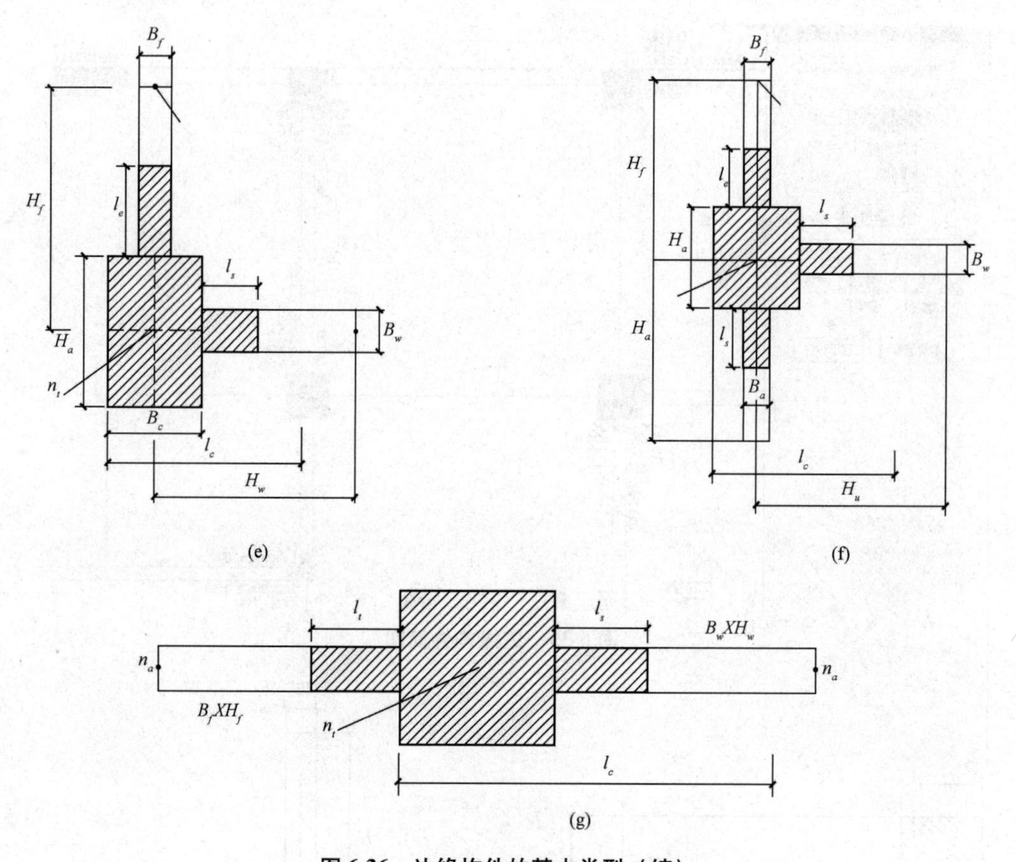

图 6-36　边缘构件的基本类型（续）

（e）L 形端柱；（f）T 形端柱；（g）一字端柱

（2）边缘构件的技术细节。《建筑抗震设计规范（2016 年版）》（GB 50011—2011）第 6.4.5 条、《高层建筑混凝土结构技术规程》（JGJ 3—2010）第 7.2.14 条都明确提出了剪力墙端部应设置边缘构件的要求，并且列出了常见的四种边缘构件的形式。对每种形式的边缘构件，都规定了配筋阴影区尺寸的确定方法以及主筋、箍筋的最小配筋率。图 6-36 画出的（a）~（d）四种边缘构件，就是与规范一一对应的。它们阴影区范围的确定方法，完全依照规范。然而在实际工程中，还常常会遇到规范没有明确规定的另外一些边缘构件的形式。如果置之不理，对用户而言可能造成很大的不便。基于此，我们通过归纳总结，又增加了另外三种形式，也就是图 6-36 中列出的（e）~（g）三种形式，其阴影区的确定方法同第四种。早期版本存在其他两种形式，现已废弃不用。实际工程中常有剪力墙斜交的情况。为了包含这些情况，上述边缘构件除了（a）、（g）两类，其余种类的墙肢都允许斜交。确定了阴影区范围以及约束边缘构件的范围，明确了主筋和箍筋的配置区域，就可以算出所需的最小主筋面积。在确定阴影区主筋的实际配筋面积时，将在规范要求的最小主筋面积和剪力墙的计算主筋面积之间取大值。剪力墙配筋计算是针对一个个直线墙段进行的，主筋都配在直线墙段的两个端部。那么对于上述七种边缘构件而言，其阴影区的计算主筋如何确定呢？说明如下：

第一种（一字形）：直接取为直段墙肢的端部计算主筋；

第二种（L 形）：取两个直段墙肢的端部计算主筋之和；

第三种（T 形）：直接取为腹板直段墙肢的端部计算主筋；

第四种（端柱）：直接取为端柱和墙端的计算主筋之和；

第五种（L形端柱）：取为端柱计算配筋量与两个直段墙肢的端部计算配筋量的三者之和；

第六种（T形端柱）：取为端柱计算配筋量与腹板直段墙肢的端部计算配筋量的两者之和；

第七种（一字端柱）：取为柱的计算配筋量。

（3）边缘构件简图的说明。点取“边缘构件”选项，程序将自动绘出当前楼层的边缘构件简图。每一个边缘构件上都沿着其主肢方向标出了其特征尺寸 L_c、L_s 和 L_t 以及主筋面积、箍筋面积或者配箍率。尺寸参数前面都加了识别符号 L_c，L_s 或 L_t；主筋面积前面有一个识别符号 A_s，其单位是平方毫米。箍筋标出配箍率，配箍率前面有识别符号 P_{sv}。

新规范增加了关于过渡层的要求，因此软件中用“#＋灰”表示构造边缘构件，“#＋蓝”表示过渡层边缘构件，“&＋红”表示约束边缘构件。即在边缘构件编号后面加#且阴影区填充灰色时，为构造边缘构件；边缘构件编号后面加#且阴影区填充蓝色时，为过渡层边缘构件；边缘构件编号后面加 & 且阴影区填充红色时，为约束边缘构件，如图 6-37 ~ 图 6-39 所示。

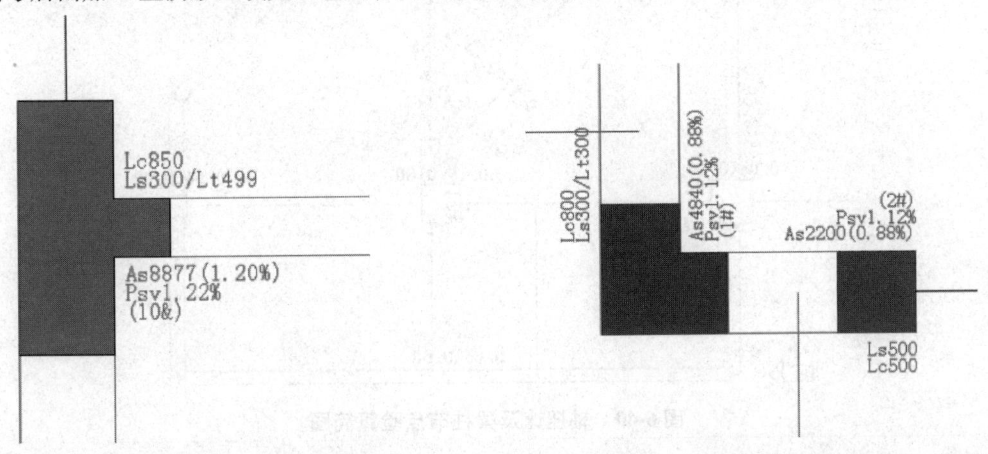

图 6-37　T 形约束边缘构件（红色）　　**图 6-38　L 形和一字形的过渡层边缘构件（蓝色）**

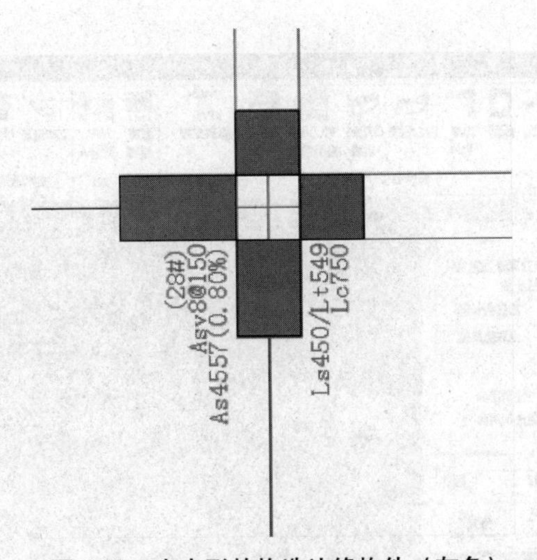

图 6-39　十字形的构造边缘构件（灰色）

6.4.2　轴压比

选中“轴压比”选项，单击“应用”按钮即可查看边缘构件、轴压比及梁柱节点验算、长度系数等信息，不同之处在于“边缘构件”按钮默认显示边缘构件简图，“轴压比”按钮默认显示“轴压比”及梁柱节点验算简图。

显示限值的选项勾选后，如果该设计指标存在限值，则指标值与限值会同时显示，可以清楚地进行比较，尤其对于超限的内容，可明确知道超限的幅度，以便后续的调整。

选中“轴压比及梁柱节点验算”选项，单击“应用”按钮即可查看轴压比及梁柱节点核心区的两个方向的配箍值（一个间距范围内的配箍面积），如图 6-40 所示。如果存在超限情况，程序用红色字符显示。

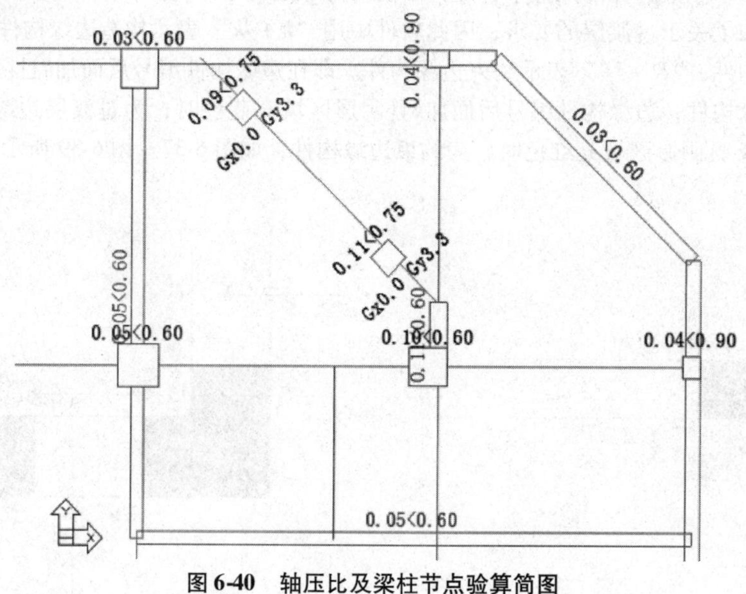

图 6-40　轴压比及梁柱节点验算简图

轴压比菜单中增加了“组合轴压比”选项，用于考虑翼缘部分对于剪力墙轴压比的贡献，如图 6-41 所示。

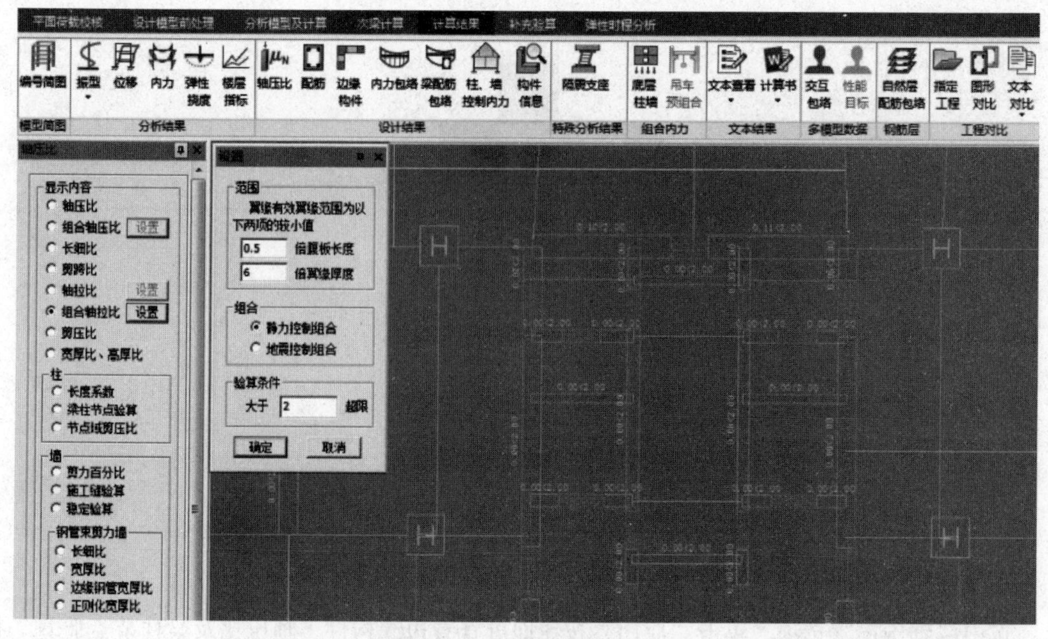

图 6-41　轴压比菜单界面

如果考虑墙柱 1 的组合轴压比，需要考虑与其相连的所有墙柱对其产生的附加翼缘的影响，现以墙柱 2 为例，墙柱 2 与墙柱 1 相交后，在墙柱 1 两侧均形成一段有效翼缘，对于各段有效翼缘的范围，软件中默认取 50% 的腹板长度（L）和 6 倍翼缘厚度（t）的较小值（也可自行设置这两项系数）。如果墙柱 2 在平面外仍与其他墙柱相连，如墙柱 3，两交点间距为 s，那之前的较小值还需要与 s 的 1/2 取小值，最后得到的墙柱 1 有效翼缘范围如图 6-42 所示。不仅在有效翼缘范围内的墙柱可以组合计算，而且在此范围内的混凝土柱会一并计算。用户可以在静力控制组合和地震控制组合之间切换进行查看，也可以设置超限验算条件，超过该限值采用红色标记。

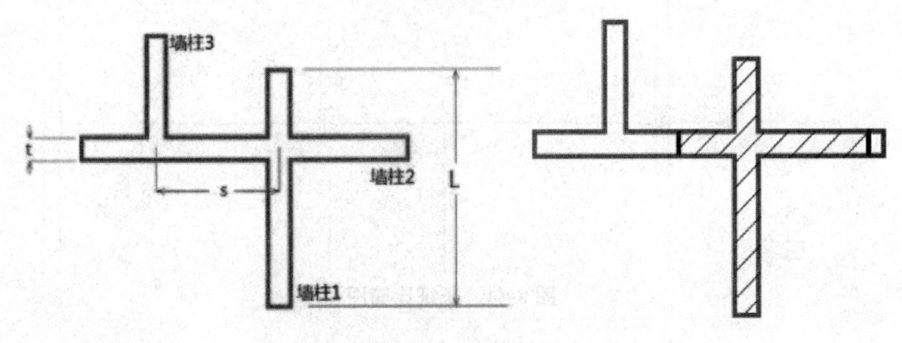

图 6-42　剪力墙组合轴压比计算示意

6.4.3　剪跨比

选中“剪跨比”选项，单击“应用”按钮即可查看柱、墙的剪跨比简图，如图 6-43 所示。计算剪跨比时采用简化算法还是通用算法在图中会有明显的颜色区分。需要注意的是，当柱采用简化算法时，两个方向本来剪跨比是不同的，这里的两个方向都取了最不利方向的剪跨比。

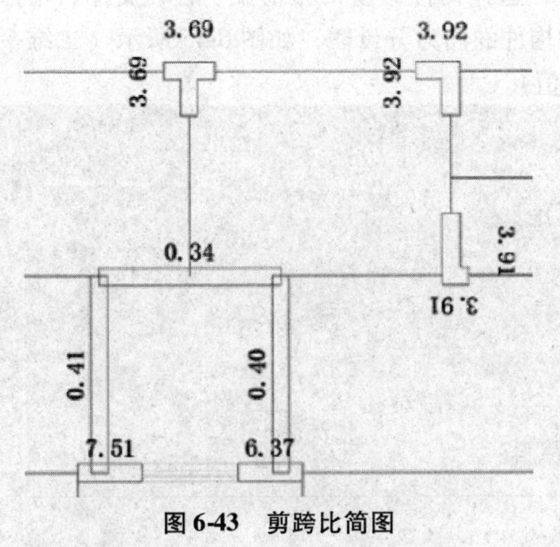

图 6-43　剪跨比简图

6.4.4　长细比

选中“长细比”选项，单击“应用”按钮即可查看长细比简图，如图 6-44 所示。如果存在超限情况，程序会用红色字符显示。其他设计指标大都风格类似，这里不再赘述。

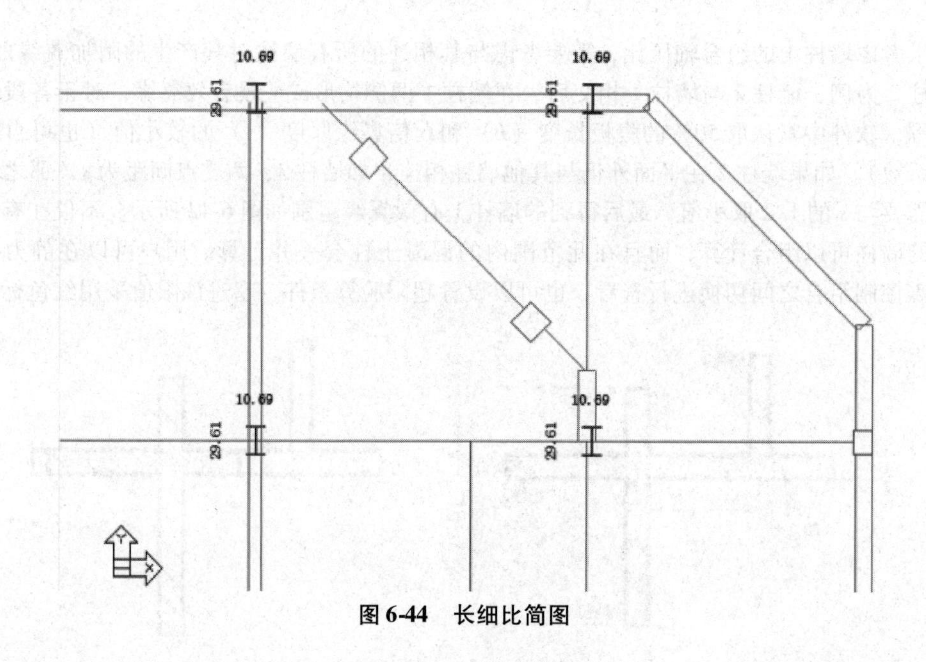

图 6-44　长细比简图

6.5　内力

6.5.1　设计模型内力

设计模型内力对话框可以查看各层梁、柱、支撑、墙柱和墙梁的内力图，还可以查看单个构件的内力图。

（1）内力分量。勾选“选择构件类型”中的梁、柱、支撑、墙柱、墙梁、桁杆和转换墙选项（多选）可以显示各类构件的内力分量图，如图 6-45 所示（二维平面图上柱、支撑、墙柱给出底端和顶端的内力分量值）。

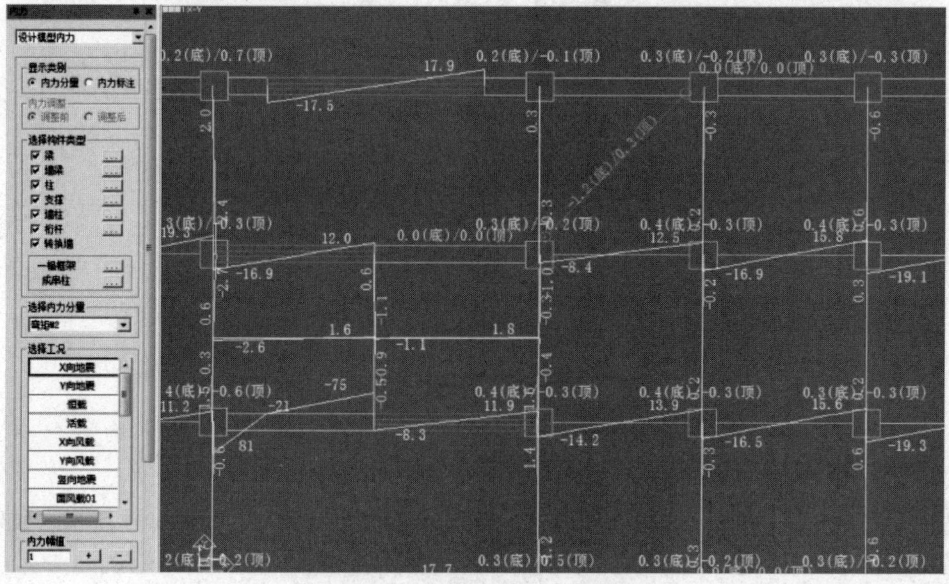

图 6-45　各类构件的内力分量图

单击“选择构件类型”中梁、柱、支撑、墙柱、墙梁或桁杆右侧的按钮，即出现捕捉靶，再用捕捉靶点取对应类型的某个构件（如第 2 层第 19 号梁），屏幕上就会显示出该构件的内力图，如图 6-46 所示。

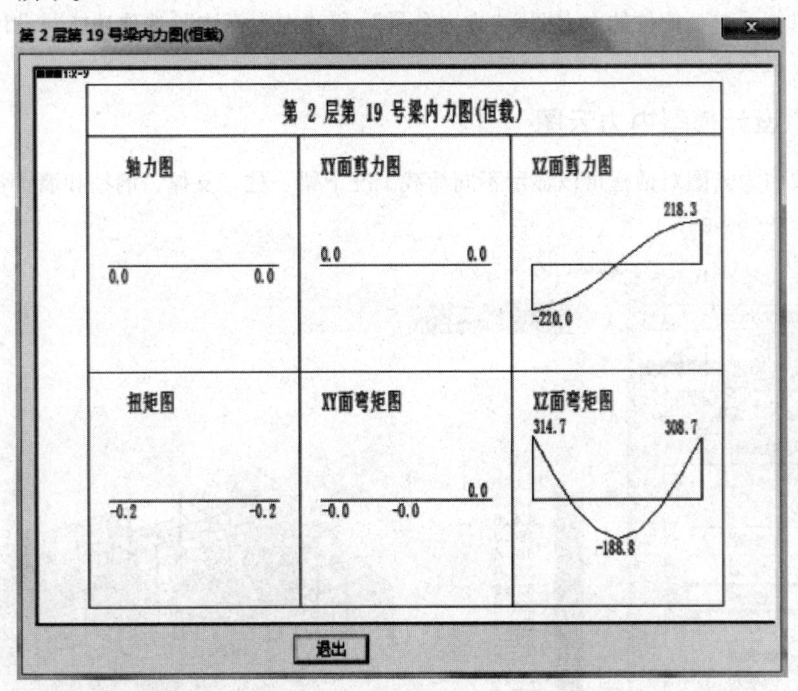

图 6-46　单个构件的内力图

（2）内力标注。此选项仅适用于柱、支撑和墙柱构件。选择“内力标注”后，柱、支撑和墙柱 6 个分量的内力值全都会显示在简图上，如图 6-47 所示。

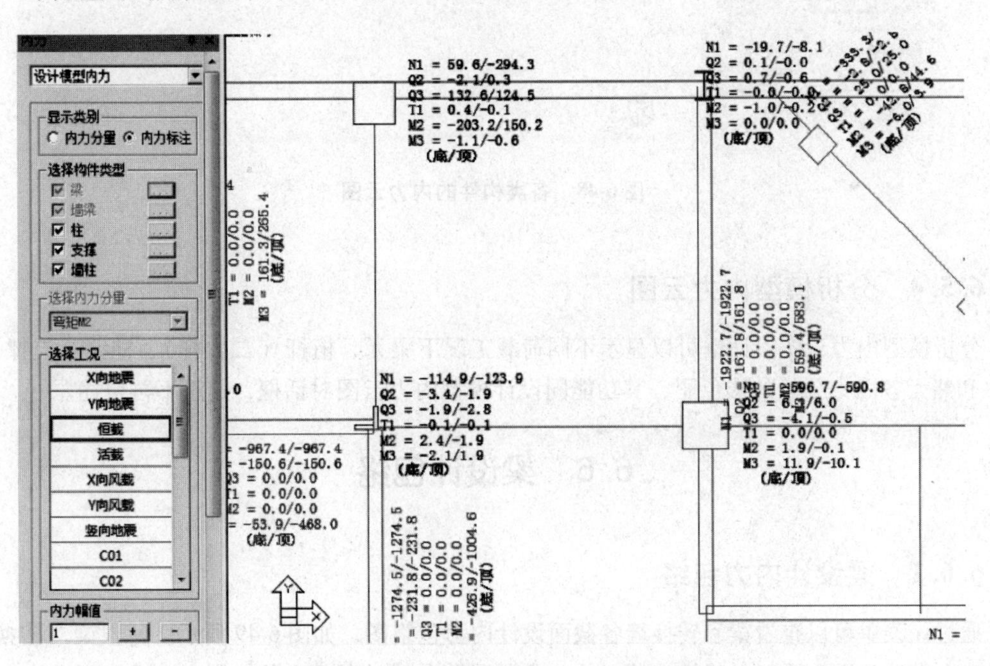

图 6-47　柱、支撑和墙柱的内力标注图

6.5.2 分析模型内力

分析模型内力对话框可以查看各层梁元、桁杆（二力杆）、柱元、支撑（柱元）和墙元的内力图，还可以查看单个构件的内力图。“内力分量”和“内力标注”选项功能同设计模型内力对话框，这里不再赘述。

6.5.3 设计模型内力云图

设计模型内力云图对话框可以显示不同荷载工况下梁、柱、支撑、墙柱和墙梁各内力分量的彩色图，如图 6-48 所示。

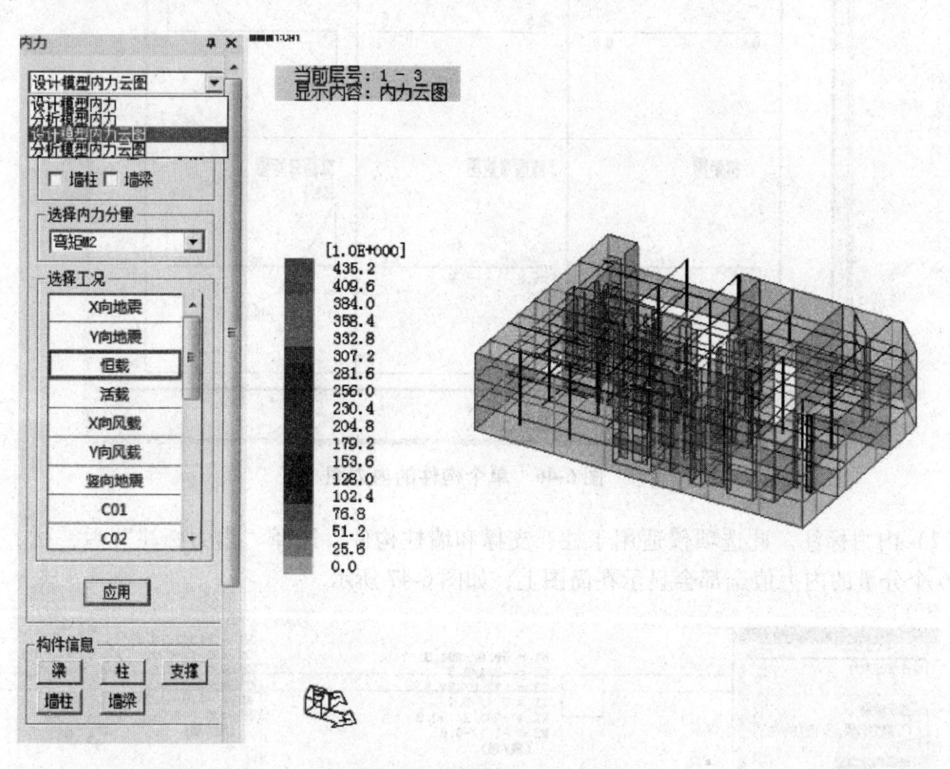

图 6-48 各类构件的内力云图

6.5.4 分析模型内力云图

分析模型内力云图对话框可以显示不同荷载工况下梁元、桁杆（二力杆）、柱元、支撑（柱元）和墙元各内力分量的彩色图，其功能同设计模型内力云图对话框，这里不再赘述。

6.6 梁设计包络

6.6.1 梁设计内力包络

通过该菜单可以查看梁和转换墙各截面设计内力包络图，如图 6-49 所示。每根梁（转换墙）给出 9 个设计截面，梁（转换墙）设计内力曲线是将各设计截面上的控制内力连线而成的。

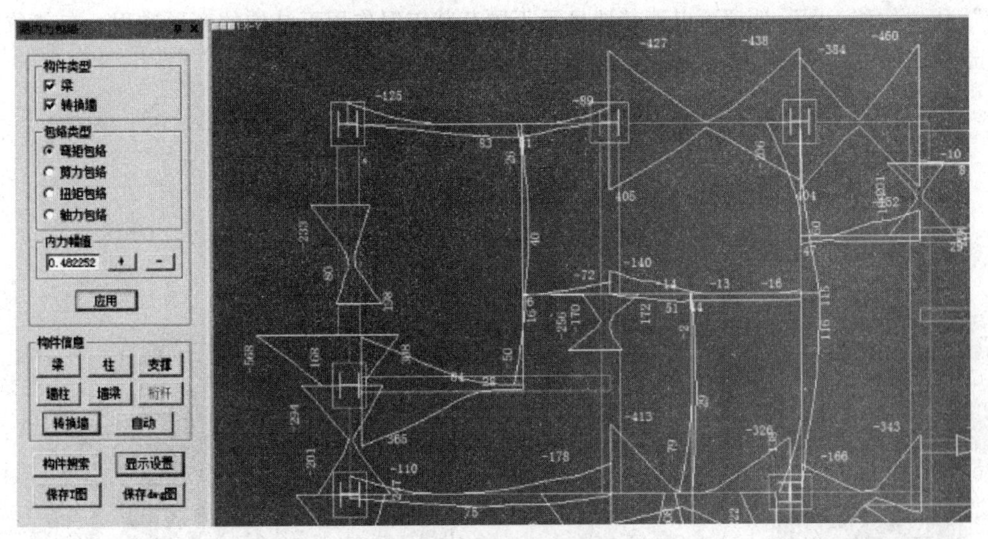

图 6-49　梁内力包络图

6.6.2　梁设计配筋包络

通过该菜单可以查看梁各截面设计配筋包络图，如图 6-50 所示。图面上负弯矩对应的配筋以负数表示，正弯矩对应的配筋以正数表示。

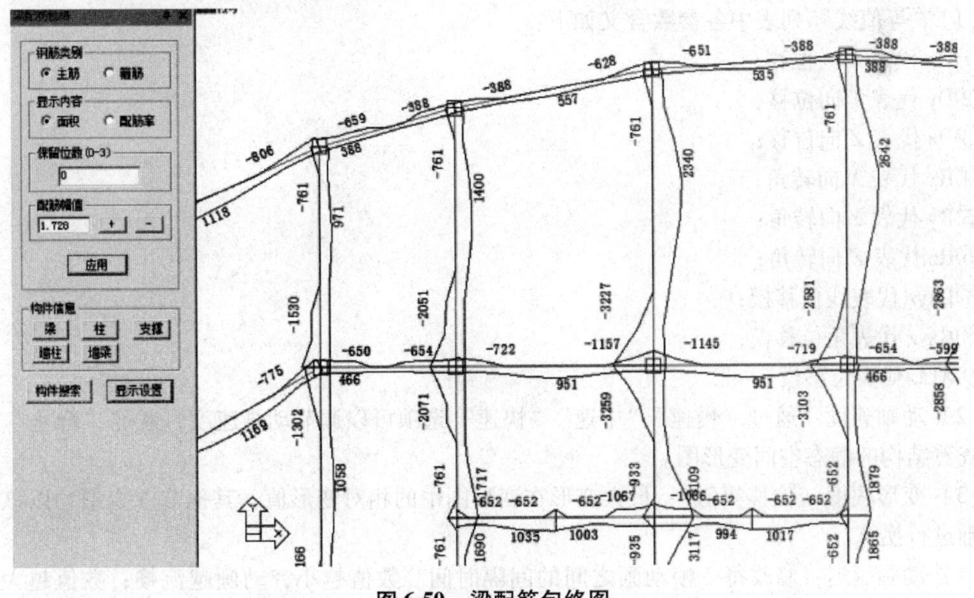

图 6-50　梁配筋包络图

6.7　变形

6.7.1　位移

位移菜单用来查看不同荷载工况作用下结构的空间变形情况，如图 6-51 所示。通过“位移动画”和“位移云图”选项可以清楚地显示不同荷载工况作用下结构的变形过程，在“位移标注”选项中还可以看到不同荷载工况作用下节点的位移数值。

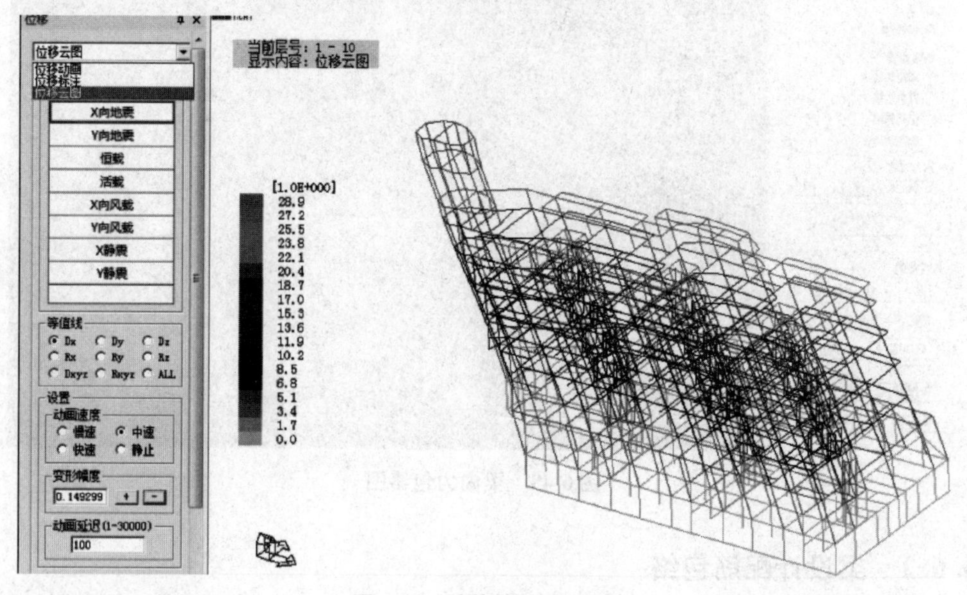

图 6-51　结构的位移云图

左侧对话框主要功能介绍如下：

（1）“等值线”列表中各参数含义如下：

①Dx 代表 *X* 向位移；

②Dy 代表 *Y* 向位移；

③Dz 代表 *Z* 向位移；

④Rx 代表 *X* 向转角；

⑤Ry 代表 *Y* 向转角；

⑥Rz 代表 *Z* 向转角；

⑦Dxyz 代表线位移模；

⑧Rxyz 代表角位移模；

⑨ALL 代表位移模。

（2）动画速度：通过“慢速”“中速”“快速”选项可以调节动画速度，通过“静止”选项可以查看结构的静态空间变形图。

（3）变形幅度（位移幅值）：最大变形在变形图中的相对变形值，其他节点变形均以该数值为基础进行换算。

（4）动画延迟：修改每一帧动画之间的间隔时间。数值越小，动画越流畅；数值越大，每帧动画的间隔越长。

（5）初始构形：显示结构未变形时的形状。单击该按钮可以去掉上一次显示的变形或标注，恢复结构的初始形状。

6.7.2　弹性挠度

通过弹性挠度菜单可查看梁在各个工况下的垂直位移，如图 6-52 所示。该菜单分为“绝对挠度”“相对挠度”“跨度与挠度比”三种形式显示梁的变形情况。所谓“绝对挠度”即梁的真实竖向变形，“相对挠度”即梁相对于其支座节点的挠度。

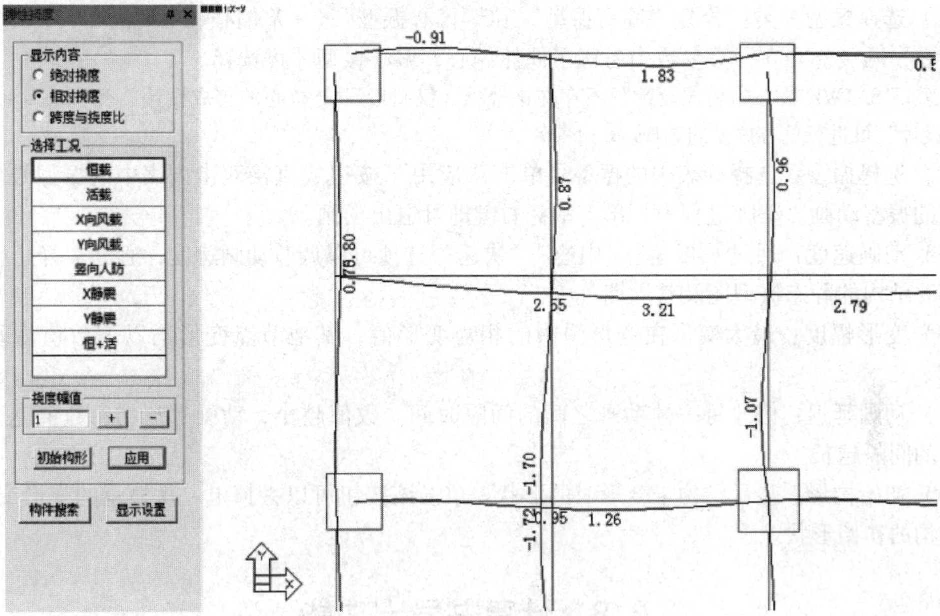

图 6-52　梁的弹性挠度简图

6. 7. 3　振型

振型菜单用于查看结构的三维振型图及其动画，如图 6-53 所示。通过该菜单，设计人员可以观察各振型下结构的变形形态，可以判断结构的薄弱方向，可以确认结构计算模型是否存在明显的错误。

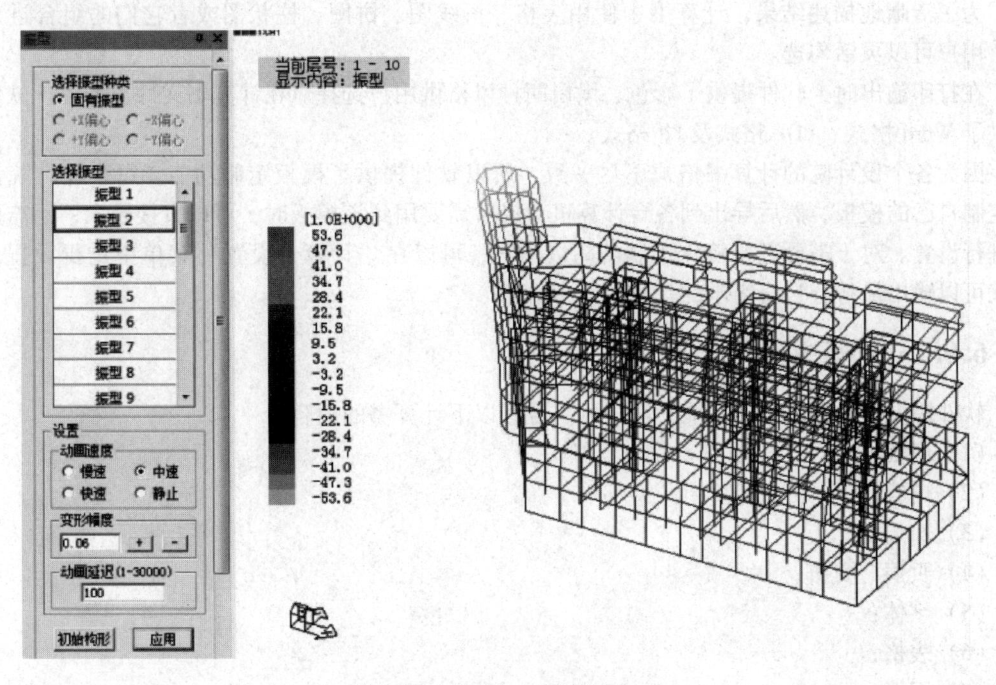

图 6-53　结构的三维振型图

左侧对话框主要功能介绍如下：

（1）选择振型种类：分为“固有振型”和“偏心振型”（+X偏心、-X偏心、+Y偏心和-Y偏心）两类。当在计算参数中考虑了偶然偏心，偏心振型才可选择。

注意：“SATWE 核心的集成设计”不存在该选项，仅“PMSAP 核心的集成设计”和“Spas+PMSAP 的集成设计”可进行偏心振型的选择。

（2）选择振型：选择列表中的振型号单击“应用”按钮或直接双击列表中的振型号均可查看相应的振型动画。动画过程中，单击鼠标右键即可退出动画。

（3）动画速度：通过“慢速”“中速”“快速”选项可以调节动画速度；通过“静止”选项可以查看结构的静态振型图及其周期。

（4）变形幅度：最大变形在变形图中的相对变形值，其他节点变形均以该数值为基础进行换算。

（5）动画延迟：修改每一帧动画之间的间隔时间。数值越小，动画越流畅；数值越大，每帧动画的间隔越长。

（6）初始构形：显示结构未变形时的形状。单击该按钮可以去掉上一次显示的变形或标注，恢复结构的初始形状。

6.8 计算书导出功能

“一键出计算书”功能旨在帮助设计人员快速地生成图文并茂的精美计算书。新版软件在计算书中将计算结果分类组织，依次是设计依据、计算软件信息、主模型设计索引（需进行包络设计）、结构模型概况、工况和组合、质量信息、荷载信息、立面规则性、抗震分析及调整、变形验算、舒适度验算、抗倾覆和稳定验算、时程分析计算结果（需进行时程分析计算）、超筋超限信息、结构分析及设计结果简图 16 类数据。

为了清晰地描述结果，计算书中使用表格、折线图、饼图、柱状图或者它们的组合进行表达，用户可以灵活勾选。

在打印输出时，软件提供了彩色、黑白两种风格供用户选择。在计算书文件类型上，软件也提供了 Word 格式、PDF 格式及 txt 格式。

因为各个设计院的计算书格式不尽一致，所以软件提供了模板定制功能。每个设计院都可以定制自己的模板，然后导出到各台计算机，以后需要用到该模板时，可以直接导入，不需要重复进行设置。对于需要进行特殊定制的高级用户，可以在“计算书设置”菜单中进行设置，这样就可以输出最符合自身需求的计算书。

6.8.1 计算书设置

软件提供了丰富的设置功能，用户可以设置以下计算书的内容。

（1）封面；

（2）内容；

（3）布局；

（4）页眉、页脚；

（5）字体；

（6）表格；

（7）图形；

（8）输出；

（9）模板。

1. 封面

在封面设置中，软件会提供一种固定的样式，包含标题、项目编号、项目名称、计算人、专业负责人、审核人、日期、示意图和公司名称，如图6-54所示。用户可以通过勾选的方式选择采用。

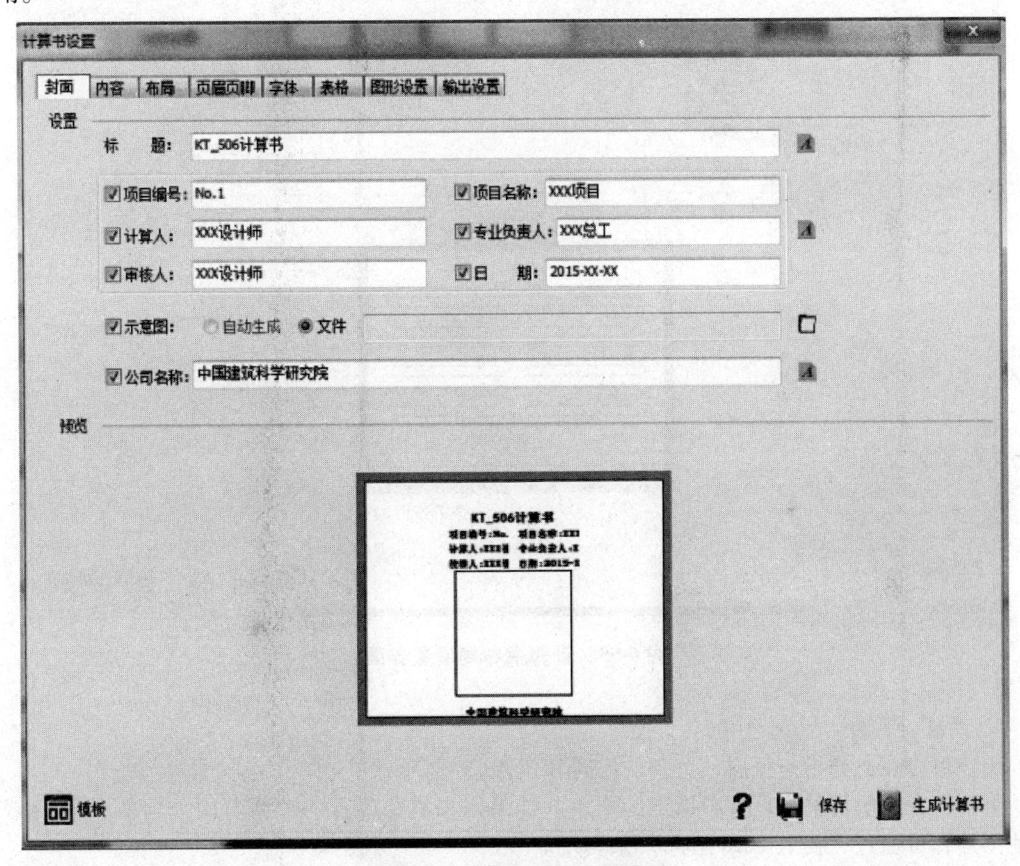

图6-54　计算书封面设置界面

在默认的样式中，标题会自动指定。对于主模型，将采用工程路径名。对于子模型，将采用子模型名称。其余内容需要用户手工填写。

示意图一般为建筑效果图。建议用户选择一幅精美的图片，可以为计算书增色不少。当然，用户也可以不指定，这样封面中间会是一片空白。

2. 内容

软件按照标准模板设置了默认项。如果用户的工程有特殊性，或者有更多需要关注的内容，那么用户可以自己定制计算书的格式及内容，具体定制方法见后文“计算书内容定制”部分。

3. 布局

计算书布局设置界面如图6-55所示。用户可以分别指定文本与图形两部分的纸张大小，并且提供了A3和A4两种纸张，纸张方向可以指定纵向或横向。同时，可以指定分栏数及页边距。详图不会受分栏数目的影响，最终只输出一栏。

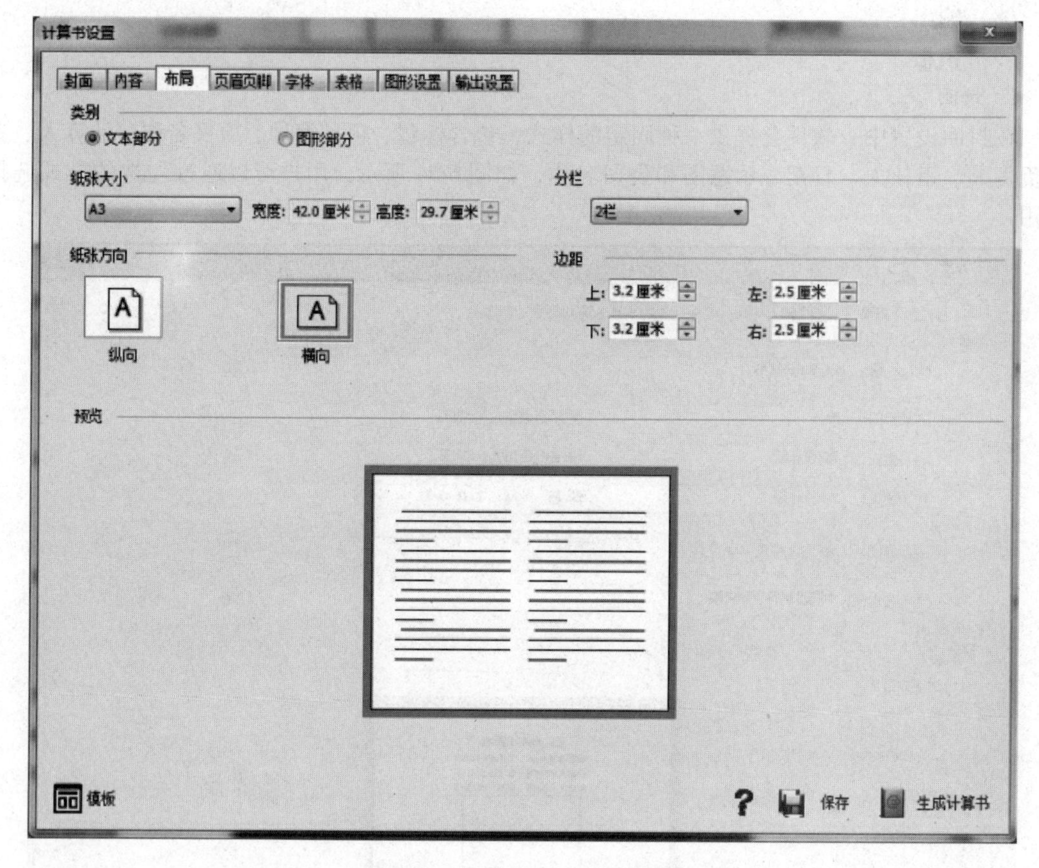

图 6-55　计算书布局设置界面

4. 页眉、页脚

用户可以在此处指定页眉、页脚的内容和位置。

页眉：在一般情况下，页眉指定为文本。如果用户需要放置一个精美的公司 Logo 图标或者其他图片，可通过“插入 Logo 图标”来实现。

页脚：页脚一般输出页码。可以是“第 1 页”，或者“ - 1 - ”，或者“1”，或者“1/5”这几种方式。当然，也可以指定固定的一段文字。

5. 字体

用户可以分别指定各级目录、正文、表格、图名、页眉、页脚的字体，也可以设置字体的名称、字号、是否加粗、是否加下画线。

6. 表格

表格样式共有以下五种，如图 6-56 所示。

（1）三线式（三条线都为细线）；

（2）三线式（顶底两条线为粗线，中间线条为细线）；

（3）除两侧无边框线之外，其他部位都为表格线，顶底两条线为粗线；

（4）所有表格线都绘制，顶底两条线为粗线；

（5）所有表格线都绘制且都为细线。

7. 图形

打印输出时，部分用户只有黑白打印机，或者更喜欢输出黑白两色的风格，而另一部分用户

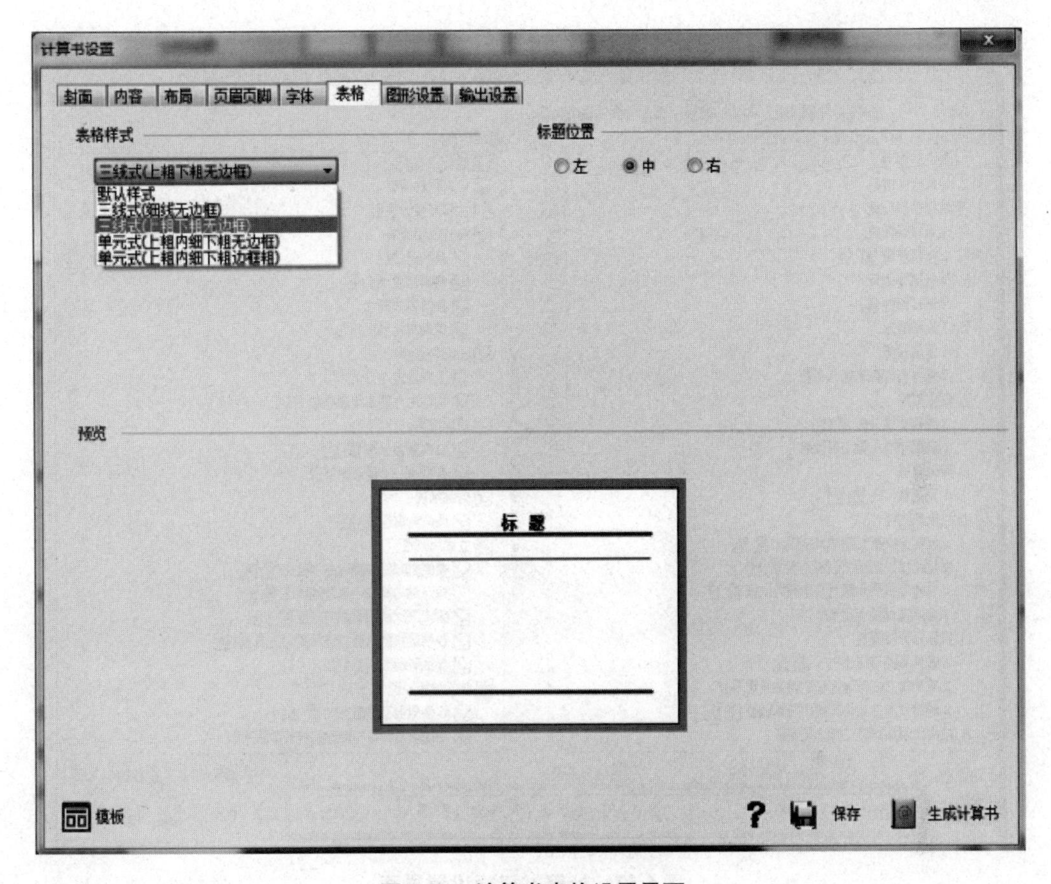

图 6-56　计算书表格设置界面

更倾向于彩色效果，所以这里软件提供了彩色、黑白两种风格供用户选择。

如果勾选了“是否保存原始文件”，对于 Word 格式的计算书，可以通过单击图名打开原始 T 图（或 DWG 图）以便手工修改。修改完图片之后，单击“保存”按钮，在下次生成计算书时，将会应用用户修改之后的图形。

如果一张图中的曲线过多，影响美观，图形设置中可以设置折线图上线条数量的上限。如果计算书中 T 图所占的篇幅过长，图形设置中还可以设置 T 图自动分图的最多张数。

8. 输出

用户可以选择计算书的输出格式。输出格式共有以下三种：

（1）Word 文件 Docx 格式文档，可以在 Word 2007 及以上版本中打开；

（2）PDF 文档；

（3）txt 文档。

Docx 格式及 PDF 格式输出内容一致，格式丰富多彩，支持分栏，可以插入图片。txt 格式只提供文本和表格且不分栏，没有图形。

9. 模板

计算书模板设置界面如图 6-57 所示。

在模板样式下拉菜单中，可以选择已有的模板样式，一开始有标准模板和完整模板两种样式。程序默认选择标准模板样式。标准模板样式是一些常用的设置。一般情况下，用户选择该项既简洁，又基本涵盖了必需的内容。完整模板样式正如它的名称一样，会勾选全部计算书内容。

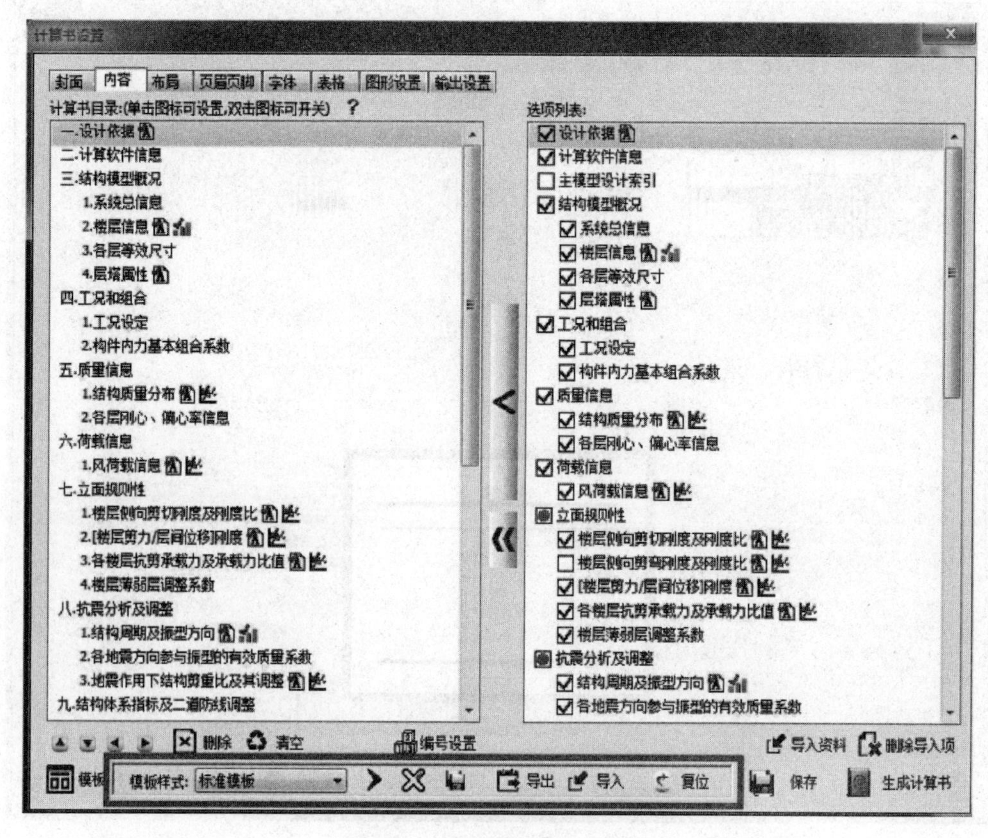

图 6-57 计算书模板设置界面

在模板样式下拉菜单中选择某一种样式后，即可将所选模板样式应用到计算书设置；单击“关闭”按钮，可以将所选模板样式从下拉菜单列表中删除。单击“保存”按钮，会弹出命名对话框，可以将当前的计算书设置保存到新的样式，并添加到模板样式下拉菜单中。

单击“导出”按钮，可以将当前的计算书设置导出到计算机，另存为 XML 模板文件。单击“导入”按钮，可以导入计算机的 XML 模板文件的计算书设置，并添加到模板样式下拉菜单中。单击“复位”按钮，计算书设置会恢复到当前模板的初始设置。

单击“生成计算书”按钮，会以当前的计算书设置一键生成计算书。

6.8.2 计算书内容定制

在计算书内容设置的界面中，右侧为所有备选项，左侧为计算书中将包含的内容。用户可以按以下几种方式定制计算书的内容。

1. *添加右侧项到左侧计算书目录*

添加右侧项到左侧计算书目录有以下三种方法：

（1）在右侧框中勾选某项，左侧将在同一父项的已有子项末尾出现，如图 6-58 所示。

（2）在右侧选中（非勾选）需要增加的项，左侧选中插入位置，单击中间左移按钮（上面的单箭头的狭长按钮），则右侧项将添加到左侧指定位置，如图 6-59 所示。中间还有一个较小的双箭头按钮，单击该按钮，会将右侧所有父项的子项添加到左侧，位置顺序两侧对应。

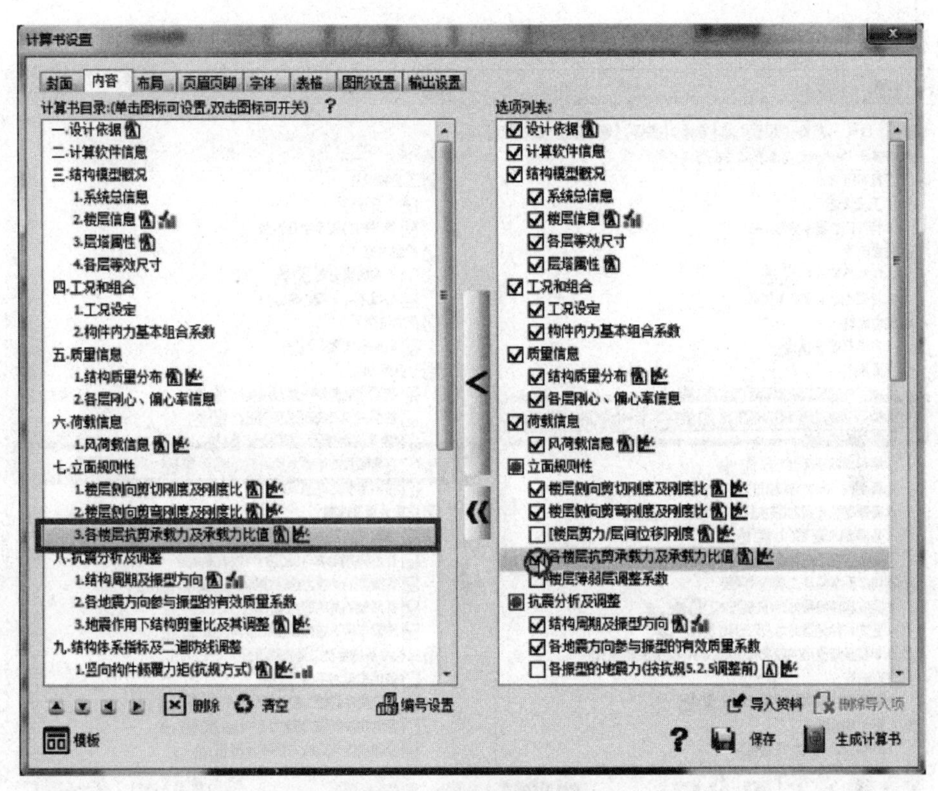

图 6-58　计算书目录添加 1

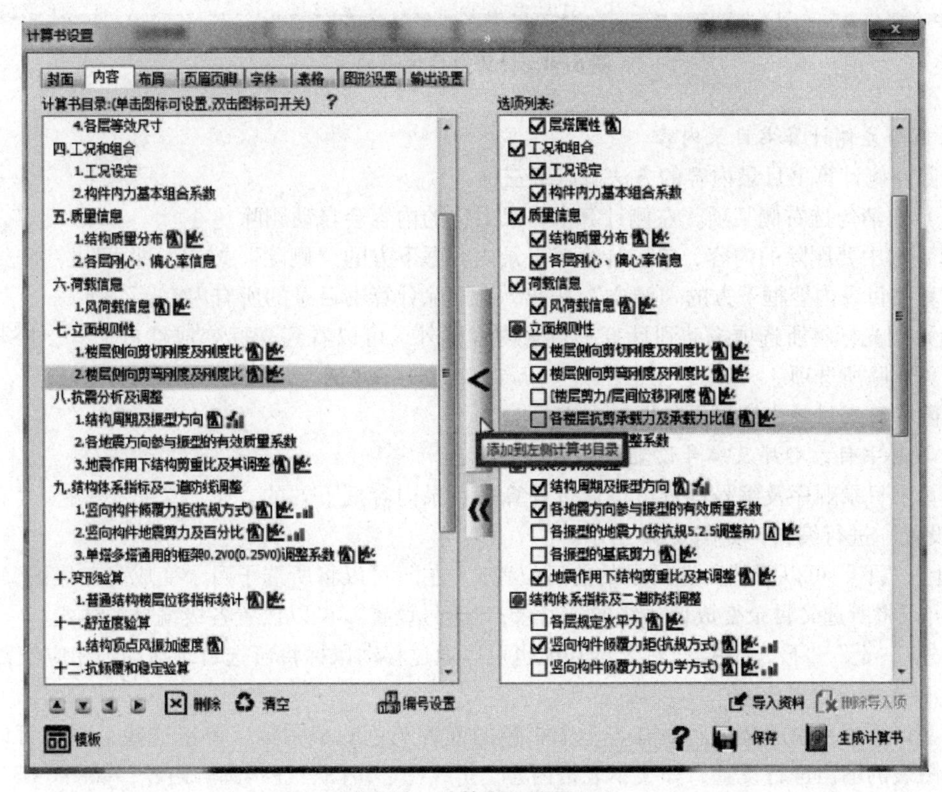

图 6-59　计算书目录添加 2

（3）可以通过鼠标拖动右侧某项到左侧某项下面，如图 6-60 所示。

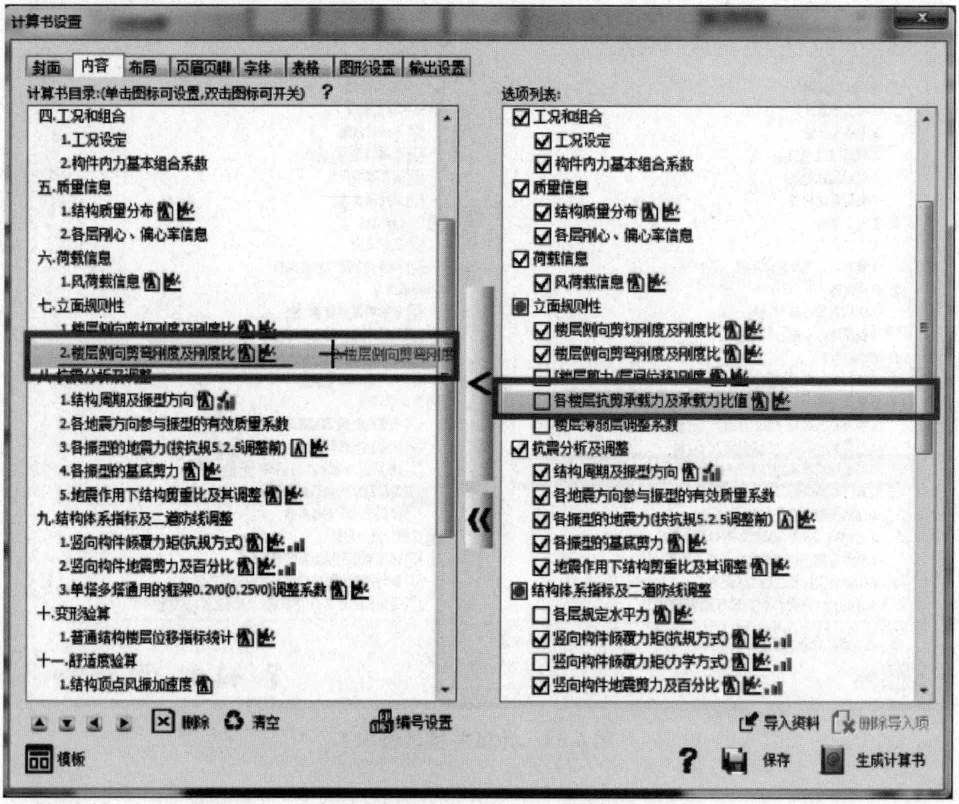

图 6-60　计算书目录添加 3

2. 删除左侧计算书目录内容

删除左侧计算书目录内容的方法有以下三种：

（1）取消勾选右侧某项，左侧计算书目录对应的内容会自动删除。

（2）选中要删除的内容，单击计算书目录内容框下方的“删除”按钮，即可删除所选内容。单击计算书目录内容框下方的“清空”按钮，会删除计算书目录的所有内容。

（3）用光标将所选项拖动到计算书目录内容框外，可以看到光标变成红色叉号，松开鼠标左键即可删除所选项。

删除计算书目录内容界面如图 6-61 所示。

3. 计算书目录顺序及编号设置

计算书目录顺序及编号设置可以通过计算书目录内容框下方的“上”“下”“左”“右”和“编号设置”进行编辑，如图 6-62 所示。

“上”“下”可以调整所选目录的前后位置；“左”可以将所选子目录变成高一级的父目录；“右”可以将所选父目录变成低一级的子目录；“编号设置”可以设置各级编号的样式。

另外，“上”“下”“左”“右”的功能也可以通过移动鼠标将所选目录拖动到相应位置。

4. 图表输出设置

有些计算书目录的文字后面有若干个彩色的或者灰色的小图标，单击这些小图标可以对计算书中图表的输出进行设置，如文本表格内容、折线图、饼图、柱状图等内容，如图 6-63 所示。

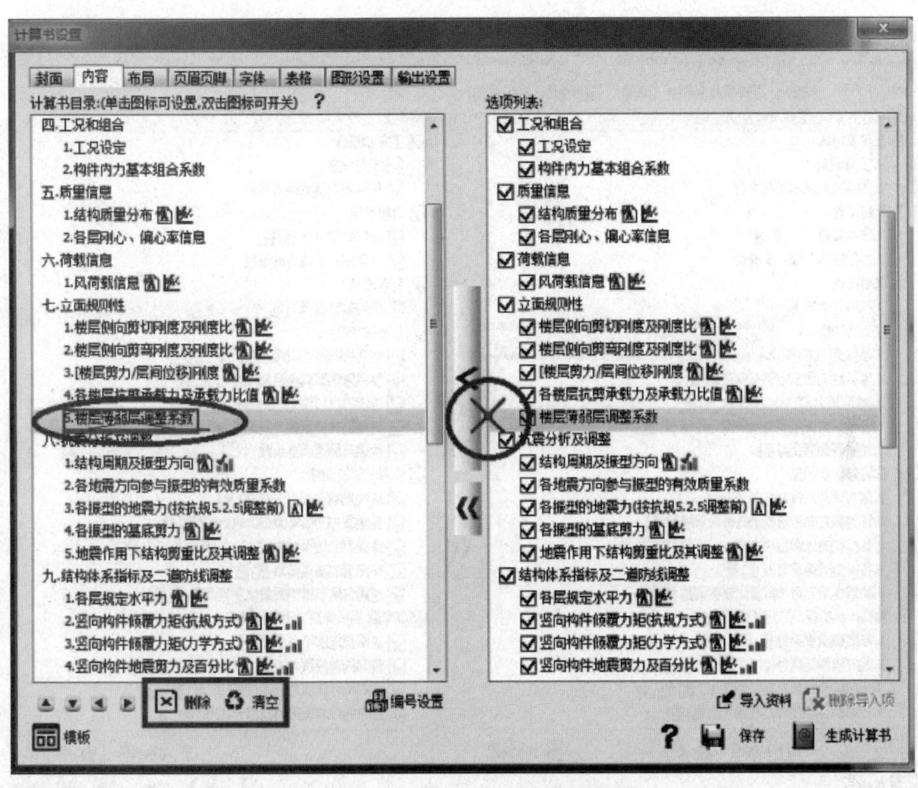

图6-61　删除计算书目录内容界面

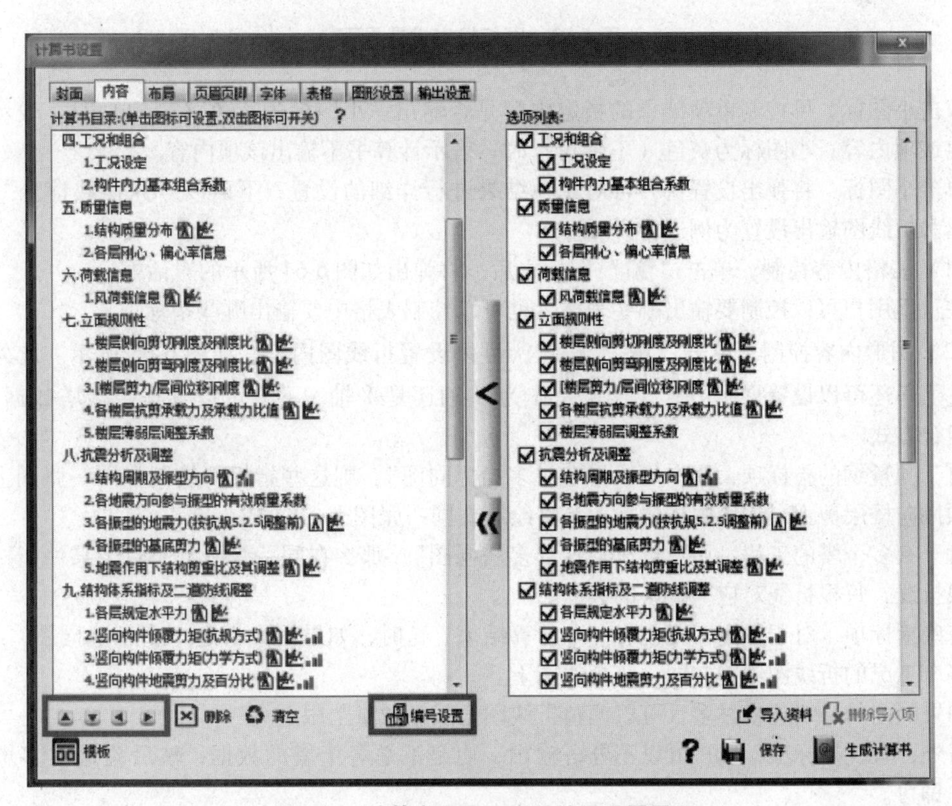

图6-62　计算书目录顺序及编号设置界面

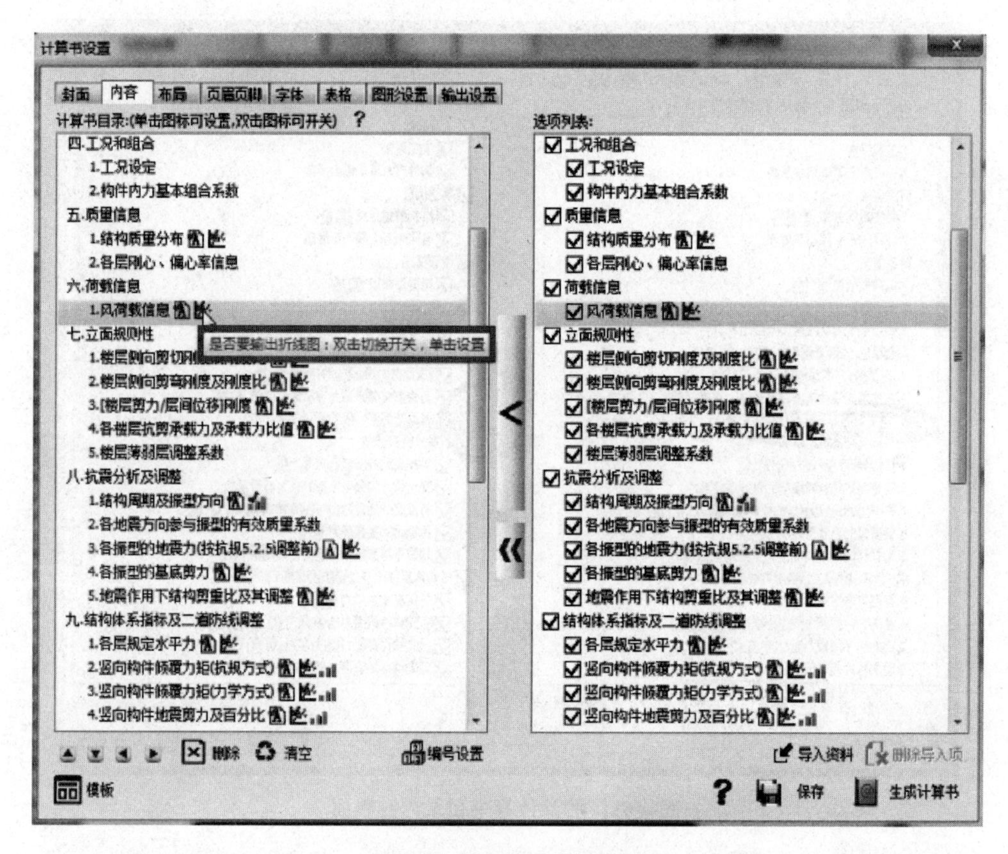

图 6-63　图标输出设置界面

双击小图标，可控制单项结果的指定内容是否输出。小图标为彩色（带勾）时，表示计算书输出该项内容；小图标为灰色（不带勾）时，表示计算书不输出该项内容。

单击小图标，将弹出设置窗，可对单项结果进行详细的设置，下面以“风荷载信息”的表格输出和折线图输出设置为例进行说明。

（1）表格内容控制。单击“ ”图标之后，将弹出如图 6-64 所示的对话框。

在这里用户可以控制要输出哪些表格，也可以控制表格中要输出哪些指标项。

（2）图形内容控制。单击“ ”按钮，可以设置折线图内容，如图 6-65 所示。此外，对话框左上角还可以设置展示方式，楼层是作为 *X* 轴还是 *Y* 轴。下方可设置是否多塔数据合并、并图组合方式。

对于同量纲的指标项，用户可以指定“多指标同图”，则这些指标将绘制在同一张图上。比如，顺风向楼层剪力、横风向楼层剪力等将绘制在同一张图上。

对于有多个塔的工程，用户可以指定“多塔同图”，那么在同一张图上，对于某一指标将绘制多根折线，每根折线对应一个塔的数据。

有些指标项，对于每个工况会有一个计算结果。这时，如果用户指定“多工况同图”，那么将把多个工况的折线图绘制在同一张折线图上。

如果同图的折线数量过多，可以调整折线图上线条数量上限。

另外，有些指标项，用户可以不分塔输出，而是汇总各个塔的数据，然后勾选“多塔数据合并”即可。

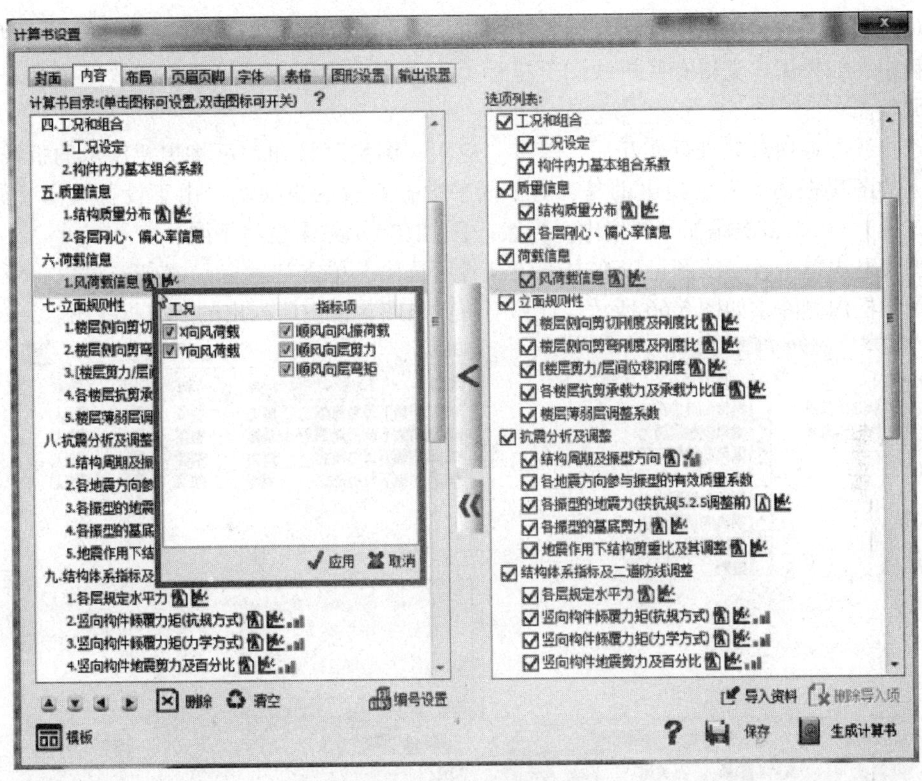

图 6-64　表格内容设置对话框

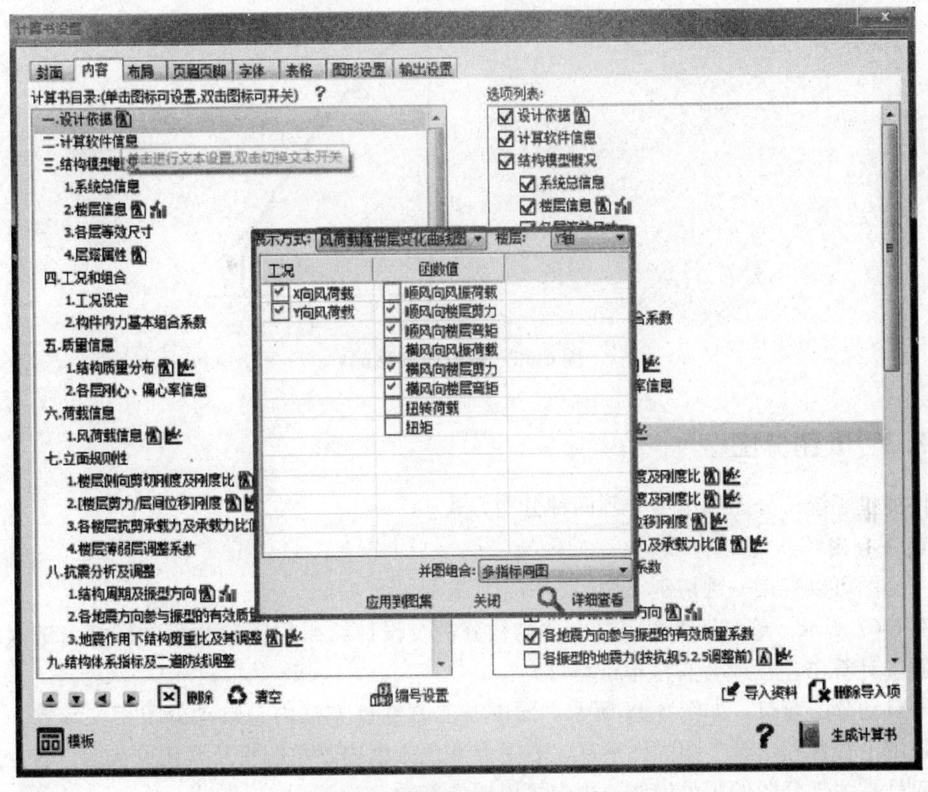

图 6-65　图形内容控制对话框

选项设置好之后，单击“应用到图集”按钮，用户即可通过“详细查看”看到各张折线图。查看过程中，如果用户觉得有些折线图上坐标值太大或太小了，可以通过修改图集列表中的量纲项来调整。

对于折线图各项参数进行交互后，单击“应用到图集”按钮，可将想要展示的折线图添加到右上方的图集框内。需要指出的是，对于同一数据对应的折线图，由于设置不同（如量纲、同图方式等），可以多次添加到图集中。当然，它们的展示效果也将不同。

在图集框内单击各折线图可以在右下角查看所选图，单击“移除”按钮，可以将所选的折线图从图集框内删除，如图 6-66 所示。计算书将输出图集框内所列出的所有折线图。

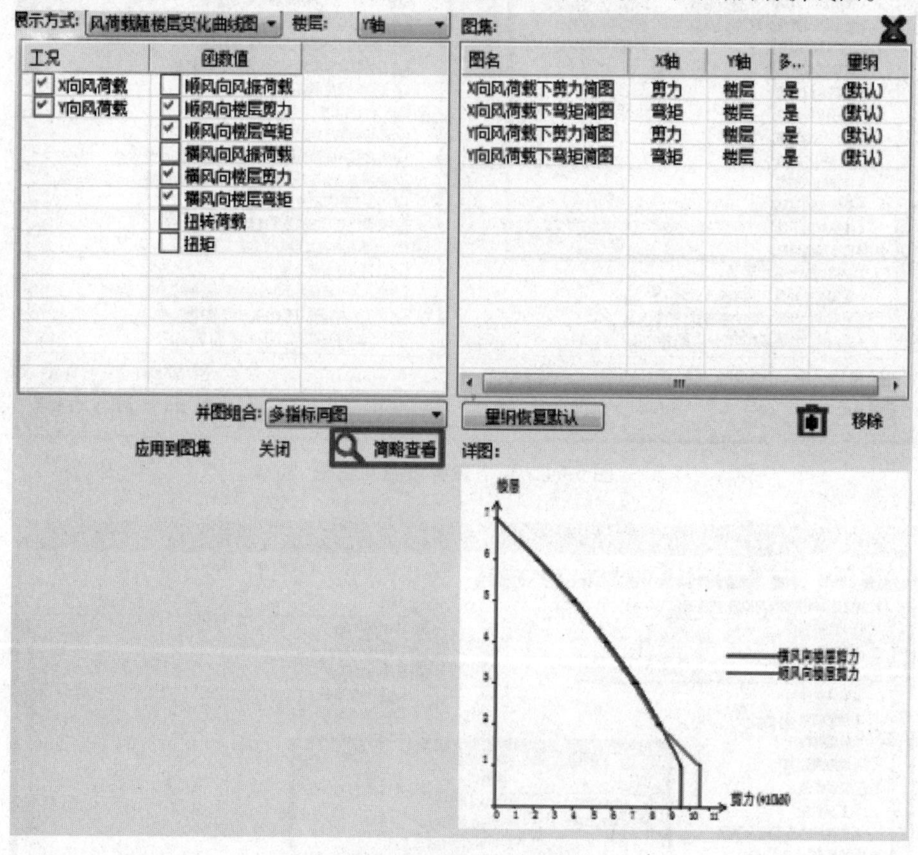

图 6-66　图形内容移除

6.8.3　T 图分图

软件提供了统一分图和单项分图两种分图方式。

1. 统一分图

统一分图可以直接一键切割 T 图，应用到所有已选子项。

如图 6-67 所示，单击计算书目录中“结构分析及设计结果简图”后面的图标，进入统一分图的界面（计算书左栏或者右栏单击均可）。

进入自动分图窗口，如图 6-68 所示。图中右上方红色方框内是自动分图相关参数。左侧黑色方框是用于查看和编辑 T 图的图形区。右下方红色方框内是总图集及其相关功能。右上方和右下方的问号是关于分图的相关说明，用户可以单击查看。

操作流程：①输入统一分图参数；②单击自动分图，在总图集中生成分图布局；③编辑布局；④完成分图。

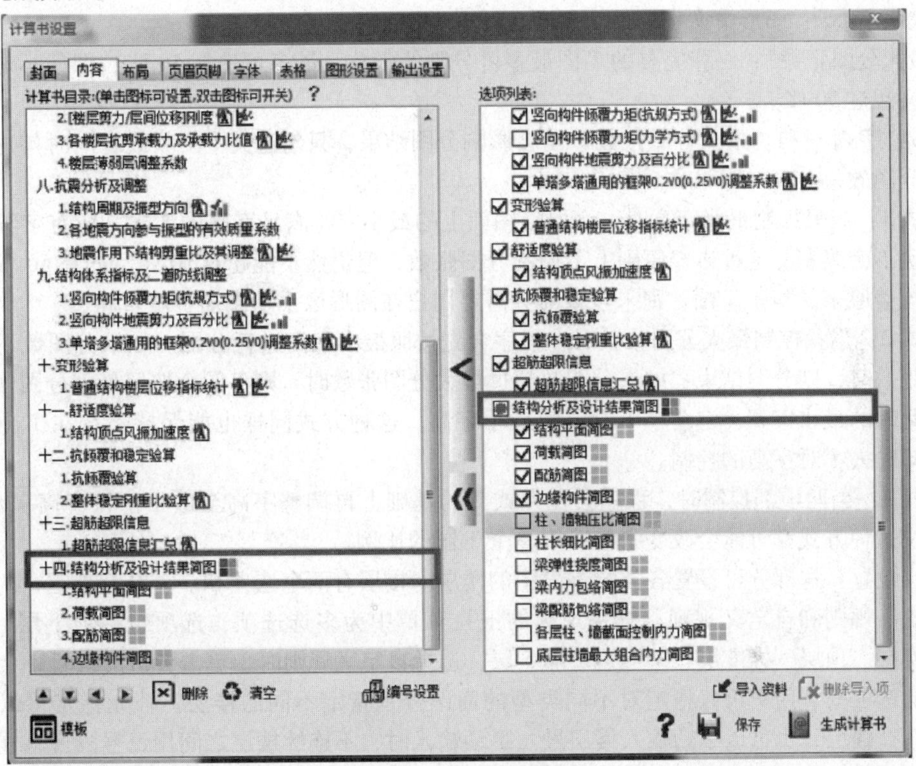

图 6-67　统一分图界面

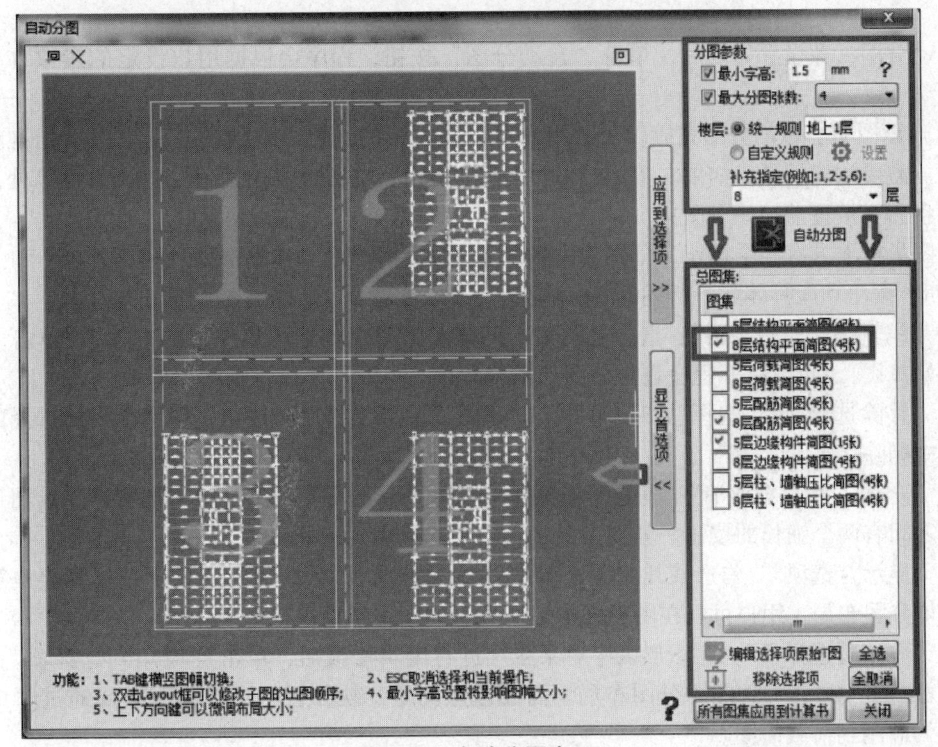

图 6-68　自动分图窗口

（1）自动分图参数。自动分图参数包括最小字高、最大分图张数和楼层设置。各参数的含义如下所述：

“最小字高”：图形中文字的最小高度。

“最大分图张数”：一张完整的 T 图最多可分割的张数，最多可选择 50 张，即便不勾选目前也不允许超过 50 张。

“最小字高”和“最大分图张数”均会影响分图结果，只勾选其中一项或者同时勾选会产生不同的分图效果。

方式 1：当只控制最小字高时，会保证图面上的最小字符满足字高的要求，所有字符在 T 图中的比例不会改变。这种方式原则上不控制分图张数，但仍然不能超过 50 张。如果 50 张子图仍然无法覆盖原来的整张 T 图，则未包含部分需要用户在图形区手动添加子图布局。

方式 2：当只控制最大分图张数时，程序会先按照最小字高进行分图。如果分图数不超过最大分图张数时，则分图结束；如果分图数超过最大分图张数时，则 T 图会按照最大分图张数重新分割，此时的最小字高一定会小于设定的最小字高。这种方式同样也能保持字符在 T 图中的比例，但却失去了对字高的控制。

方式 3：当两项都控制时，程序会在方式 2 的基础上再调整字高至最小字符字高满足要求，也就是说这种方式有可能会改变字符对于整个 T 图的比例。

楼层设置：这部分可设置各类结果简图的楼层。楼层有两个选项和一个补充指定，两个选项分别为统一规则和自定义规则。统一规则的下拉菜单中为多选选项，选项包括地下层、地上 1 层、转换层、顶层、标准层、每层、每隔 5 层。选择自定义规则时，单击旁边的设置，会弹出一个详细的选项框，用户可以指定对不同类型的简图分别指定不同的楼层。补充指定可以从下拉菜单中选择楼层，也可以手动输入楼层号。手动输入时，不连续楼层之间用逗号隔开，连续楼层可用最低、最高楼层号中间加连字符表示。如填入 1，3－5，7 表示第 1、3、4、5、7 层五个楼层。

自动分图参数设置好以后，单击“自动分图”按钮，程序会根据用户设定的参数自动完成分图。

（2）总图集。自动分图完成以后，用户可以在右边的红色方框内的总图集中看到自动分图的结果。需要注意的是，如果之前用户做过分图的操作，总图集中会存在一些图，而该处自动分图结果将会直接覆盖掉原有图集。

总图集框下方有四个按钮，分别为“编辑选项原始 T 图”“移除选择项”“全选”和“全取消”。四个按钮功能具体如下所述：

①“编辑选项原始 T 图”：选择总图集中的某一张图（勾选图集左边的方框），单击“编辑选项原始 T 图”，可以打开程序自带的图形编辑程序，可对该 T 图进行编辑修改。

②“移除选择项”：选择总图集中的某一张图，单击“移除”按钮，程序会将所选择的图从总图集中删除。

③“全选”和“全取消”：勾选所有图集或者取消勾选所有图集，用于批量操作。图形区和总图集之间有两个细长的按钮，分别为显示首选项和应用到选择项。

a. “显示首选项”：勾选某几张图，单击“显示首选项”，图形区会显示选择列表中第一个图的具体分图布局，用户可以在图形区中对所查看的图集布局进行修改。

b. “应用到选择项”：在图形区中对某张图进行编辑修改后，单击“应用到选择项”，可以替换掉总图集中所有勾选图的分图布局。需要注意的是，软件暂不支持分图布局通过“应用到选择项”应用到荷载简图。

（3）图形区操作。参见下文的单项分图部分。

（4）完成分图。完成各层图集的分图后，单击右下角的“所有图集应用到计算书”即可保存当前总图集中所有结果并更新到计算书目录中。单击“关闭”按钮，则不保存本次操作。

计算书目录更新界面如图 6-69 所示。

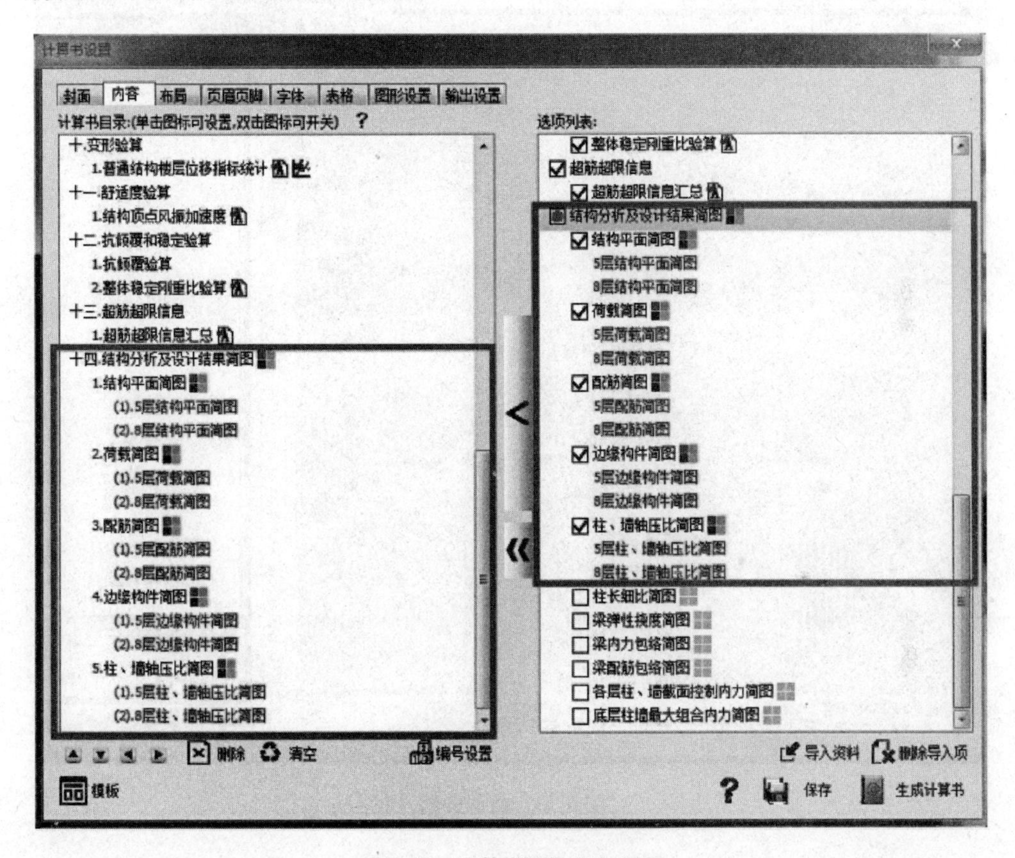

图 6-69　计算书目录更新界面

2. 单项分图

以结构平面简图为例进行说明。

（1）自动分图。选择自动，可以看到图 6-70 中上方框内的自动分图相关参数。下方黑色方框是用于查看和编辑 T 图的图形区。右边方框内是总图集及其相关功能。右上方和右下方的问号是关于分图的相关说明，用户可以单击查看。

自动分图操作流程：①选择自动，输入自动分图参数；②单击自动分图，在总图集中生成分图布局；③单击总图集中的任一简图，单击“查看”按钮，进行查看、编辑修改，之后“保存至列表”；④单击“确定”按钮保存，退出分图界面并更新到计算书目录中，“取消”则不保存本次操作并退出分图界面。

①自动分图参数。自动分图参数包括最小字高、最大分图张数、楼层设置以及补充指定。各参数的含义可参见上文的统一分图部分。

自动分图参数设置好以后，单击“自动分图”按钮，程序会根据用户设定的参数自动完成分图。

②总图集。自动分图完成以后，在右边的总图集中可以看到所有图形列表，如图 6-71 所示。

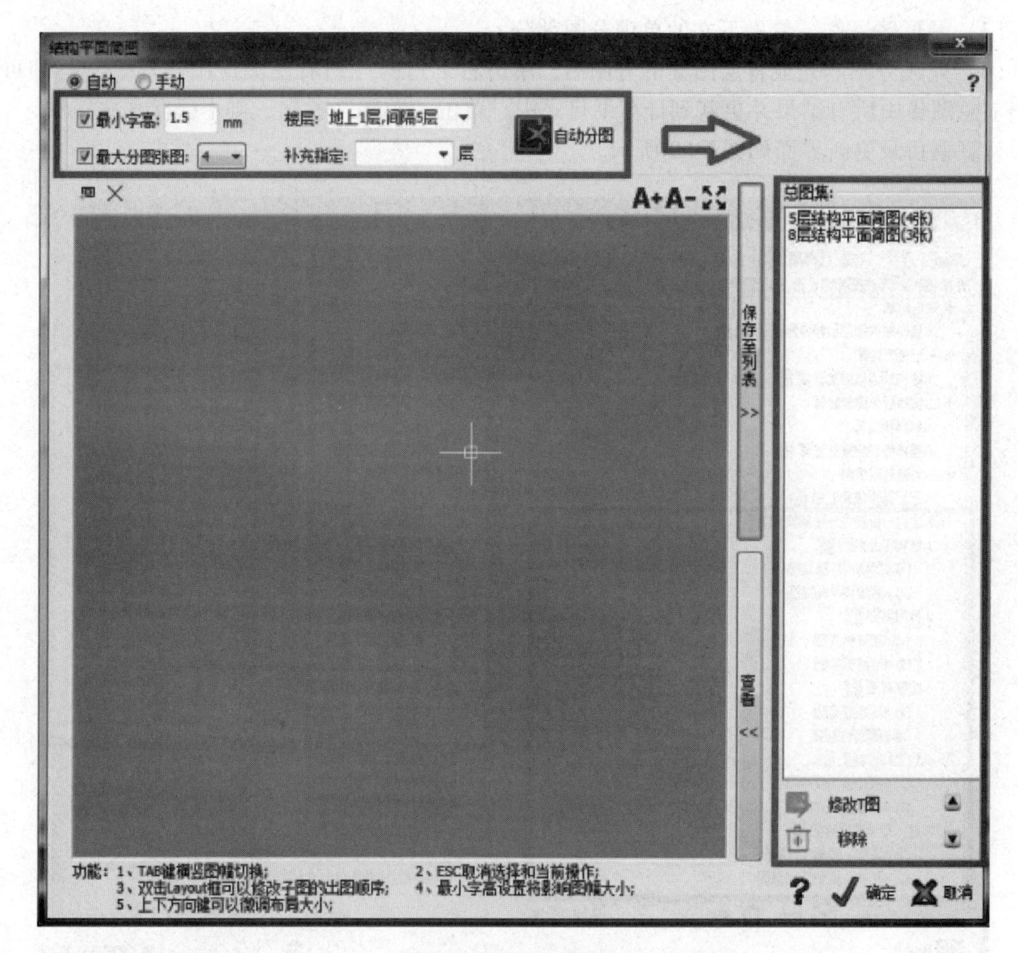

图 6-70　自动分图

每次单击“自动分图”按钮，所进行的操作是将新的分图结果与旧的分图结果合并。未进行重新分图的楼层会维持原布局；重新分图的楼层会用新的布局替代原有布局。

总图集框下方有四个按钮，分别为“修改 T 图”“移除”“上”和“下”。四个按钮功能具体如下所述：

“修改 T 图”：点选总图集中的某一张图，单击“修改 T 图”按钮，可以打开自带的图形编辑程序，可对该 T 图进行编辑修改。

“移除”：点选总图集中的某一张图，单击“移除”按钮，程序会将所选择的图从总图集中删除。

“上”和“下”：用于调整所选图在总图集中的排序位置，程序最后输出计算书时，按照该处总图集中各图从上到下依次排序输出。

图形区和总图集之间有两个细长的按钮，分别为保存至列表和查看，功能如下所述：

“查看”：选择某张图后，单击“查看”按钮，用户可以在左边黑色的图形显示框中看到该图的具体分图效果。双击图名也可以达到同样的效果。显示之后如果有需要可以对分图布局进行编辑修改。

“保存至列表”：在图形区中对所选图的分图布局进行修改后，单击“保存至列表”按钮，

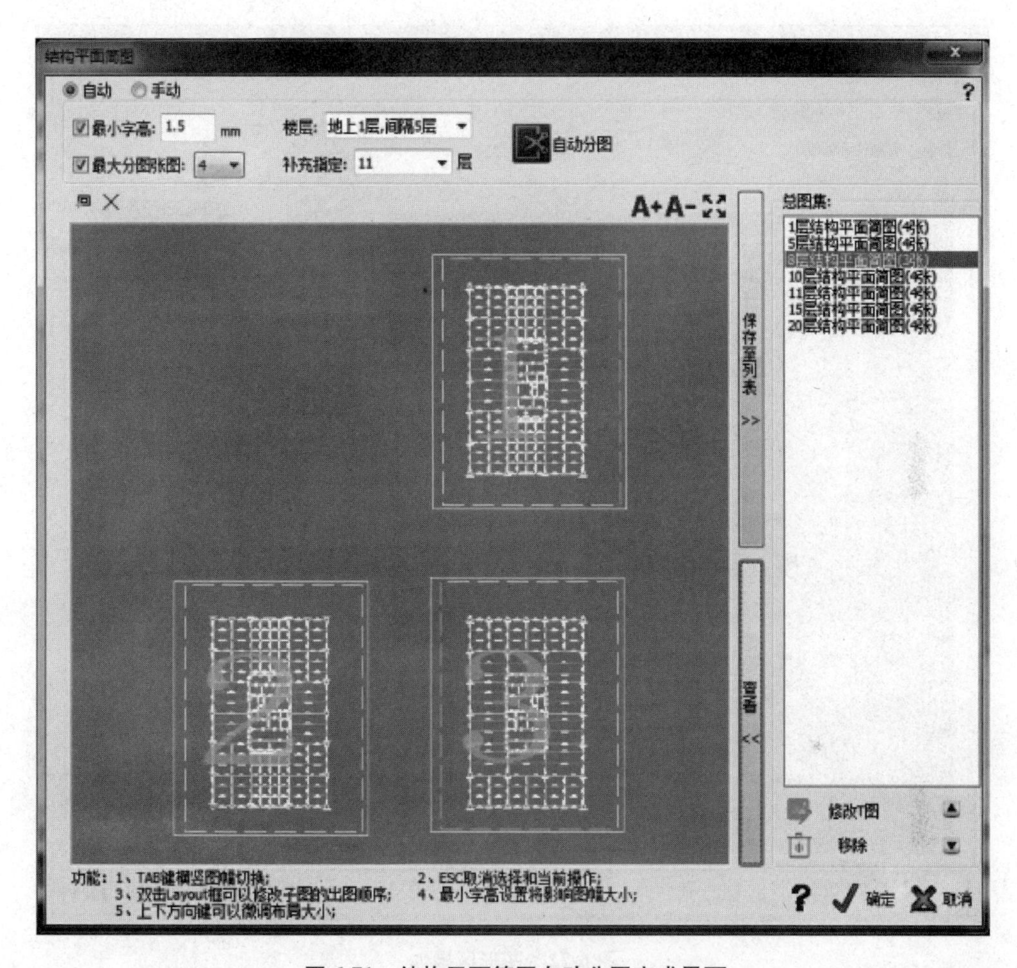

图 6-71　结构平面简图自动分图完成界面

才会让修改生效。

③图形区操作。在总图集中选择任一图集进行查看，可以在图形区中看到该图集的相关图示以及各子图的布局情况。布局框由三个部分组成：虚线内框、实线外框和框内的数字序号。虚线内框表示各子图在计算书中实际显示的范围，实线外框表示纸张的大小，子图布局框内的数字序号是各子图在计算书中的出图顺序。

结构平面简图自动分图完成界面，如图 6-71 所示。

图形区内的基本操作与 PKPM 中一致，左键确定，右键退出，滚轮缩放，按住滚轮平移。图形区中图集的编辑修改方法，可参见图形区下方的功能提示，如图 6-72 所示。

图形区左上角有两个小按钮 、 ，分别是“增加布局”“删除布局”，右上角有三个小按钮 A+、A-、 ，分别是“增大字高”“减小字高” 和“充满显示”。

“增加布局”是指增加一张子图布局，原有子图布局不变，增加的子图布局大小、位置由用户指定。操作流程：①单击“增加布局”按钮；②使用 TAB 键（横竖图幅切换）和上下键（微调布局大小）对布局框进行调整；③移动布局框到需要增加布局的位置，单击“确定”按钮，布局完成。如果中途想退出命令，可以单击右键或者按下 Esc 键。

“删除布局”是指删除某一张子图布局（删除子图布局的图框和编号，对原 T 图图素无影

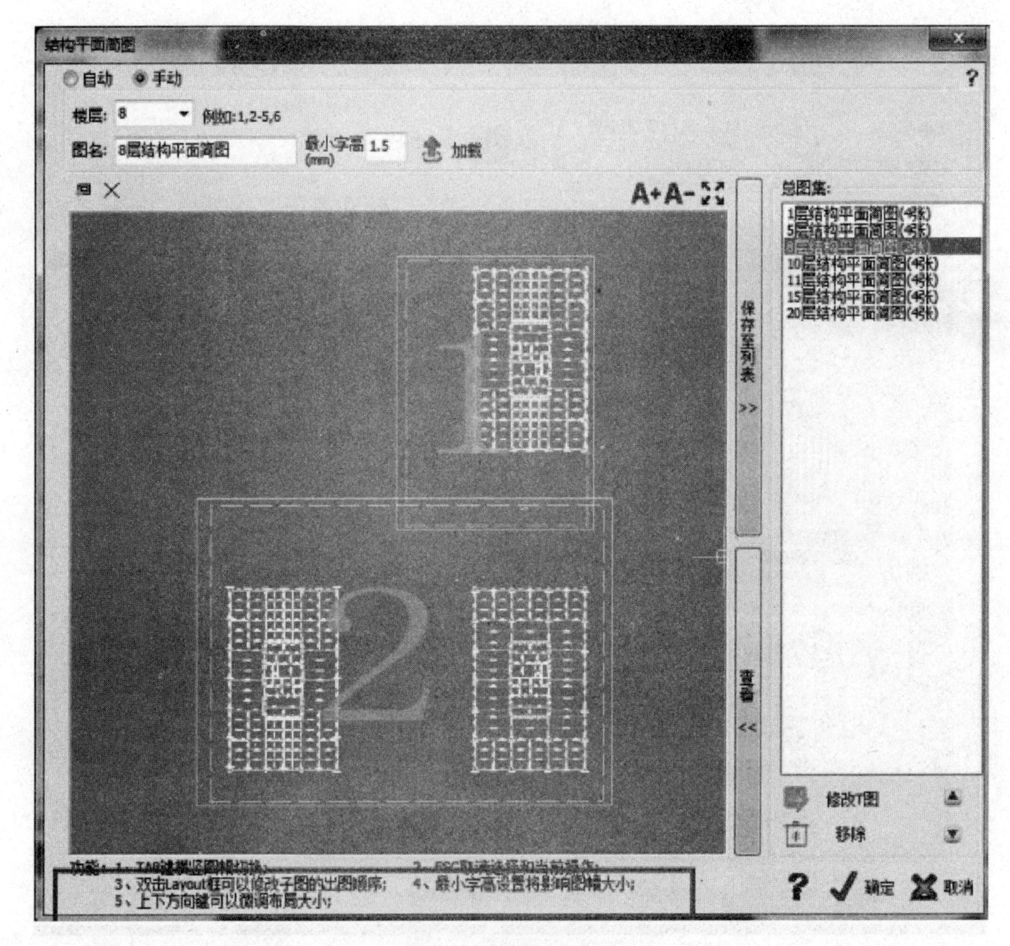

图 6-72　图形区操作

响），其余子图不变。操作流程：①单击“删除布局”按钮。②单击要删除的布局。③弹出警告对话框，单击“确定”按钮，即可删除布局。或者也可以先选中待删除的布局，然后单击“删除布局”按钮，此时会直接删掉所选布局。

“增大字高”“减小字高”直接单击即可调整图形区中的数字大小。

“充满显示”是将所有图素调整为刚好充满整个图形区。

“修改序号”如果需要修改子图序号，直接双击布局框进行修改即可。如果单击的地方在多个布局框内，则会选中当前图中序号最小的布局框。修改完成后，单击“保存至列表”，程序可自动将右侧对应的图集替换为修改后的图集。

④完成分图。完成各层图集的分图后，单击右下角的“确定”按钮即可保存当前总图集中的所有结果并更新到计算书目录中，如图 6-73 所示。

（2）手动分图。手动分图的菜单布局与自动分图的菜单布局基本相同，只是所有楼层的分图布局必须手动添加。手动分图界面如图 6-74 所示。

手动分图流程：①选择“手动”，输入手动分图参数；②单击“加载”按钮，图形区中将生成所选择的未分图的布局；③进行分图，之后“保存至列表”；④单击“确定”按钮即可保存、退出分图界面并更新到计算书目录，“取消”则不保存本次操作并退出分图界面。

①手动分图参数。手动分图参数包括楼层、图名以及最小字高。各参数的含义如下所述：

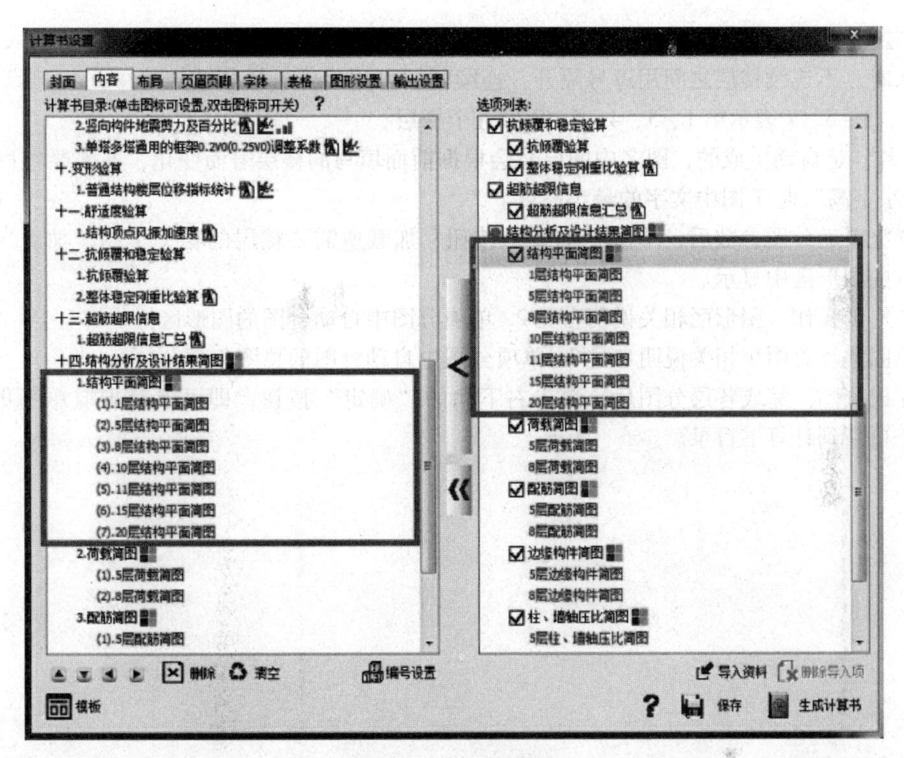

图 6-73　完成分图

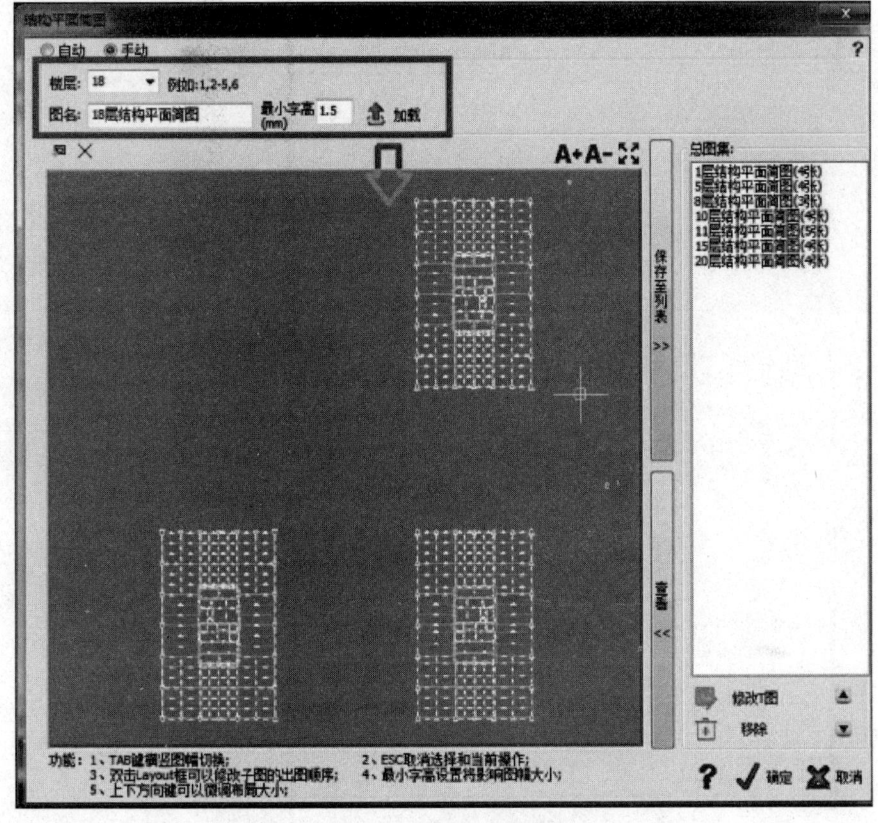

图 6-74　手动分图界面

“楼层”是指需要添加 T 图的楼层。可以从下拉菜单中选择楼层，也可以手动输入楼层号。手动输入时，不连续楼层之间用逗号隔开，连续楼层可用最低、最高楼层号中间加连字符表示。如填入 1，3－5，7 表示第 1、3、4、5、7 层五个楼层。

“图名”是自动生成的，图名中的层号会根据前面填写的楼层号而变化，不需要用户填写。

“最小字高”是 T 图中文字的最小高度。

设置完手动分图参数后，单击“加载”按钮，加载所需要楼层的相关 T 图，加载后的 T 图会在下方的图形区中显示。

②图形区操作。图形区相关说明参见 2. 单项分图中自动分图的图形区操作部分。

③总图集。总图集相关说明参见 2. 单项分图中自动分图的总图集部分。

④完成分图。完成各层分图后，单击右下角的“确定”按钮，即可保存当前总图集中的所有结果并更新到计算书目录。

第7章

设计结果应用

★内容提要

本章的主要内容通过举例讲解，这些例子包括大部分常规设计。通过这些例子的学习即可入门，再结合规范和图集，自会在以后的工作中灵活应用。

★能力要求

通过本章的学习，学生应掌握PKPM中计算结果的应用，初步掌握结构设计中的构件设计能力，包括板筋设计、梁配筋设计、柱子配筋设计以及剪力墙配筋设计。

7.1 板筋

板筋计算属于平面计算，不参与整体结构计算。

其所在楼板只提供平面内刚度。

7.1.1 板筋设计原则

板筋满足模型配筋值要求、满足最小配筋率；满足板厚构造要求；满足板挠度、裂缝要求。有特殊要求的板筋还要做板舒适性验算。

7.1.2 分离式配筋

计算书如图7-1～图7-4所示。

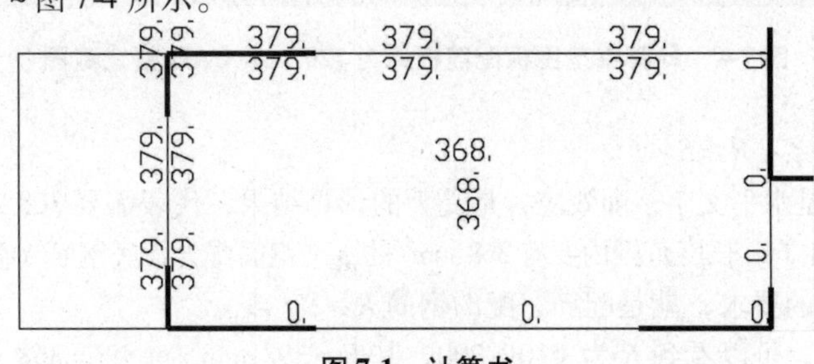

图7-1 计算书

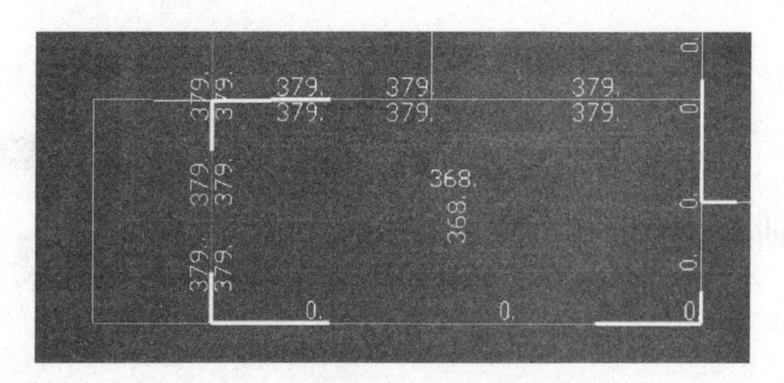

图 7-2　计算书 – CAD 格式截图

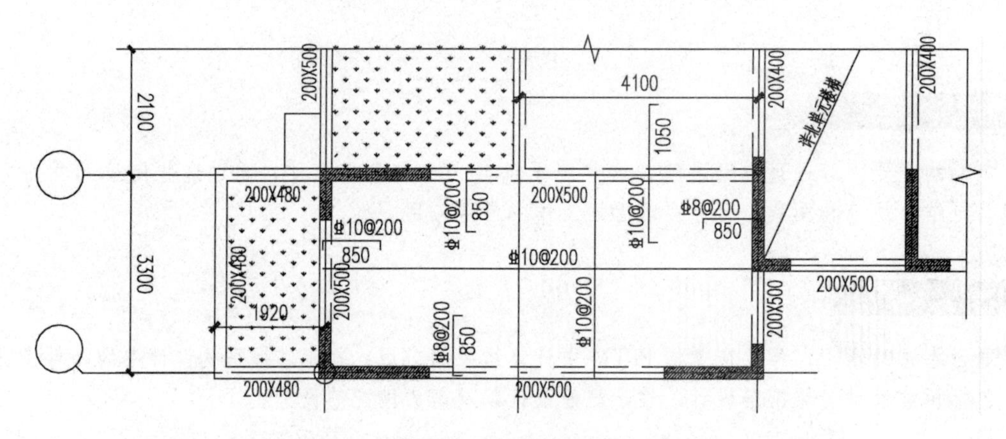

图 7-3　计算书范围板配筋板厚为 120 mm

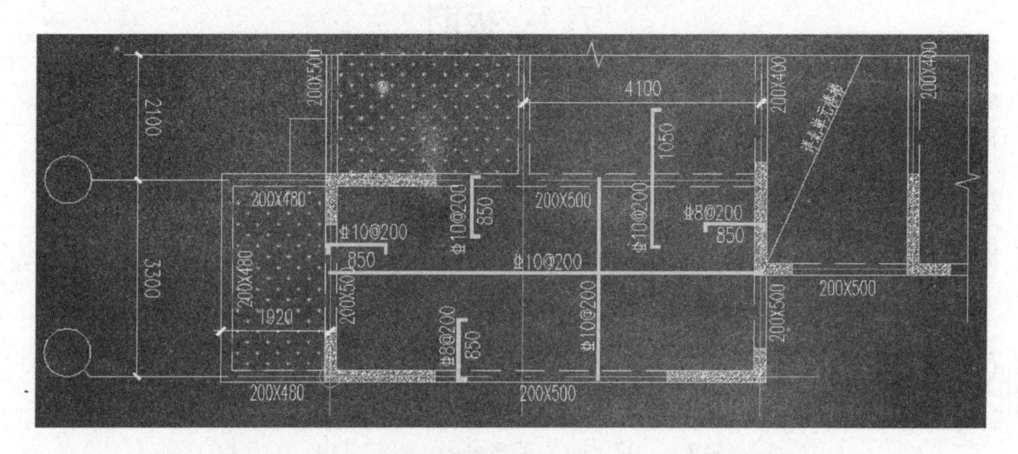

图 7-4　计算书范围板配筋板厚为 120 mm CAD 格式截图

抗力、效应的关系：$R \geqslant S$。

第 1 个数字 368 是水平文字，即效应，是受力的计算结果，代表需要 368 mm²/m 的面积。S = 368 mm^2/m 的解释：在 1 m 长度范围内要有 368 mm^2 的水平钢筋作为板底钢筋（简称 X 向板的底筋）。

抵抗板水平受力的要求，就是配筋，配的钢筋 $R \geqslant S$。

在板筋配筋表中，可以看到 R 为 Φ10@ 200，其 $R = 393\ mm^2/m > S = 368\ mm^2/m$，可。

第 2 个数字 368 是竖向文字，即效应，就是受力的计算结果，代表需要 368 mm^2/m 的面积。$S=368$ mm^2/m 的解释：在 1 m 长度范围内要有 368 mm^2 的竖向钢筋作为板底钢筋（简称 Y 向板的底筋）。

抵抗板垂直受力的要求，就是配筋，配的钢筋 $R \geqslant S$。

在板筋配筋表中，可以看到 R 为 ф10@200，其 $R=393$ $mm^2/m>S=368$ mm^2/m，可。

第 3 个数字 379 代表板的负筋计算值，R 为 ф10@200，其 $R=393$ $mm^2/m>S=379$ mm^2/m，可。

负筋的长度根据是否降板、相邻板跨度综合确定，其中 850 mm 是 3300/4 = 825（mm）取整数，1 050 mm 是 4 100/4 = 1 025（mm）取整数。

第 4 个数字是 0，但是板筋不能配 0，还要满足构造要求，即最小配筋率 0.2%，$S=120\times1\,000\times0.2/100=240$（$mm^2/m$），$R$ 为 ф8@200，其 $R=251$ $mm^2/m>S=240$ mm^2/m。

7.1.3　双层双向配筋

双层双向配筋的适用范围：屋面板、地下室顶板、上部有动力荷载的板（工业厂房楼板）、转换结构转换层板、设计师根据概念设计认为需要加强的板。其计算书如图 7-5 ~ 图 7-8 所示。

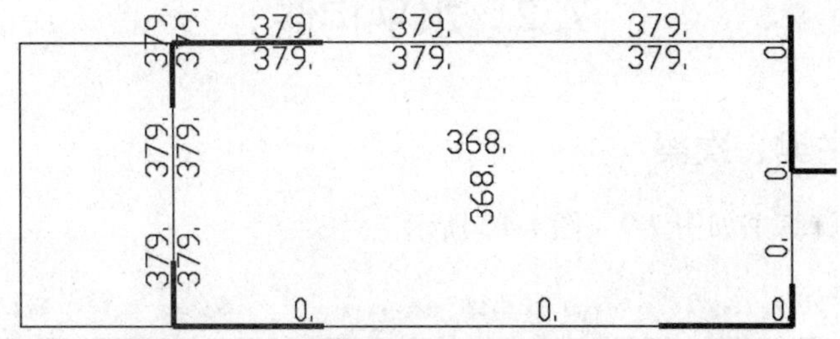

图 7-5　计算书

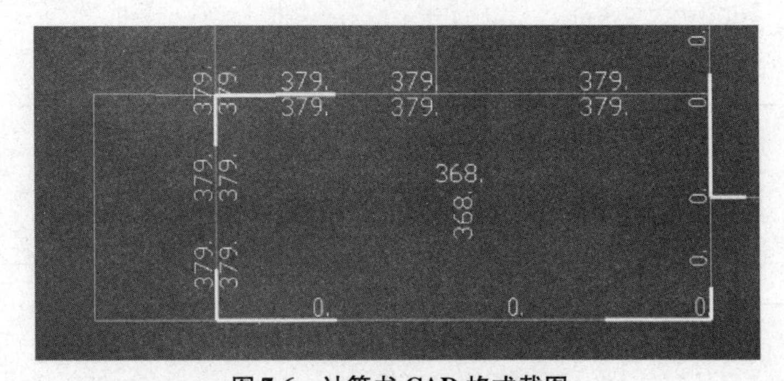

图 7-6　计算书 CAD 格式截图

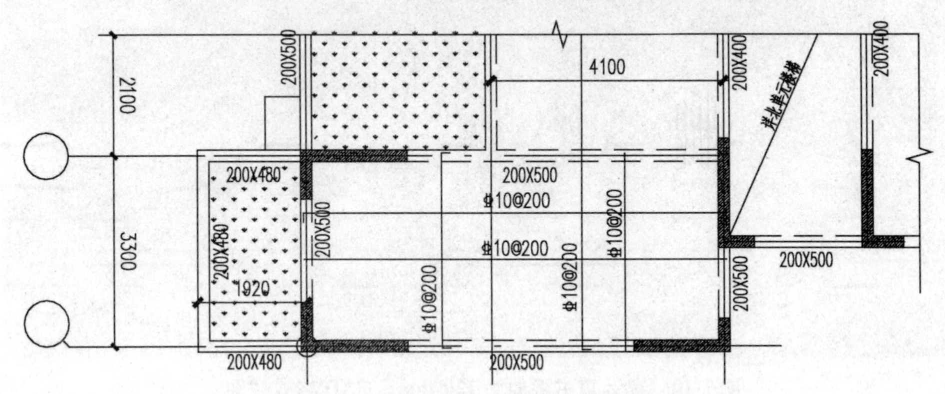

图 7-7　计算书范围板配筋板厚为 120 mm

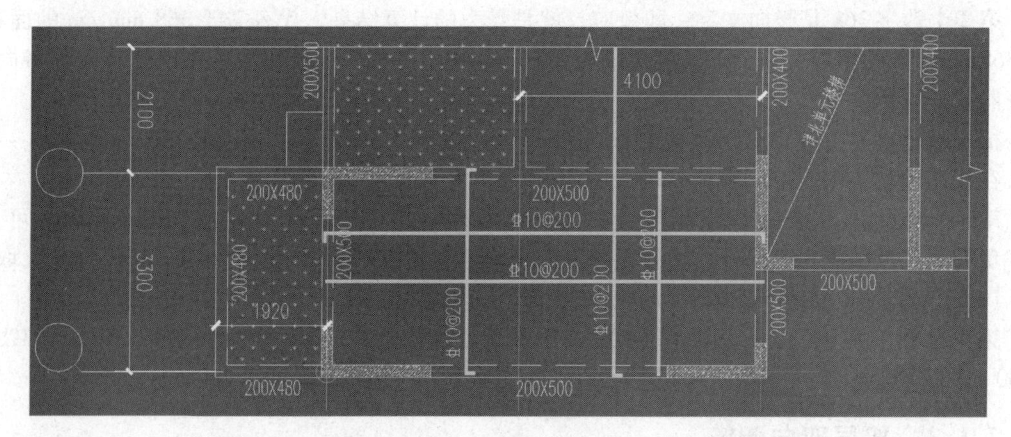

图 7-8　计算书范围板配筋板厚为 120 mm　CAD 格式截图

7.2　水平构件

7.2.1　框架主梁、次梁

框架主梁、次梁计算书如图 7-9 ~ 图 7-12 所示。

(0.08)16　4.9　G0.4-0.4　12-8-0　10-9-14
20　1.3　G1.3-0.2
G0.4-0.4　0-0-0　15-16-15
G0.4-0.4　0-8-19　13-8-10
(0.15)12　2.5　G0.4-0.4　18-8-0　10-8-12
12　1.3　G1.3-0.0
G0.4-0.4　0-0-0　13-14-14
G0.4-0.4　0-8-17　13-8-10
(0.15)12　2.5　G0.4-0.4　17-8-0　10-8-13
12　1.3　G1.3-0.0
G0.4-0.4　0-8-12　14-9-10
G0.4-0.4　0-0-0　18-15-4
G0.2-0.2　0-0-0　17-14-4
G0.9-0.9　0-8-21　40-26-10
G0.2-0.2　0-0-0　14-13-4
G0.2-0.2　0-0-0　14-13-4
G0.8-0.8　0-8-20　38-25-10
G0.4-0.4　0-0-0　4-16-18
G0.2-0.2　0-0-0　18-20-13
G0.5-0.4　0-7-33　12-7-4
G0.4-0.3　32-8-4　4-6-11
G0.2-0.2　4-0-4　11-15-12
G0.4-0.3　4-6-29　11-7-4
G0.4-0.3　29-6-4　4-7-11
G0.4-0.4　0-0-0　15-16-15
G0.2-0.2　0-0-0　13-20-18
G0.2-0.2　0-0-0　13-20-17
G0.4-0.4　0-0-0　38-43-42
G0.2-0.2　4-0-0　12-16-15
G0.2-0.2　4-0-0　12-17-15
G0.4-0.4　0-0-0　36-40-39
G0.2-0.2　0-0-0　4-14-16
G0.2-0.2　0-0-0　17-18-13
G0.4-0.3　0-7-30　11-7-4
G0.4-0.3　29-7-4　4-5-10
G0.2-0.2　4-0-4　11-14-11
G0.3-0.3　4-6-26　10-7-4
G0.3-0.3　26-6-4　4-7-10

图 7-9　梁计算书板厚为 120 mm

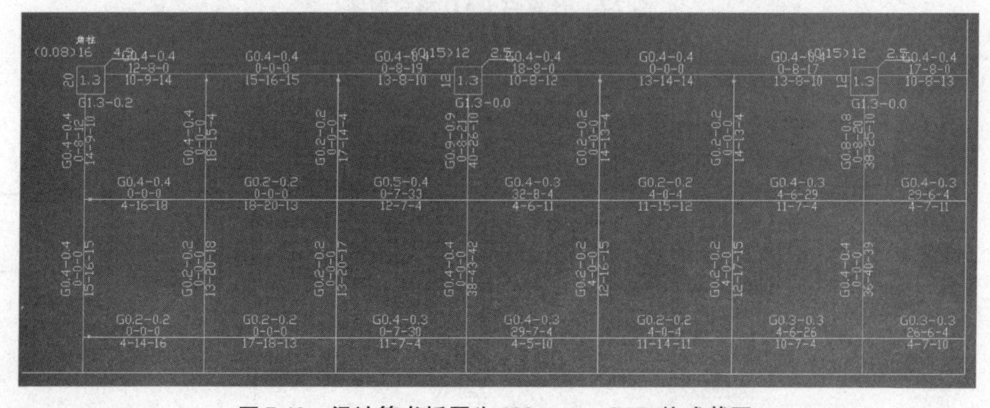

图 7-10　梁计算书板厚为 120 mm　CAD 格式截图

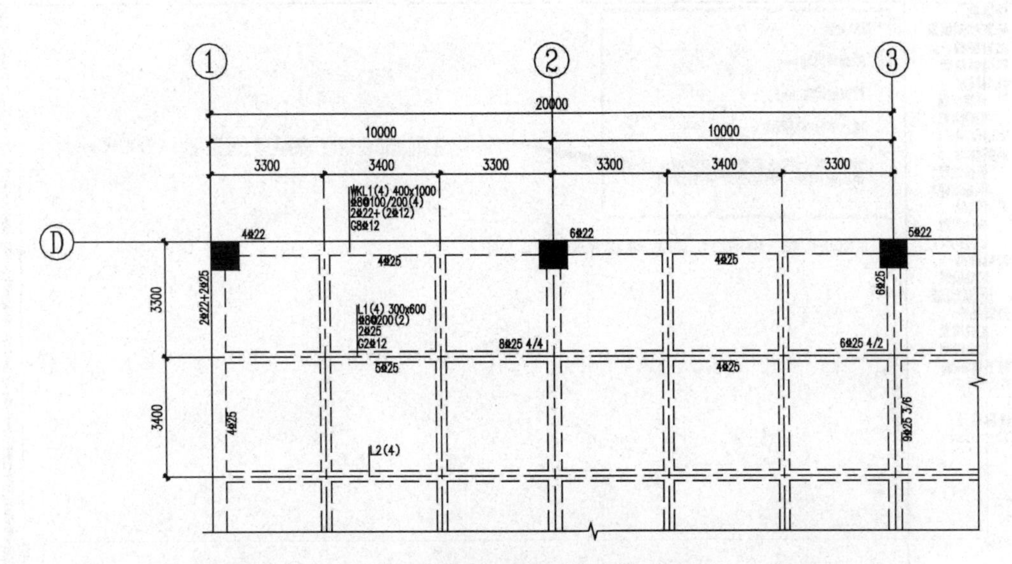

图 7-11　**WKL1（4）、L1（4）左边 2 跨梁配筋板厚为 120 mm、抗震等级为三级**

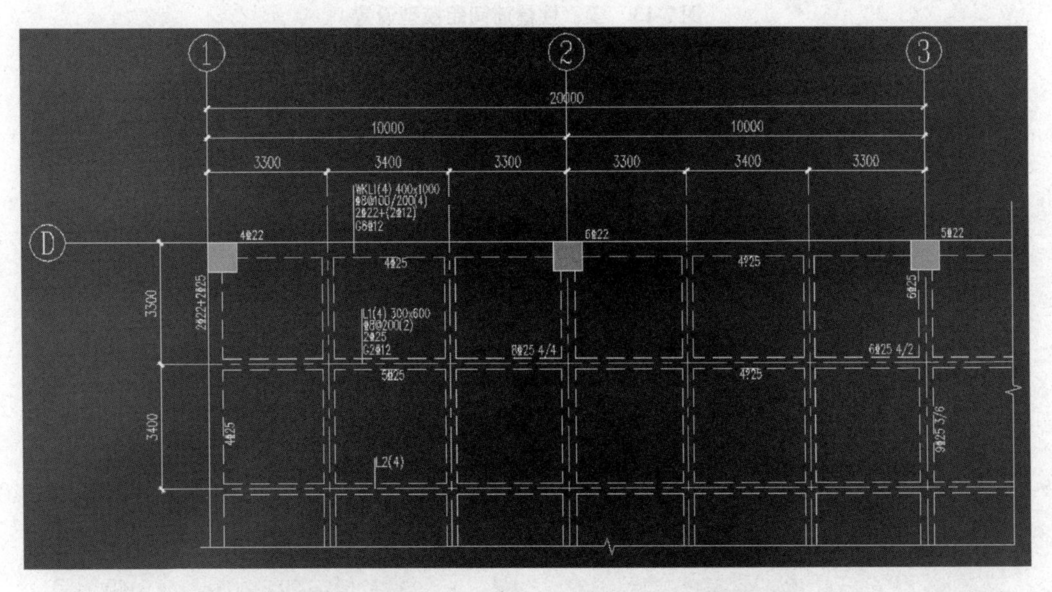

图 7-12　**WKL1（4）、L1（4）左边 2 跨梁配筋板厚为 120 mm、抗震等级为三级 CAD 格式截图**

梁、柱箍筋在模型里面计算时，要重点注意图 7-13 中的参数。

悬挑梁、连梁计算值如图 7-14 所示。

7.2.2　悬挑梁、剪力墙结构中的连梁

悬挑梁、剪力墙结构中的连梁计算书如图 7-15 ~ 图 7-17 所示。

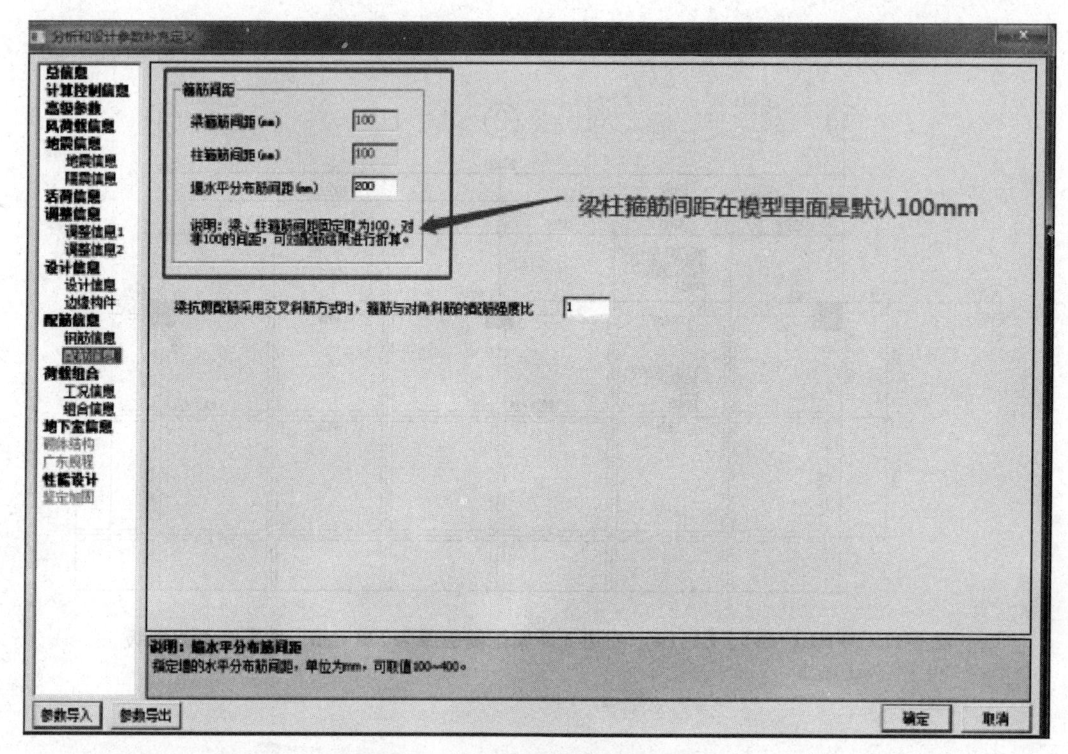

图 7-13　梁、柱箍筋间距模型设置

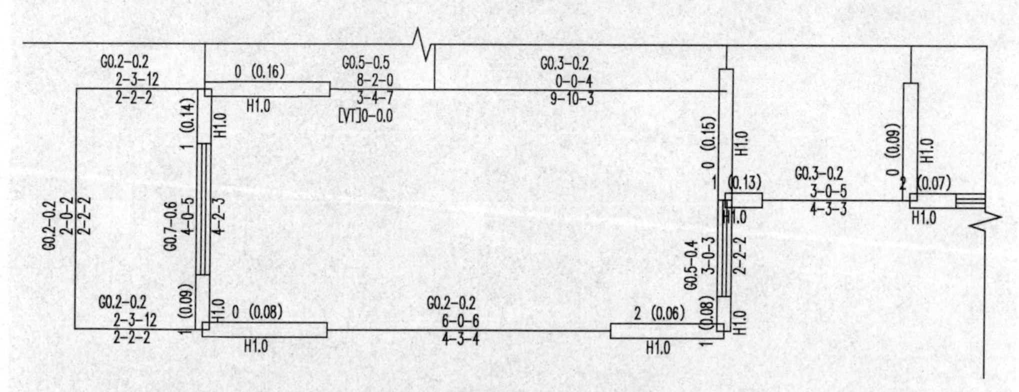

图 7-14　悬挑梁、连梁计算值

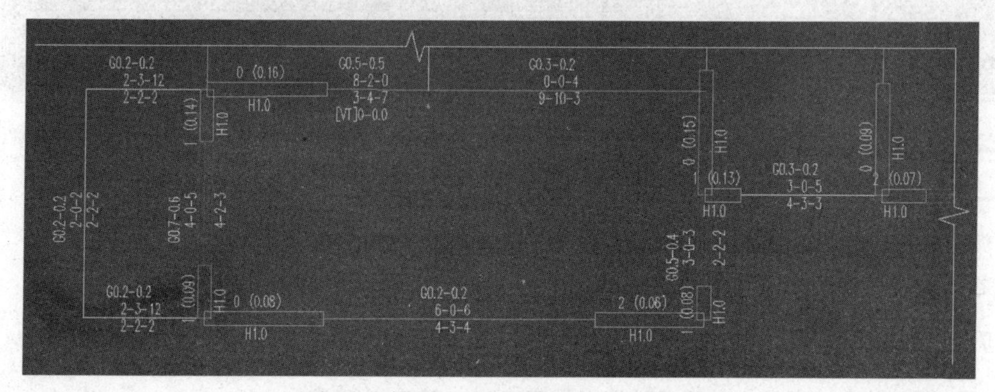

图 7-15　悬挑梁、连梁计算值 CAD 格式截图

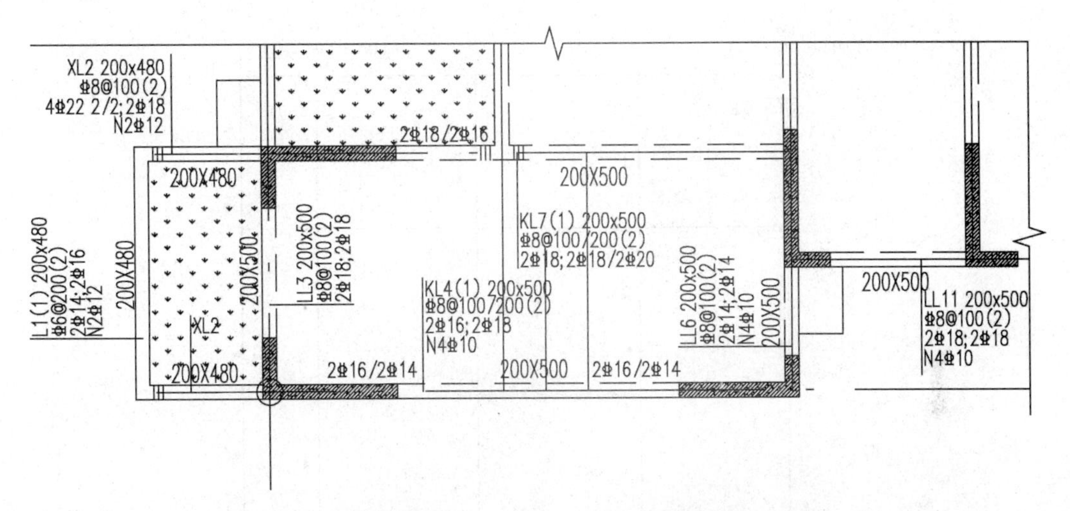

图 7-16　XL2、LL3、LL6、LL11 配筋值、抗震等级为三级

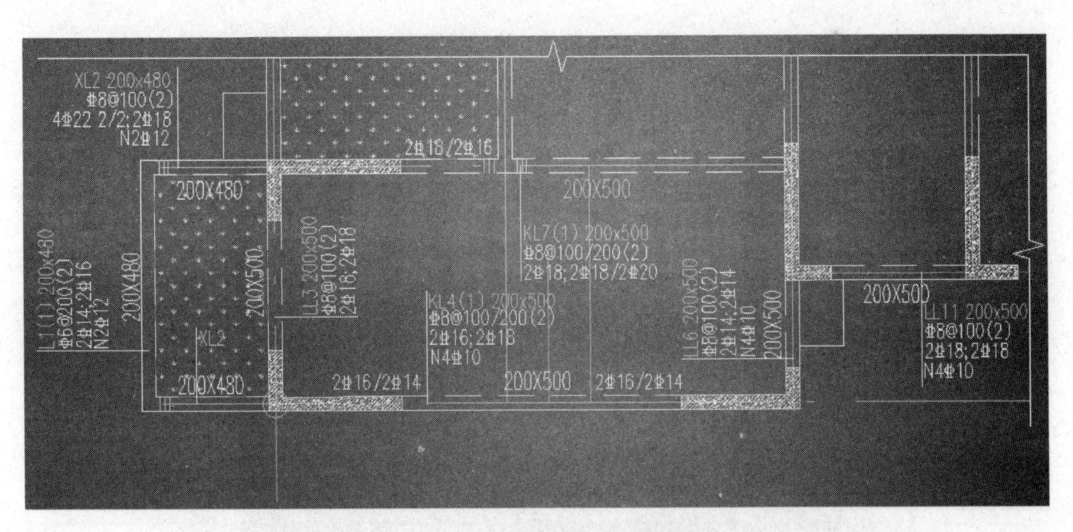

图 7-17　XL2、LL3、LL6、LL11 配筋值、抗震等级为三级 CAD 格式截图

XL2 梁的两侧只有一边有板，为增加抗扭能力，腰筋概念加强为 N214。

连梁 LL3、LL6 从计算书中可以看出，是剪力墙开洞方式形成的连梁。LL11 是跨度/梁高小于 5 形成的连梁（LL11 的跨度为 1 950 mm）。

7.3　竖向构件

竖向构件计算书如图 7-18 ~ 图 7-21 所示。

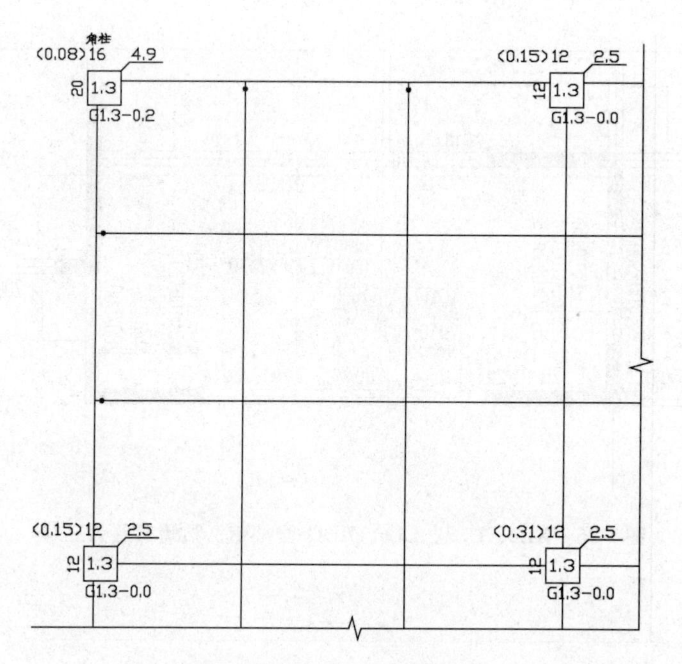

图 7-18　角柱、边柱计算书

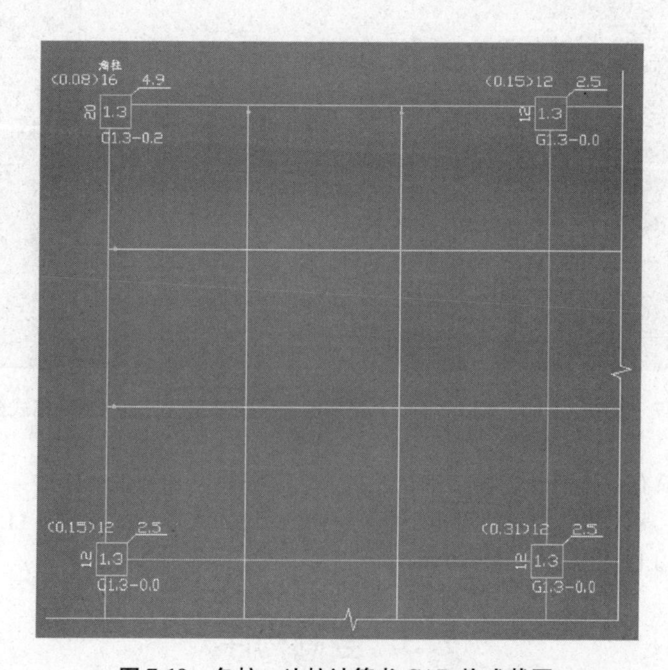

图 7-19　角柱、边柱计算书 CAD 格式截图

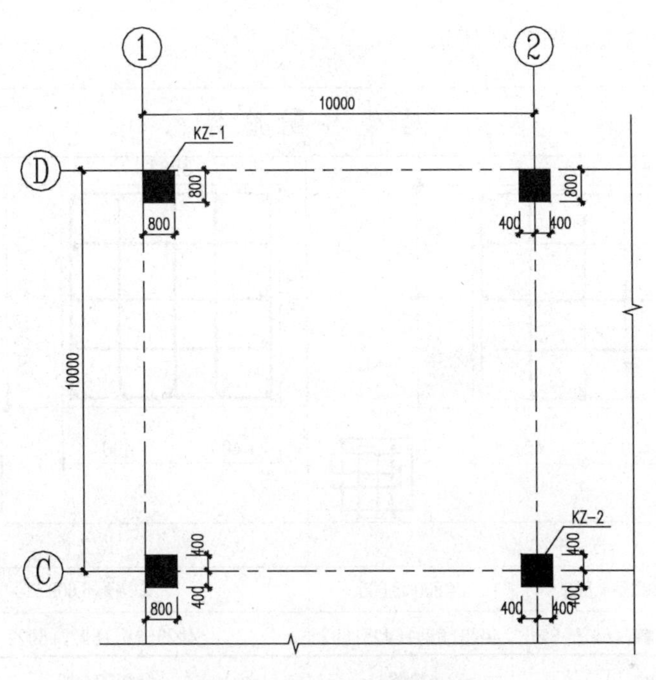

图 7-20　KZ1、KZ2 平面定位

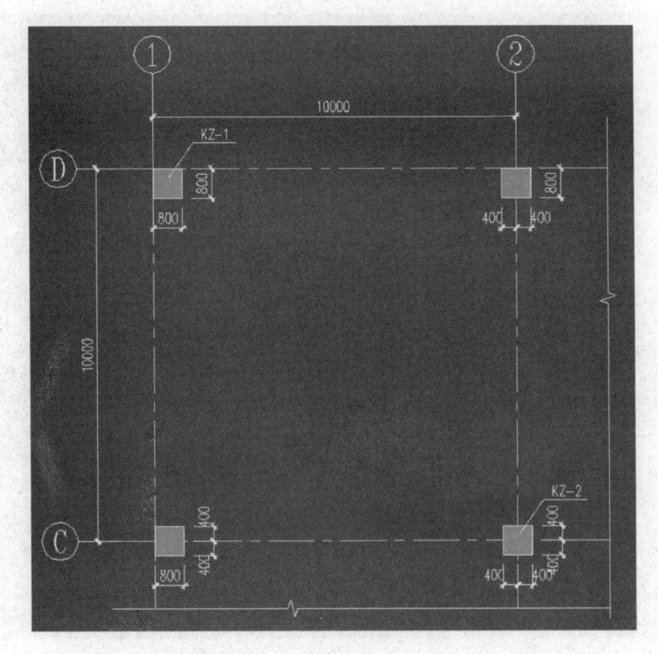

图 7-21　KZ1、KZ2 平面定位　CAD 格式截图

7.3.1 柱子

柱子计算书如图 7-22、图 7-23 所示。

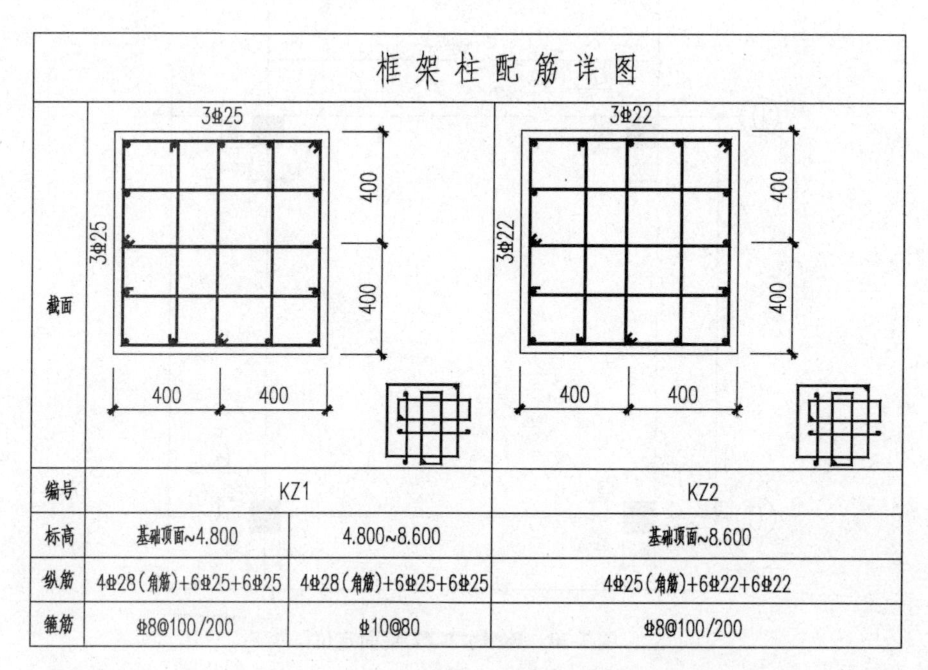

图 7-22 KZ1、KZ2 配筋、框架抗震等级为三级

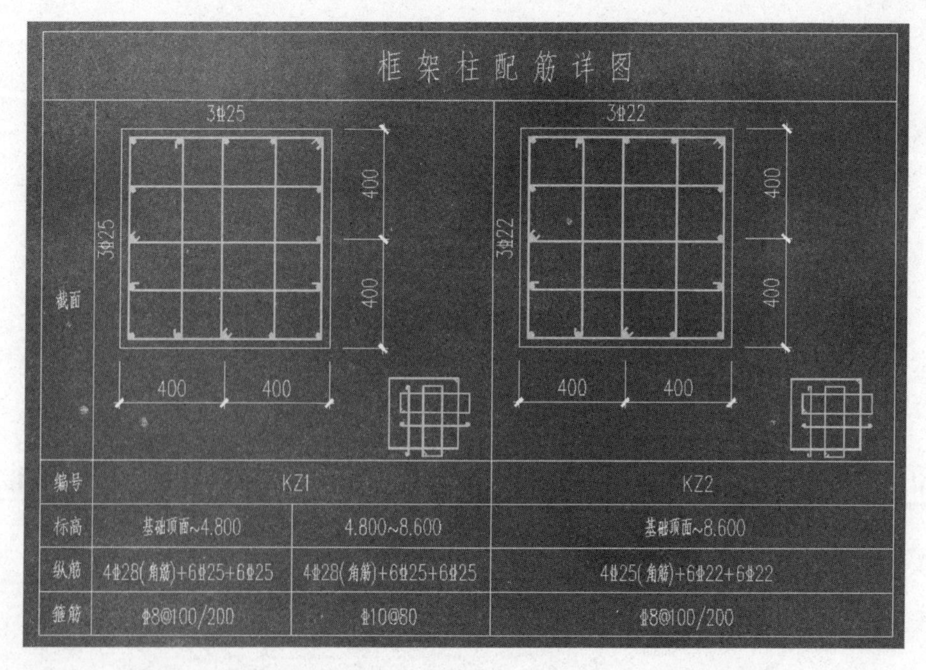

图 7-23 KZ1、KZ2 配筋、框架抗震等级为三级 CAD 格式截图

7.3.2　剪力墙

（1）剪力墙墙身配筋、构造边缘构件配筋（图 7-24 ~ 图 7-31）。

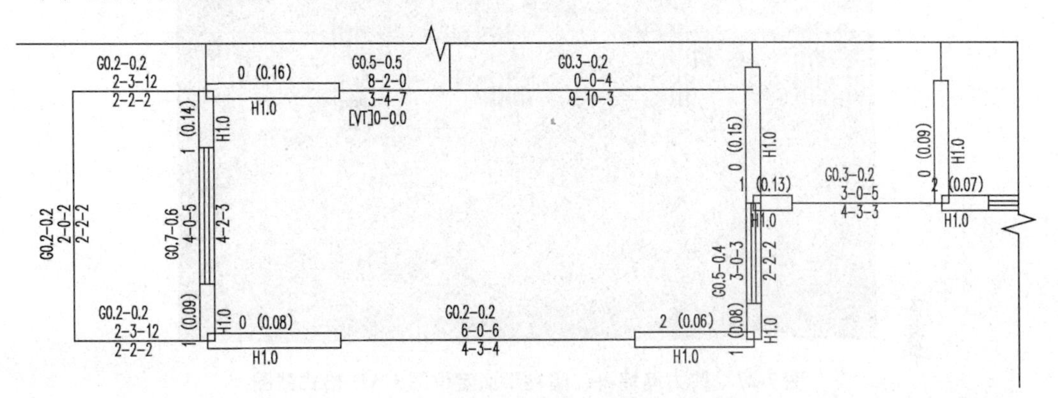

图 7-24　剪力墙墙身、暗柱配筋图

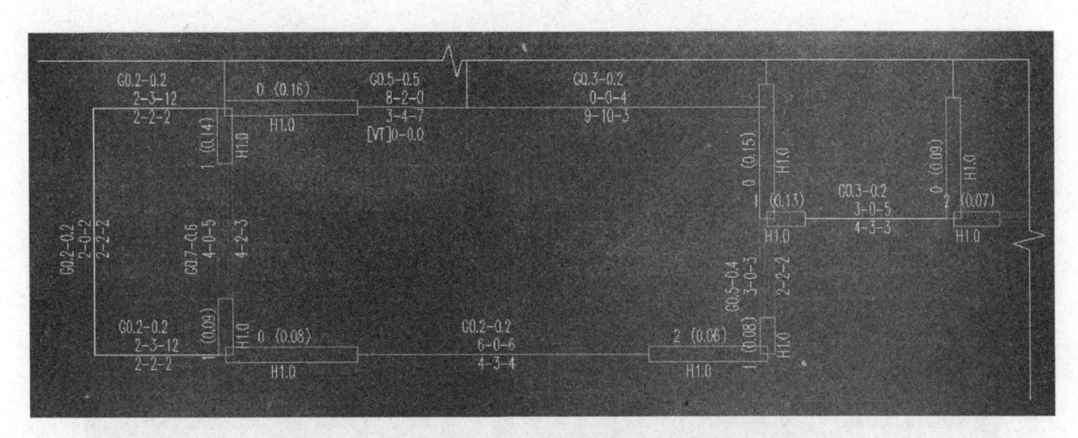

图 7-25　剪力墙墙身、暗柱配筋图 CAD 格式截图

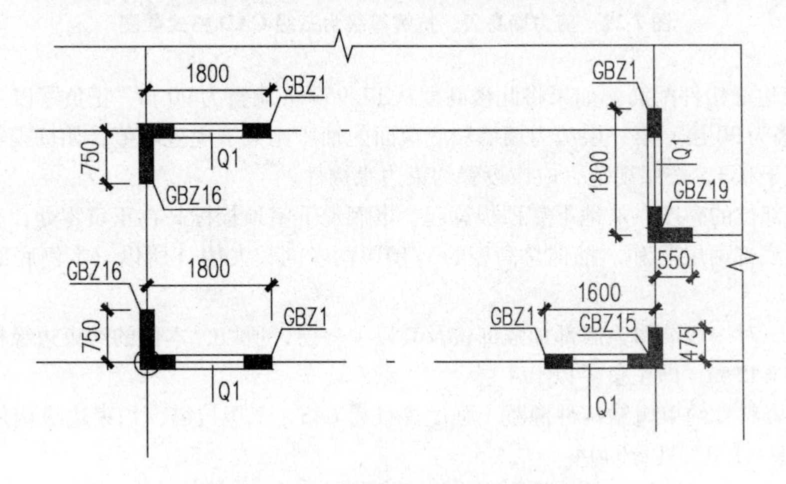

图 7-26　剪力墙墙身、暗柱平面定位图

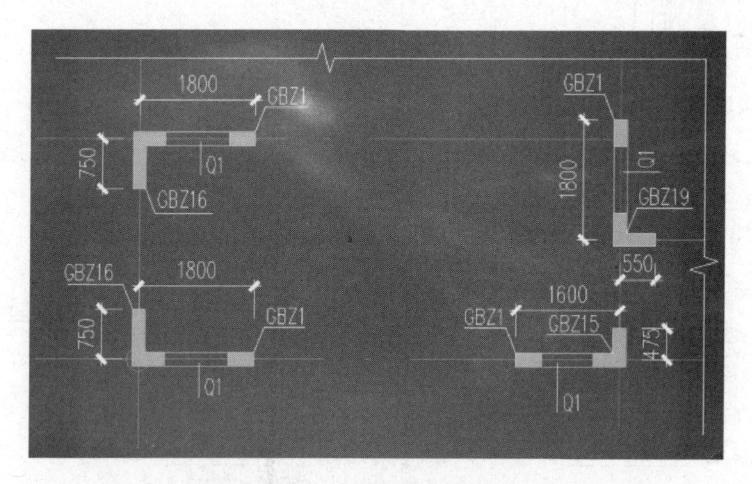

图 7-27　剪力墙墙身、暗柱平面定位图 CAD 格式截图

剪力墙身表

编　号	标　高	墙厚	水平分布筋(两排)	垂直分布筋(两排)	拉筋(双向)
Q1	-0.050~17.950	200	⌀8@200	⌀8@200	⌀6@600X600

注：未注明的墙均为Q1

图 7-28　剪力墙身表、抗震等级为三级

剪力墙身表

编　号	标　高	墙厚	水平分布筋(两排)	垂直分布筋(两排)	拉筋(双向)
Q1	-0.050~17.950	200	⌀8@200	⌀8@200	⌀6@600X600

注：未注明的墙均为Q1

图 7-29　剪力墙身表、抗震等级为三级 CAD 格式截图

（2）约束边缘构件配筋。如果将此楼高度从 17.950 m 调整为 90 m，正负零以上的层高均为 3.0 m，则此楼为 30 层，第一层剪力墙墙肢底截面的轴压比大于规范限值，如抗震等级为三级时该轴压比都大于 0.3，按照规范，应该设置约束边缘构件。

底部加强部位的高度，从地下室顶板算起，本例地下室顶板标高在正负零处；底部加强部位的高度可取“底部两层”和“墙体总高度的 1/10”两者的较大值（所以，本例底部加强部位的高度为 9 m）。

地面以上，对一般结构为底部加强部位及其以上一层，所以，本例的约束边缘构件的设置范围：9 m + 3 m = 12 m，即正负零以上 4 层。

一些准备资料：约束边缘构件混凝土强度等级为 C45，三级抗震，约束边缘构件配箍特征值取 0.2，配筋率≥1.0% 且≥6⌀14。

抗震等级为二级、三级，约束边缘构件、构造边缘构件设计时的一些参数，分别如图 7-32、图 7-33 所示。

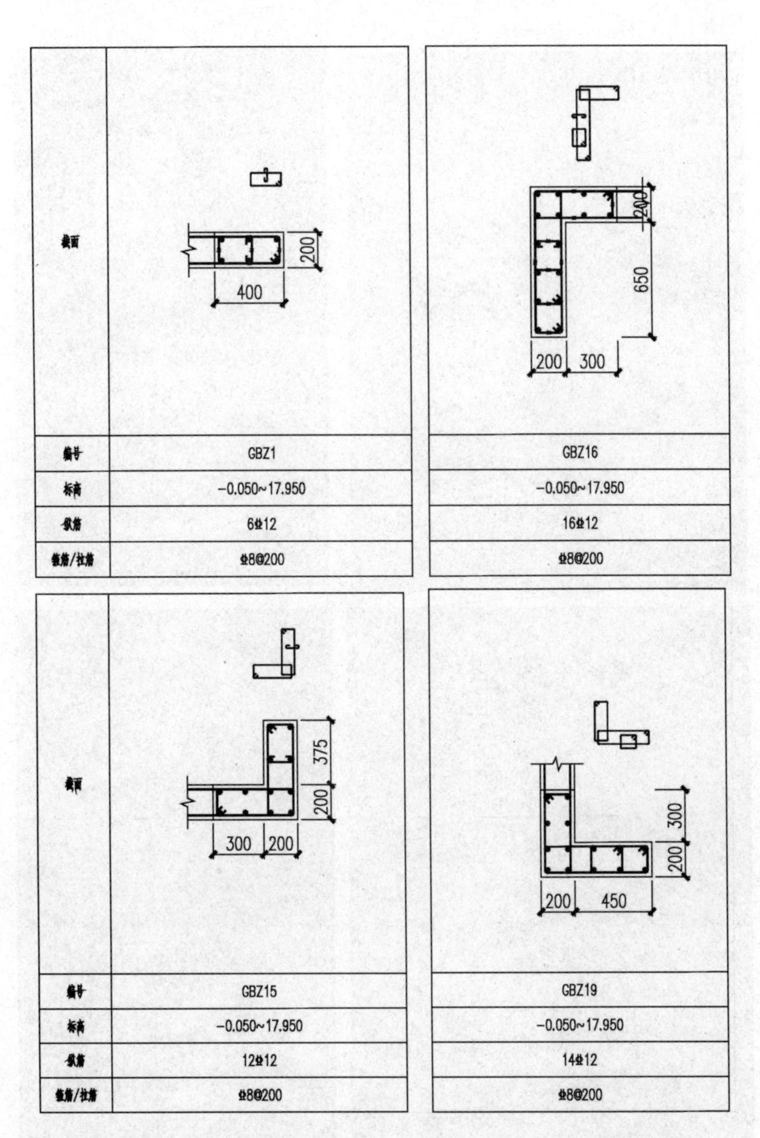

图 7-30　GBZ1、GBZ16、GBZ15、GBZ19 配筋图、抗震等级为三级

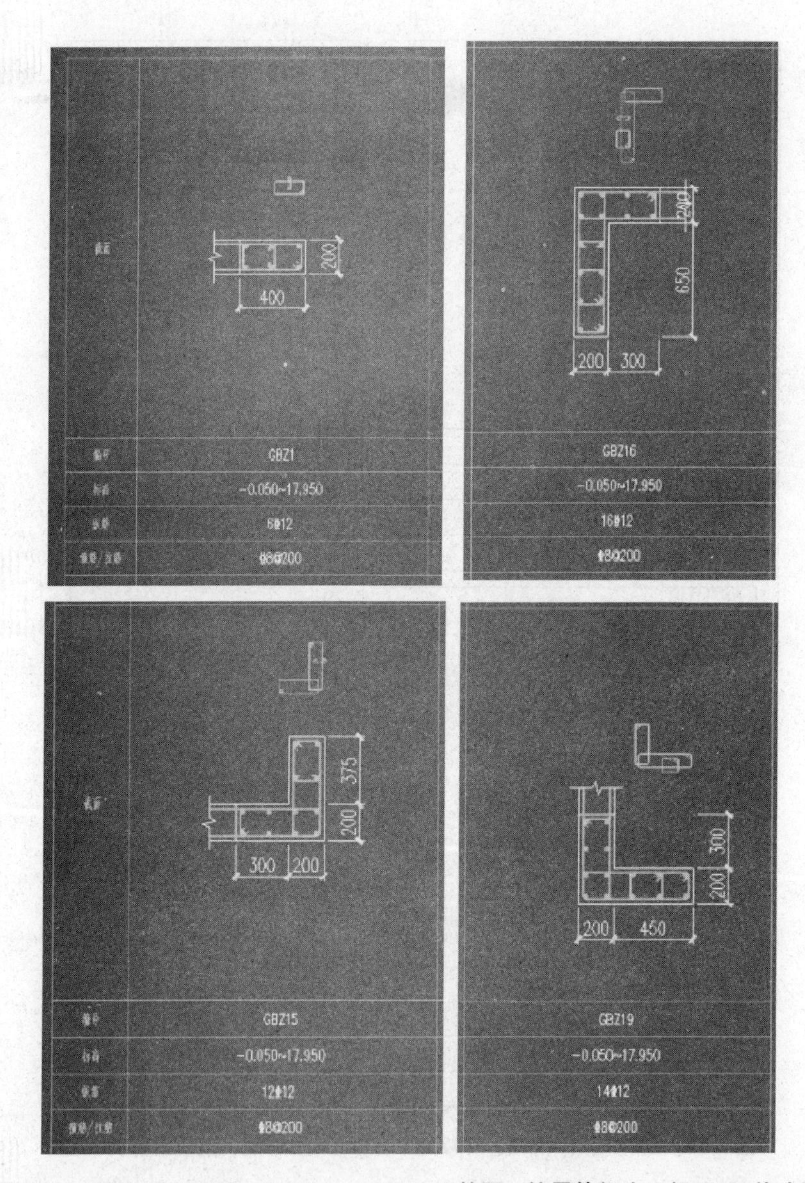

图 7-31 GBZ1、GBZ16、GBZ15、GBZ19 配筋图、抗震等级为三级 **CAD** 格式图

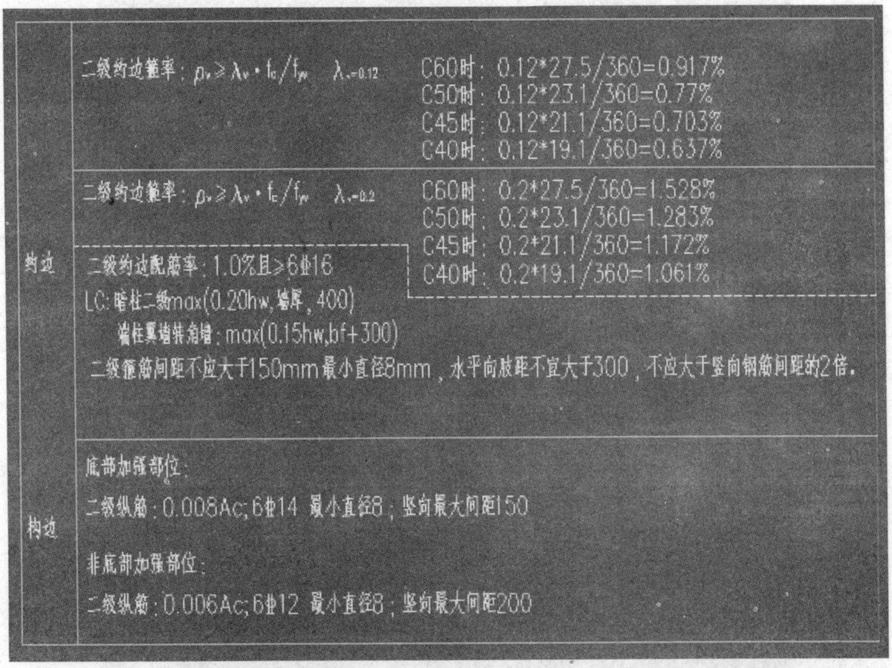

约边

二级约边箍率：$\rho_v \geq \lambda_v \cdot f_c/f_{yv}$　$\lambda_v=0.12$
C60时：0.12*27.5/360=0.917%
C50时：0.12*23.1/360=0.77%
C45时：0.12*21.1/360=0.703%
C40时：0.12*19.1/360=0.637%

二级约边箍率：$\rho_v \geq \lambda_v \cdot f_c/f_{yv}$　$\lambda_v=0.2$
C60时：0.2*27.5/360=1.528%
C50时：0.2*23.1/360=1.283%
C45时：0.2*21.1/360=1.172%
C40时：0.2*19.1/360=1.061%

二级约边配筋率：1.0%且≥6⌀16
LC：暗柱二级max(0.20hw，墙厚，400)
端柱翼墙转角墙：max(0.15hw,bf+300)
二级箍筋间距不应大于150mm最小直径8mm，水平向肢距不宜大于300，不应大于竖向钢筋间距的2倍。

构边

底部加强部位：
二级纵筋：0.008Ac；6⌀14 最小直径8；竖向最大间距150
非底部加强部位：
二级纵筋：0.006Ac；6⌀12 最小直径8；竖向最大间距200

图 7-32　抗震等级为二级，约束边缘构件、构造边缘构件时的一些参数

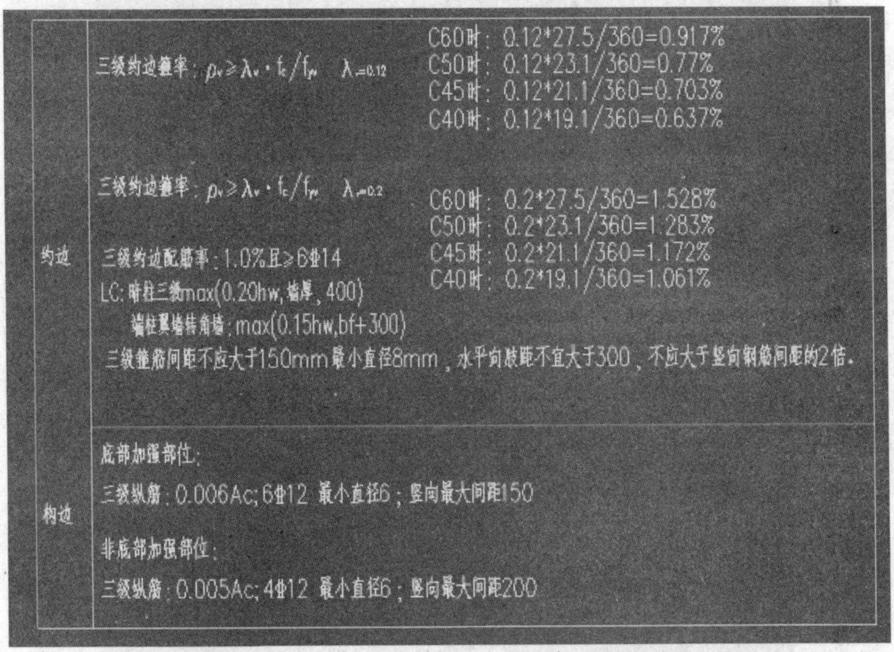

约边

三级约边箍率：$\rho_v \geq \lambda_v \cdot f_c/f_{yv}$　$\lambda_v=0.12$
C60时：0.12*27.5/360=0.917%
C50时：0.12*23.1/360=0.77%
C45时：0.12*21.1/360=0.703%
C40时：0.12*19.1/360=0.637%

三级约边箍率：$\rho_v \geq \lambda_v \cdot f_c/f_{yv}$　$\lambda_v=0.2$
C60时：0.2*27.5/360=1.528%
C50时：0.2*23.1/360=1.283%
C45时：0.2*21.1/360=1.172%
C40时：0.2*19.1/360=1.061%

三级约边配筋率：1.0%且≥6⌀14
LC：暗柱三级max(0.20hw，墙厚，400)
端柱翼墙转角墙：max(0.15hw,bf+300)
三级箍筋间距不应大于150mm最小直径8mm，水平向肢距不宜大于300，不应大于竖向钢筋间距的2倍。

构边

底部加强部位：
三级纵筋：0.006Ac；6⌀12 最小直径6；竖向最大间距150
非底部加强部位：
三级纵筋：0.005Ac；4⌀12 最小直径6；竖向最大间距200

图 7-33　抗震等级为三级，约束边缘构件、构造边缘构件设计时的一些参数

可以按照《混凝土结构设计规范（2015 年版）》（GB 50010—2010）相关规定，手算或者利用 CAD 插件快捷计算。本例为 CAD 插件计算的配箍率和配筋面积，如图 7-34 ~ 图 7-36 所示。

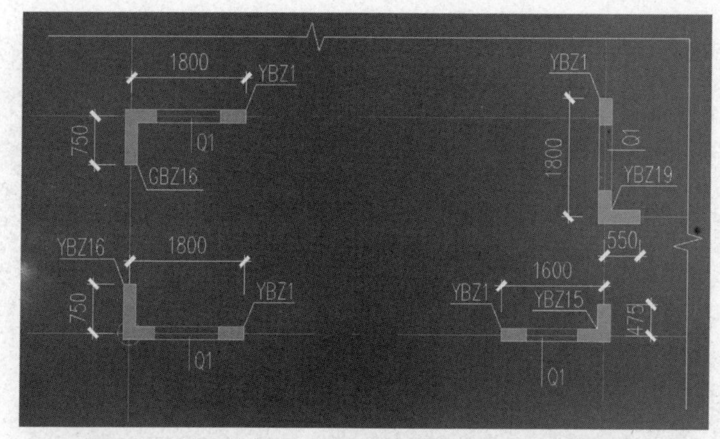

图 7-34　剪力墙墙身、暗柱平面定位图 CAD 格式截图

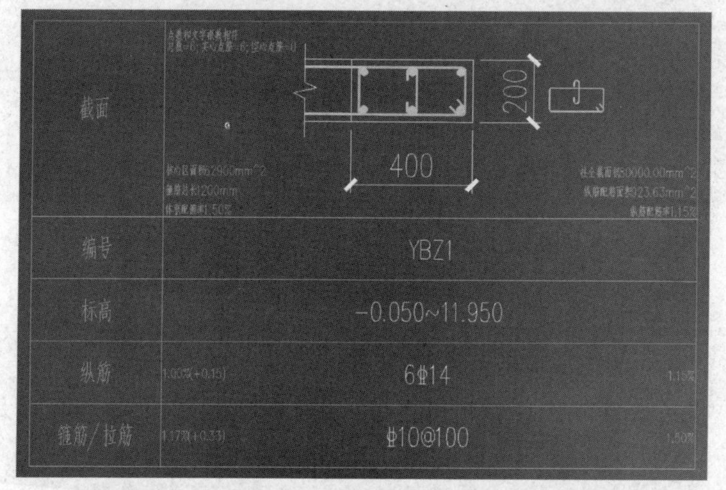

图 7-35　YBZ1 用 CAD 插件计算出来的配筋情况

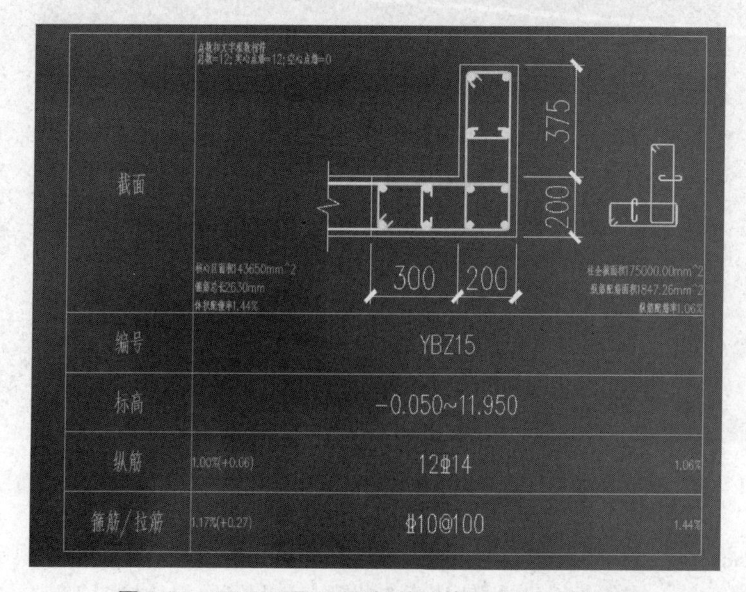

图 7-36　YBZ15 用 CAD 插件计算出来的配筋情况

第8章

JCCAD 基础工程辅助设计软件

★内容提要

本章的主要内容包括基础模型、基础计算及结果输出、基础平面施工图的绘制。

★能力要求

通过本章的学习，学生应熟练掌握基础工程辅助设计软件 JCCAD 的计算和绘图过程，了解软件的计算步骤，理解在 JCCAD 中附加荷载的输入以及计算。

8.1 JCCAD 软件的功能与操作步骤

8.1.1 JCCAD 软件的功能

基础工程辅助设计软件 JCCAD 是 PKPM 系统中功能最为复杂的模块。其主要功能概括说明如下。

1. 适应多种类型基础的设计

JCCAD 软件可自动或交互完成工程实践中常用诸类基础设计，其中包括柱下独立基础、墙下条形基础、弹性地基梁基础、带肋筏形基础、柱下平板基础（板厚可不同）、墙下筏形基础、柱下独立桩基承台基础、桩筏基础、桩格梁基础等基础设计及单桩基础设计，还可进行由上述多类基础组合的大型混合基础设计，以及同时布置多块筏板的基础的设计。

JCCAD 软件可设计的各类基础中包含多种基础形式：独立基础包括倒锥形、阶梯形、现浇或预制杯口基础及单柱、双柱、多柱的联合基础；砖混条基包括砖条基、毛石条基、钢筋混凝土条基（可带下卧梁）、灰土条基、混凝土条基及钢筋混凝土毛石条基；筏形基础的梁肋可朝上或朝下；桩基包括预制混凝土方桩、圆桩、钢管桩、水下冲（钻）孔桩、沉管灌注桩、干作业法桩和各种形状的单桩或多桩承台。

2. 接力上部结构模型

基础的建模是接力上部结构与基础连接的楼层，因此，基础布置使用的轴线、网格线、轴号，基础定位参照的柱、墙等都是从上部楼层中自动传来的，这种工作方式大大方便了用户。

基础程序首先会自动读取下部结构中与基础相连的轴线和各层柱、墙、支撑布置信息（包括异形柱、劲性混凝土截面柱和钢管混凝土柱），并可在基础交互输入和基础平面施工图中绘制出来。

如果是需要和上部结构两层或多个楼层相连的不等高基础，程序会自动读入多个楼层中基础布置需要的信息。

3. 接力上部结构计算生成的荷载

自动读取多种 PKPM 上部结构分析程序传下来的各单工况荷载标准值。有平面荷载（PM－CAD 建模中导算的荷载或砌体结构建模中导算的荷载）、SATWE 荷载、TAT 荷载、PMSAP 荷载、PK 荷载等。

程序按要求进行荷载组合。自动读取的基础荷载可以与交互输入的基础荷载同工况叠加外，软件还能够提取利用 PKPM 柱施工图软件生成的柱钢筋数据，用来绘制基础柱的插筋。

4. 将读入的各荷载工况标准值按照不同的设计需要生成各种类型荷载组合

基础中用的荷载组合与上部结构计算所用的荷载组合是不完全相同的。程序自动按照《建筑结构荷载规范》（GB 50009—2012）和《建筑地基基础设计规范》（GB 50007—2011）的有关规定，在计算基础的不同内容时采用不同的荷载组合类型。

在计算地基承载力或桩基承载力时采用荷载的标准组合；在进行基础抗冲切、抗剪、抗弯、局部承压计算时采用荷载的基本组合；在进行沉降计算时采用准永久组合；在进行正常使用阶段的挠度、裂缝计算时取标准组合和准永久组合。程序在计算过程中会识别各组合的类型，自动判断是否适合当前的计算内容。

5. 考虑上部结构刚度的计算

《建筑地基基础设计规范》（GB 50007—2011）等规定在多种情况下基础的设计应考虑上部结构和地基的共同作用。JCCAD 软件能够较好地实现上部结构、基础与地基的共同作用。JCCAD 软件对地基梁、筏板、桩筏等整体基础，可采用上部结构刚度凝聚法、上部结构刚度无穷大的倒楼盖法、上部结构等代刚度法等多种方法考虑上部结构对基础的影响，其主要目的就是控制整体性基础的非倾斜性沉降差，即控制基础的整体弯曲。

6. 提供多样化、全面的计算功能，满足不同需要

对于整体基础的计算，JCCAD 软件提供多种计算模型，如交叉地基梁既可采用文克尔模型（普通弹性地基梁模型进行分析），又可采用考虑土壤之间相互作用的广义文克尔模型进行分析。筏形基础既可按弹性地基梁有限元法计算，也可按 Mindlin 理论的中厚板有限元法计算，还可按一般薄板理论的三角形板有限元法分析。筏板的沉降计算提供了规范的假设附加压应力已知的方法和刚性底板假定、附加应力为未知的两种计算方法。当需要考虑建筑物上部的共同作用时，程序又可以提供诸如上部结构刚度凝聚法、上部结构刚度无穷大的倒楼盖法和上部结构等代刚度法等方法，来考虑上部结构对基础的影响。

7. 设计功能自动化、灵活化

对于独立基础、条形基础、桩承台等基础，JCCAD 软件可按照规范要求从用户交互填写的相关参数自动完成全面设计，包括不利荷载组合选取、基础底面积计算、按冲切计算结果生成基础高度、碰撞检查、基础配筋计算和选择配筋等功能。对于整体基础，JCCAD 软件可自动调整交叉地基梁的翼缘宽度、自动确定筏形基础中梁肋计算翼缘宽度。同时还允许用户修改程序已生成的相关结果，并提供让用户干预更新计算的功能。

8. 完整的计算体系

对各种基础形式可能需要依据不同的规范、采用不同的计算方法，但是无论是哪一种基础

形式，程序都提供了承载力计算、配筋计算、沉降计算、冲切抗剪计算、局部承力计算等全面的计算功能。

9. 辅助计算设计

JCCAD 软件提供各种即时计算工具，辅助用户建模、校核。具体如下所述：

桩基设计时提供了“桩数量图”和“局部桩数”菜单项，可用来查看平面各处需要布置的桩数。程序即时给出在用户选定的荷载组合下算出的柱、墙下桩的数量图，并给出当前荷载的重心位置，这些数据为桩的布置提供了合理的依据。

“重心校核”菜单随时计算用户选定区域的外荷载重心与基础筏板的形心，以及两者之间的偏心。“桩重心校核”随时计算用户选定区域内的所有桩的重心位置。

筏形基础的冲切抗剪性能是筏板设计的重要依据，程序提供了“柱冲切板”“异形柱”“墙冲切板”“内筒冲剪”等菜单命令随时进行柱、墙等竖向构件对板的冲剪计算。

“局部承压”菜单随时校验基础截面尺寸。

10. 提供大量简单实用的计算模式

针对基础设计中不同方面的内容，给出如下简单实用的计算设计方案。

提供专门的“防水板计算”模板对柱下独基、柱下条基、桩承台等加防水板的部分进行计算。考虑到防水板一般较薄，程序在筏板有限元计算时采用柱和墙底作为支座，没有竖向变形的计算模式。

对于布置在柱下独基、桩承台之间的拉梁，使其承受部分上柱、墙传来的部分弯矩，从而减少独基或承台的尺寸。对拉梁本身按照柱和墙底作为不动支座的交叉梁系或两端支撑梁计算。

提供了上部结构荷载的“平面荷载”模式，它的生成过程和结果与传统的手工导算荷载相近。因为假设柱、墙或支撑沿竖向没有位移，所以各柱、墙或支撑承担的荷载主要和它们支撑的荷载面积有关，而与它们本身的刚度无关。“平面荷裁”可避免三维计算的柱、墙之间荷载分布差距过大的失真现象，用于整体型基础和条形基础的设计，一般可以得到比较理想的结果。

11. 导入 AutoCAD 各种基础平面图辅助建模

对于地质资料输入和基础平面建模等工作，程序提供以 AutoCAD 的各种基础平面图为底图的参照建模方式。程序自动读取转换 AutoCAD 的图形格式文件，操作简便，充分利用周围数据接口资源，提高工作效率。

12. 施工图辅助设计

可以完成软件中设计的各种类型基础的施工图，包括平面图、详图及剖面图。施工图管理风格、绘制操作与上部结构施工图相同。软件依照《建筑结构制图标准》（GB/T 50105—2010）、《建筑工程设计文件编制深度规定（2016 年版）》等相关标准，对于地基梁提供了立剖面表示法、平面表示法等多种方式，还提供了参数化绘制各类常用标准大样图功能。

13. 地质资料的输入

提供直观快捷的人机交互方式输入地质资料，充分利用勘察设计单位提供的地质资料，完成基础沉降计算和桩的各类计算。

综上所述，基础工程辅助设计软件 JCCAD 以基于二维、三维图形平台的人机交互技术建立模型，界面友好，操作顺畅；它接力上部结构模型建立基础模型、接力上部结构计算生成基础设计的上部荷载，充分发挥了系统协同工作、集成化的优势；它系统地建立了一套设计计算体系，科学严谨地遵照各种相关的设计规范，适应复杂多样的多种基础形式，提供全面的解决方案；它不仅为最终的基础模型提供完整的计算结果，还注重在交互设计过程中提供辅助计算工具，以保证设计方案的经济合理；它使设计计算结果与施工图设计密切集成，基于自主图形平台的施工图设计软件经历 10 多年的用户实践、成熟实用。

14. 基础计算工具箱

充分利用勘察设计单位提供的地质资料，使基础计算工具箱提供有关基础的各种计算工具，包括地基验算、基础构件计算、人防荷载计算、人防构件计算等。工具箱是脱离基础模型单独工作的计算工具，也是基础工程设计过程中必备的手段。

8.1.2 JCCAD 软件的具体操作步骤

在 PKPM 主界面“结构”主页选择“JCCAD”，菜单栏上侧出现“基础工程计算机辅助设计”的 JCCAD 主菜单，如图 8-1 所示。

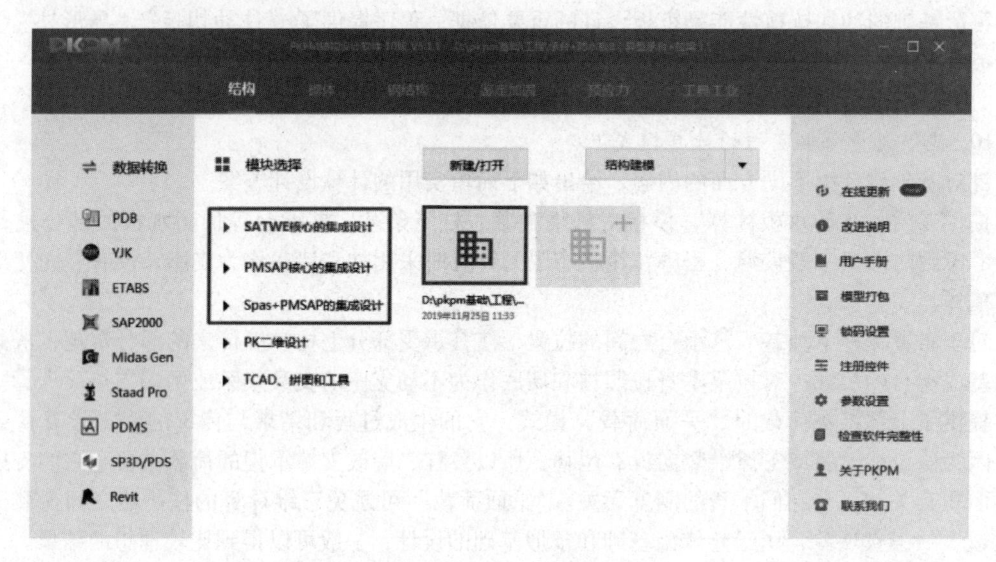

图 8-1　JCCAD 主菜单

JCCAD 软件的具体操作步骤如下所述：

首先，进入 JCCAD 的“基础模型”菜单前，必须完成运行：结构的“建筑建模与荷载输入”，或砌体结构的“砌体结构建模与荷载输入”，或钢结构的“三维模型与荷载输入”项目。如果要接力上部结构分析程序（如 SATWE、PMSAP、PK 等）的计算结果，还应该运行完成相应程序的内力计算。

其次，在 JCCAD 的“基础模型”菜单，可以根据荷载和相应参数自动生成柱下独立基础、墙下条形基础及桩承台基础，也可以交互输入筏板、基础梁、桩基础的信息。柱下独基、桩承台、砖混墙下条基等基础在本菜单中即可完成全部的建模、计算、设计工作；弹性地基梁、桩基础、筏形基础在此菜单中完成模型布置，再用后续计算模块进行基础设计。

在“分析设计”菜单中，可以完成弹性地基梁基础、肋梁平板基础等基础的设计及独立基础、弹性地基梁板等基础的内力配筋计算，也可以完成桩承台的设计及桩承台和独立基础的沉降计算，还可以完成各类有桩基础、平板基础、梁板基础、地基梁基础的有限元分析及设计。

在“结果查看”菜单中，查看各类分析结果、设计结果、文本结果，并且可以输出详细计算书及工程量统计结果。

最后，在基础施工图中，可以完成以上各类基础的施工图。

8.2　基础模型

JCCAD 的“基础模型”主菜单主要功能：接力上部结构与基础相连接的柱墙布置信息及荷载信息，补充输入基础面荷载或附加柱墙荷载，交互输入基础模型数据等信息，是后续基础设计、计算的基础。

8.2.1　概述

1. “基础模型”菜单的功能

（1）人机交互布置各类基础，主要有柱下独立基础、墙下条形基础、桩承台基础、钢筋混凝土弹性地基梁基础、筏形基础、梁板基础、桩筏基础等。

（2）柱下独立基础、墙下条形基础和桩承台的设计是根据用户给定的设计参数和上部结构计算传下的荷载，自动计算，给出截面尺寸、配筋等。在人工干预修改后程序可进行基础验算、碰撞检查。

（3）桩长计算。

（4）钢筋混凝土地基梁、筏形基础、桩筏基础是由用户指定截面尺寸并布置在基础平面上。这类基础的配筋计算和其他验算须由 JCCAD 的其他菜单完成。

（5）可对柱下独立基础、墙下条形基础、桩承台进行碰撞检查，并根据需要自动生成双柱或多柱基础及剪力墙下基础。

（6）可人工布置柱墩或者自动生成柱墩。

（7）可以在筏形基础下布置复合地基，复合地基可以不布置复合地基桩。如果有需要，也可以输入复合地基桩进行相关计算。

（8）可由人工定义和布置拉梁和圈梁，基础的柱插筋、填充墙、平板基础上的柱墩等，以便最后汇总生成绘制基础施工图所需的全部数据。

（9）可以通过导入 DWG 文件的方式输入各种基础模型。

2. “基础模型”菜单运行的必要条件

（1）已完成上部结构的模型、荷载数据的输入。程序可以接以下建模程序生成的模型数据和荷载数据：PMCAD、砌体结构、钢结构 STS 和复杂空间结构建模及分析。

（2）如果要读取上部结构分析传来的荷载还应该运行相应的程序的内力计算部分。这些程序包括 SATWE、PMSAP、STWJ、PK、砌体结构等程序。

（3）如果要自动生成基础插筋数据还应运行绘制柱施工图程序。

注意：如果是第一次进入 JCCAD，程序会自动读取上部结构模型信息及荷载信息。

8.2.2　更新上部数据

当已经存在基础模型数据，上部模型构件或荷载信息发生变更，需要重新读取时，可执行该菜单。程序会在更新上部模型信息（包括构件、网格节点、荷载等）的同时，保留已有的基础模型信息。

注意：基础布置的时候，一些构件或者荷载信息是依托网格节点布置的，如附加点荷载布置在节点上，附加线荷载布置在网格线上，地基梁布置在网格线上，如果上部模型修改或者删除了这些节点或者网格，执行“更新上部”后 JCCAD 中布置在这些网格节点上的荷载或者基础构件会丢失。另外，通过 JCCAD 中“节点网格”菜单中布置的节点网格，执行“更新上部”后将会被删除。

8.2.3 参数设置

V5 版本的 JCCAD 所有参数统一设置在一个菜单下，增加参数查询、参数说明功能，方便用户使用。增加参数导入导出功能，对于同一工程多次计算或者不同工程采用相同参数，不用重复设置，如图 8-2 所示。

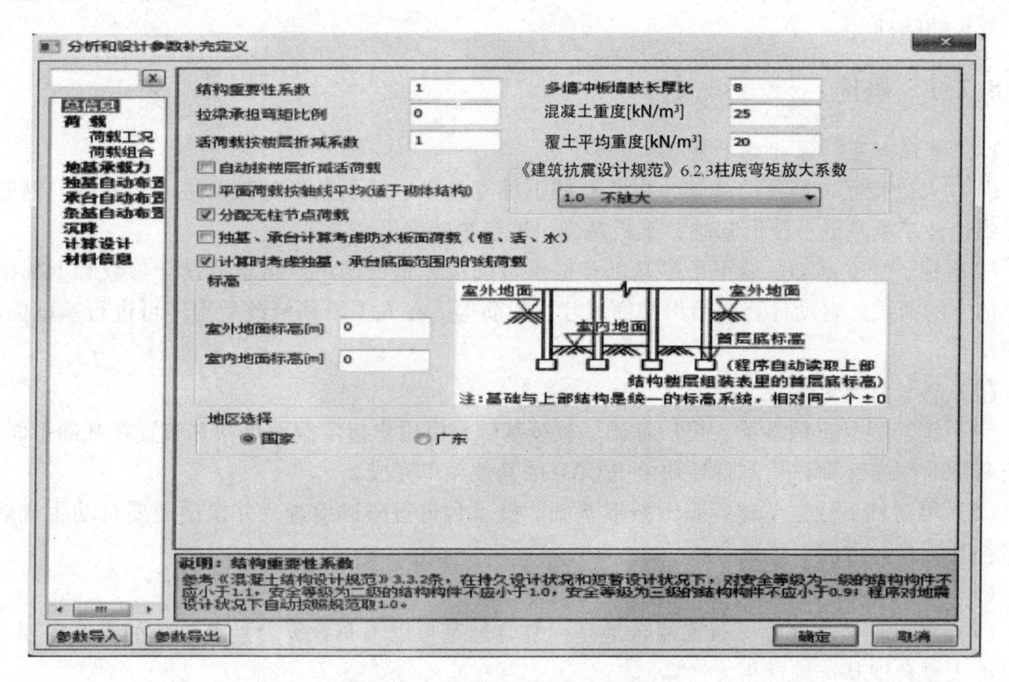

图 8-2 分析和设计参数补充定义

在后续的“计算分析”菜单中也有参数设置菜单，该菜单不包含荷载、独立基础、条形基础、承台参数设置项，其他功能与“基础模型”菜单设置项的功能完全一致，且两个菜单内容是联动的，即同一个参数无论在“基础模型”中设置还是在“计算分析”里设置，效果一致。

1. 总信息

本菜单用于输入基础设计时一些全局性参数。各个参数含义及其用途叙述如下：

（1）“结构重要性系数”：对所有混凝土基础构件有效，应按《混凝土结构设计规范（2015 年版）》（GB 50010—2010）第 3.3.2 条采用，最终影响所有混凝土构件的承载力设计结果。该值不应小于 1.0，其初始值为 1.0。

（2）“多墙冲板墙肢长厚比”：该参数决定“多墙冲板”时，每个墙肢的长厚比例，默认值为 8，即短肢剪力墙的尺寸要求。

（3）“拉梁承担弯矩比例”：是指由拉梁来承受独立基础或桩承台沿梁方向上的弯矩，以减小独立基础底面面积。基础承担的弯矩按照 1.0 - 拉梁承担比例进行折减，即填 0 时拉梁不承担弯矩，填 0.2 时拉梁承担 20%，填 1.0 时拉梁承担 100% 弯矩。该参数只对与拉梁相连的独基、承台有效，拉梁布置在“基础模型”“上部构件”菜单中完成。

（4）“《建筑抗震设计规范（2016 年版）》（GB 50011—2010）第 6.2.3 条柱底弯矩放大系数”：该参数的设置主要参考《建筑抗震设计规范（2016 年版）》（GB 50011—2010）第 6.2.3 条相关内容，对地震组合下结构柱底的弯矩进行放大。

注意：在 JCCAD 里，程序不区分结构是否为框架结构，用户只要设置了该参数放大系数项，程序即会对所有柱地震组合下的弯矩进行放大。

（5）“活荷载按楼层折减系数”：该参数主要是针对《建筑结构荷载规范》（GB 50009—2012）第 5.1.2 条，对传给基础的活荷载按楼层折减。

注意：该参数是对全楼传递给基础的活荷载按相同系数统一折减。

（6）“自动按楼层折减活荷载”：该参数与“活荷载按楼层折减系数”作用一致，不同的是，勾选该参数，程序会自动判断每个柱、墙上面上部楼层数，然后自动按《建筑结构荷载规范》（GB 50009—2012）中表格 5.1.2 的内容折减活荷载，所以，对于上部结构楼层数相差较大的建筑，勾选该项考虑活荷载折减应该更为精确。这时查询活荷载的标准值时会发现活荷载的数值已经发生变化。

注意：SATWE 计算程序里的“传给基础活荷载”折减设置项对 JCCAD 不起作用，用 JCCAD 进行基础设计，活荷载折减设置需要在 JCCAD 里完成。

（7）“分配无柱节点荷载”：选择项打“√”后，程序可将墙间节点荷载或被设置成“无基础柱”的柱荷载分配到节点周围的墙上，从而使墙下基础不会产生丢失荷载情况。分配荷载的原则为按周围墙的长度加权分配，长墙分配的荷载多，短墙分配的荷载少。其中“无基础柱”在“基础模型”“墙下条基”“自动布置”“无基础柱”菜单中指定。该功能主要适用于砌体结构中的构造柱不想单独布置基础，同时又保证构造柱荷载不丢失。

（8）“独基、承台计算考虑防水板面荷载”：对于独基加防水板或者承台加防水板工程，在进行独立基础或者桩承台计算的时候需要考虑防水板的影响。程序实现的时候用户需要先布置防水板，然后运行后续“分析设计”菜单，得到每个竖向构件下的荷载反力，再勾选该选项，生成独基或者桩承台就能考虑防水板上荷载。

（9）“平面荷载按轴线平均”：选择项打“√”后，程序会将 PM 荷载中同一轴线上的线荷载做平均处理。砌体结构同一轴线上多段线荷载大小不一致，导致生成的条形基础宽度大小不一致，勾选该项后，同一轴线荷载平均，那么生成的条形基础宽度一致。

（10）“混凝土重度”：计算基础自重时的混凝土重度。

（11）“覆土平均重度”：该参数与“室内地面标高”参数相关联，用于计算独立基础、条形基础、弹性地基梁、桩承台基础顶面以上的覆土重，如果基础顶面上有多层土，则输入平均重度。

（12）“室外地面标高”：用于计算筏形基础承载力特征值深度修正用的基础埋置深度（d = 室外地面标高 - 筏板底标高）。

（13）“室内地面标高”：用于计算独立基础、条形基础、弹性地基梁、桩承台基础覆土荷载。该参数对筏形基础的板上覆土荷载不起作用，筏板覆土在“筏板荷载”里定义。

（14）地区选择：“国家”：相关计算参考国家规范；“广东”：相关计算参考广东规范，主要是独立基础抗剪计算、桩承载力校核等。

2. 荷载

（1）荷载工况，如图 8-3 所示。

①“选择荷载来源”：该菜单用于选择本模块采用哪一种上部结构传递给基础的荷载来源，程序可读取 PM 导荷和砖混荷载（都称为平面荷载）、PK/STS-PK3D 荷载、SATWE 荷载、PMSAP 荷载、STWJ 荷载。JCCAD 读取上部结构分析程序传来的与基础相连的柱、墙、支撑内力，作为基础设计的外荷载。

②平面荷载：读取上部 PM 荷载。PM 荷载与 SATWE 荷载区别：两者导荷方式不一样，PM

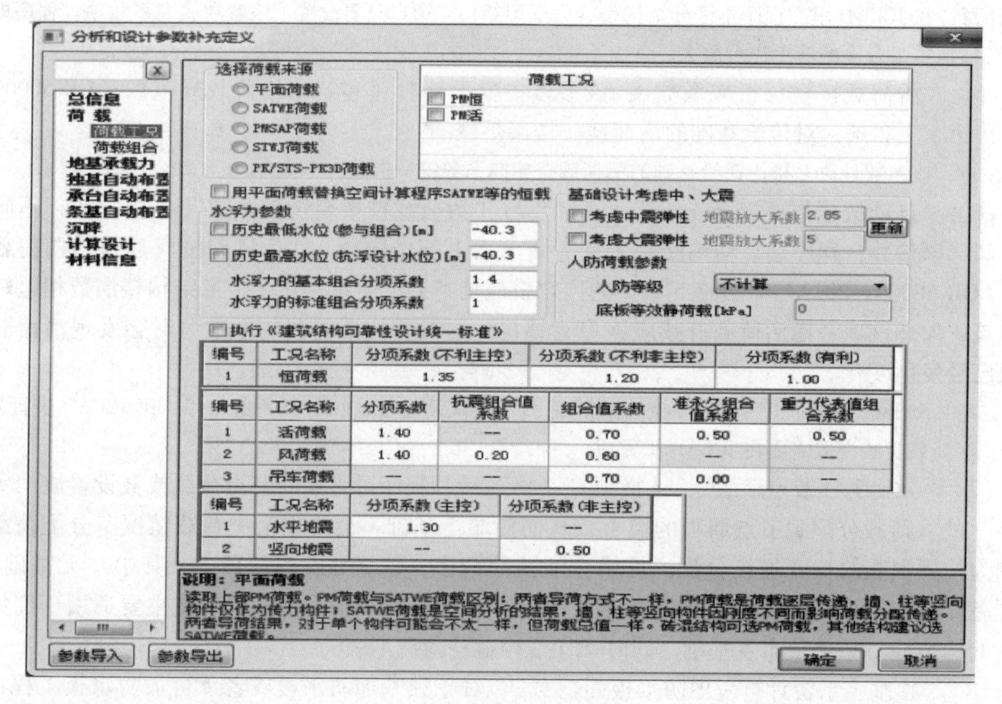

图 8-3　荷载工况界面

荷载是荷载逐层传递，墙、柱等竖向构件仅作为传力构件；SATWE 荷载是空间分析的结果，墙、柱等竖向构件因刚度不同而影响荷载分配传递。两者导荷结果，对于单个构件可能会不太一样，但荷载总值一样。砖混结构可选 PM 荷载，其他结构建议选 SATWE 荷载。

③PK/STS-PK3D 荷载：读取上部钢结构厂房三维设计模块计算的柱底荷载。

④SATWE 荷载：读取上部 SATWE 荷载。

⑤STWJ 荷载：读取上部 STWJ 荷载。

⑥PMSAP 荷载：读取上部 PMSAP 荷载。

若要选用某上部结构设计程序生成的荷载工况，则单击左侧相应项。选取之后，在右侧的列表框中相应荷载项前显示 R，表示荷载选中。读取相应程序生成的荷载工况的标准内力当作基础设计的荷载标准值，并自动按照相关规范的要求进行荷载组合。

对于每种荷载来源，程序可选择它包含的多种荷载工况的荷载标准值。

提示：①对话框的右面荷载列表中只显示运行过的上部结构设计程序的标准荷载。

②用户要读取单榀 PK 荷载，必须先在“荷载”中“读取单榀 PK 荷载”菜单下读取并且布置单榀 PK 荷载。

③如果本工程计算基础时不用计算地震荷载组合，则可在右面的列表框中将地震荷载作用标准值前面的 R 去掉。

⑦“用平面荷载替换空间计算程序 SATWE 等的恒载”：读取空间分析结果荷载通常符合工程实际，但有时候一些局部的荷载导算还是想看看手工导荷的结果，同时又想兼顾空间分析的水平力及弯矩的影响，则可以勾选该项。

⑧水浮力参数：

“历史最低水位”：勾选该项，输入相应的低水位（常规水位）标高，除准永久组合外的其他所有荷载组合都将增加常规水荷载工况。

“历史最高水位”：勾选该项，输入相应的高水位（抗浮水位）标高，程序会增加两组抗浮组合（基本抗浮“1.0恒+1.4抗浮水”与标准抗浮“1.0恒+1.0抗浮水”）。

如果在参数里设置了常规水位或者抗浮水位，筏板上会自动计算并布置对应工况的水浮力荷载，在“筏板”→“布置”→“筏板荷载”菜单会自动增加常规水荷载工况或抗浮水工况，用户可查看或编辑水浮力荷载值。

“水浮力的基本组合分项系数”：勾选“历史最高水位”，可以在此处修改基本抗浮“1.0恒+1.4抗浮水”组合里水的分项系数。

“水浮力的标准组合分项系数”：勾选“历史最高水位”，可以在此处修改标准抗浮“1.0恒+1.0抗浮水”组合里水的分项系数。

⑨人防荷载参数：

“人防等级”：指定整个基础的人防等级，程序会增加两组人防基本组合，“筏板荷载”菜单会增加人防底板等效静荷载工况。

“底板等效静荷载”：交互修改筏板底人防等效静荷载，在参数里如果设置人防等级及人防底板等效静荷载，在“筏板”→“布置”→“筏板荷载”菜单会自动增加人防荷载工况，筏板上会自动布置人防底板等效静荷载，用户可编辑或查看该人防底板荷载。

对于有局部人防的工程，可以通过“筏板荷载”单独编辑某一区域或者某一块筏板的人防等级及底板等效静荷载的方法来实现。

人防底板等效静荷载作用方向通常向上，JCCAD规定向上荷载为负值，所以尺寸底板等效静荷载一般输入负值。

人防顶板等效荷载通过接力上部结构柱墙人防荷载方式读取，读取后如果填写了“底板等效静荷载”参数后，在荷载显示校核中可查看。

（2）荷载组合。程序按《建筑结构荷载规范》（GB 50009—2012）相关规定默认生成各个荷载工况的分项系数及组合值系数，用户可以通过程序里的菜单分别修改恒载、活荷载、风荷载、吊车荷载、竖向地震、水平地震的分项系数及组合值系数，如图8-4所示。

荷载组合列表里的所有组合公式可以手工编辑，还可以通过“添加荷载组合”添加新的荷载，或者通过“删除荷载组合”对于程序默认的荷载组合进行删除。

《建筑结构荷载规范》（GB 50009—2012）第3.2.3-1条规定，由可变荷载控制的效应设计值，应按下列公式进行计算：

$$S_d = \sum_{j=1}^{m} \gamma_{Gj} S_{Gjk} + \gamma_{Q1} \gamma_{L1} S_{Q1K} + \sum_{i=2}^{n} \gamma_{Qi} \gamma_{Li} \psi_{ci} S_{QiK}$$

《建筑结构荷载规范》（GB 50009—2012）第3.2.3-2条规定，由永久荷载控制的效应设计值，应按下列公式进行计算：

$$S_d = \sum_{j=1}^{m} \gamma_{Gj} S_{Gjk} + \sum_{i=1}^{n} \gamma_{Qi} \gamma_{Li} \psi_{ci} S_{QiK}$$

《建筑抗震设计规范（2016年版）》（GB 50011—2010）第5.4.1条规定，含地震作用的组合公式：

$$S = \gamma_G S_{GE} + \gamma_{Eh} S_{Ehk} + \gamma_{Ev} S_{Evk} + \psi_w \gamma_w S_{wk}$$

《建筑结构荷载规范》（GB 50009—2012）第3.2.5条规定，永久荷载分项系数取值：对结构有利取1.0，抗浮计算取0.9，永久荷载控制的组合取1.35，其他情况取1.2。可变荷载分项系数一般取1.4，对标准值大于4kN/m^{2}的工业房屋楼面的活荷载取1.3。

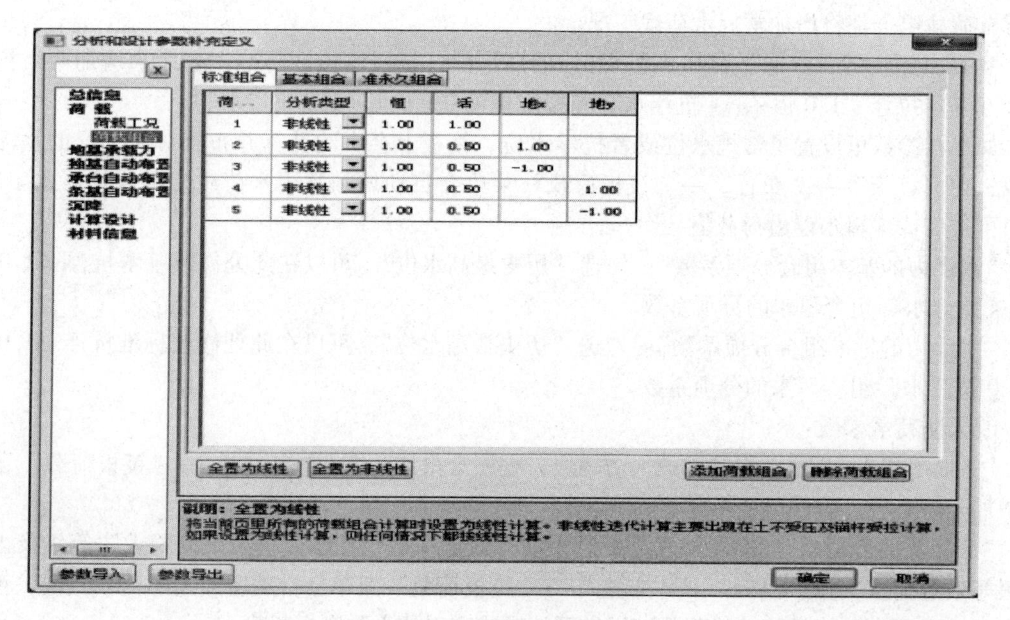

图 8-4　荷载组合列表

天然地基基础如果出现零应力区或者锚杆、桩出现受拉的时候，可通过非线性迭代方式准确计算桩土反力，对有些工程初步确定基础方案时，或考虑计算效率问题，可以通过图 8-4 中调整非线性参数来指定某些荷载组合下不进行迭代计算。

3. 地基承载力

本项参数用于输入地基承载力的确定方式及相关系数。

程序提供了五种确定承载力的方法，如图 8-5 所示。

中华人民共和国国家标准GB50007-2011[综合法]
中华人民共和国国家标准GB50007-2011[抗剪强度指标法]
上海市工程建设规范DGJ08-11-2018[静桩试验法]
上海市工程建设规范DGJ08-11-2018[抗剪强度指标法]
北京地区建筑地基基础勘察设计规范DBJ11-501-2009

图 8-5　规范依据选择列表

其中因为“中华人民共和国国家标准 GB 50007—2011［综合法］”和“《北京地区建筑地基基础勘察设计规范》（DBJ11-501—2009）”需输入的参数相同，“中华人民共和国国家标准 GB 50007-2011［抗剪强度指标法］”和“上海市工程建设规范 DGJ 08-11-2018［抗剪强度指标法］”需输入的参数也相同，所以归纳为三种方法来说明其相关参数。

（1）选取“中华人民共和国国家标准 GB 50007-2011［综合法］”或“《北京地区建筑地基基础勘察设计规范》（DBJ11-501-2009）”后，屏幕显示如图 8-6 的参数对话框。

其参数名和初始值为：

“地基承载力特征值 f_{ak}（kPa）”：其初始值为 100。

“地基承载力宽度修正系数 η_b”：其初始值为 0。

“地基承载力深度修正系数 η_d”：其初始值为 1。

“基底以下土的重度 γ（kN/m^3）”：其初始值为 20。

规范依据选择　中华人民共和国国家标准GB50007-2011[综合法]

内容	数据
地基承载力特征值 f_{ak}(kPa)	100.00
地基承载力宽度修正系数 ηb	0.00
地基承载力深度修正系数 ηd	1.00
基底以下土的重度(或浮重度) γ(kN/m^3)	20.00
基底以上土的加权平均重度 γ_m(kN/m^3)	20.00
确定地基承载力所用的基础埋置深度 d(m)	1.20
地基抗震承载力调整系数(≥1.0)	1.10

图 8-6　参数对话框

“基底以上土的离加权平均重度 γ_m（kN/m^3）”：其初始值为 20。

“确定地基承载力所用的基础埋置深度 d（m）”：此参数不能为负值，该参数初始值为 1.2 m。对于有地下室的情况，采用筏形基础时应自室外地面标高算起，其他情况如独立基础、条形基础、梁式基础从室内地面标高算起。

“地基抗震承载力调整系数”：用户需要根据《建筑抗震设计规范（2016 年版）》（GB 50011—2010）相关规定填写该系数，程序默认值为 1.1；

（2）选取“中华人民共和国国家标准 GB 50007-2011［综合法］”或“上海市工程建设规范 DGJ 08-11-2018［抗剪强度指标法］”后，屏幕显示如图 8-7 的参数对话框。

规范依据选择　上海市工程建设规范DGJ08-11-2010[抗剪强度指标法]

内容	数据
土的黏聚力标准值 c_k (kPa)	0.00
土的内摩擦角标准值 φk(°)	1.00
基底以下土的重度(或浮重度) γ(kN/m^3)	20.00
基底以上土的加权平均重度 γ_0(kN/m^3)	20.00
确定地基承载力所用的基础埋置深度 d(m)	1.20
浅基础地基承载力抗震调整系数(≤1.0)	1.10

图 8-7　参数对话框

其参数名和初始值为：

“土的黏聚力标准值 C_k（kPa）”：其初始值为 0；

“土的内摩擦角标准值 φk（°）”：其初始值为 1；

“基底以下土的重度 γ（kN/m^3）”：其初始值为 20；

“基底以上土的加权平均重度 γ_0（kN/m^3）”：其初始值为 20；

“基础埋置深度 d（m）”：说明同（1）综合法；

确定地基承载力所用的浅基础地基承载力抗震调整系数：其初始值为 1.1。

（3）选取上海市工程建设规范 DGJ 08-11-2018［静桩试验法］后，屏幕显示如图 8-8 的参数对话框。

其参数名和初始值为：

“地基承载力设计值 f_d（kPa）”：其初始值为 100。

“浅基础地基承载力抗震调整系数”：其初始值为 1.1，该值即 γ_{RE}。

“桩承载力验算的参考规范”：包括国家规范及广东规范。选择不同的规范，在后续桩承台

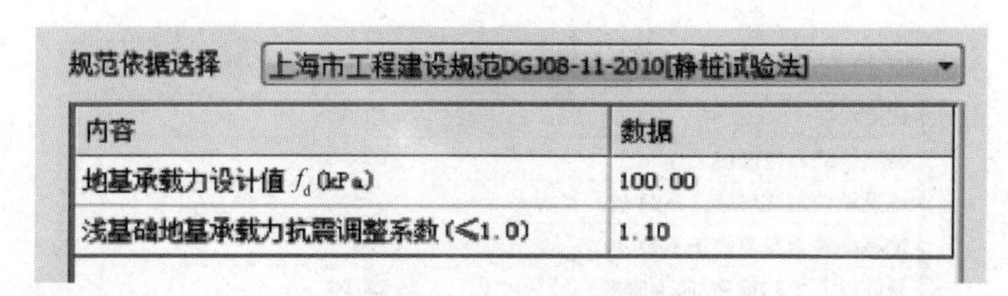

图 8-8　参数对话框

计算菜单及板元法计算菜单，校核桩承载力的时候将根据这里的选择项执行不同的规范内容。

4. 独立基础自动布置

本菜单用于输入独立基础自动布置的相关参数，如图 8-9 所示。

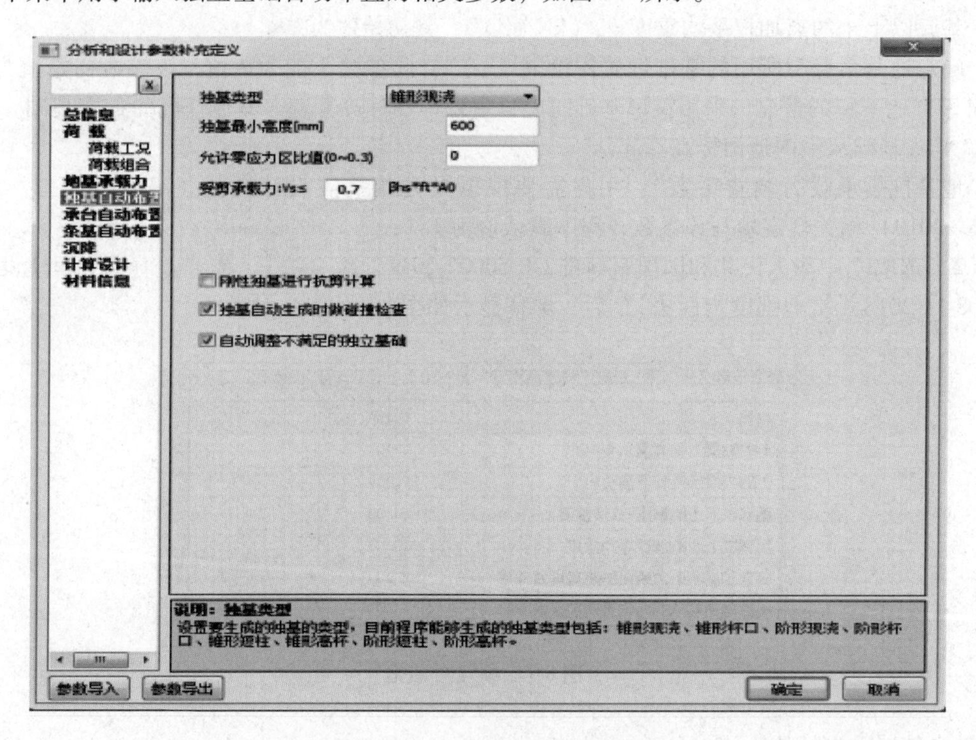

图 8-9　独立基础自动布置相关参数

“独基类型”：设置要生成的独立基础的类型，目前程序能够生成的独立基础类型包括锥形现浇、锥形预制、阶形现浇、阶形预制、锥形短柱、锥形高杯、阶形短柱、阶形高杯。

“独基最小高度（mm）”：是指程序确定独立基础尺寸的起算高度。若冲切计算不能满足要求时，程序将自动增加基础各阶的高度。其初始值为 600 mm。

“独基底面长宽比”：用来调整基础底板长和宽的比值，其初始值为 1。该值仅对单柱基础起作用。

“承载力计算时基础底面受拉面积/基础底面面积（0~0.3）”：程序在计算基础底面面积时，允许基础底面局部不受压。该值默认为 0，表示不允许出现基底压力为 0 的区域。有些独立基础的底面面积大小受弯矩控制，那么这里输入一定基底面积受拉面积，独立基础的底面面积会减小。

“受剪承载力系数”：该值默认为 0.7，双击可以修改。

“计算独立基础时考虑独立基础底面范围内的线荷载作用”：若“勾选该选项”，则计算独立基础时取节点荷载和独立基础底面范围内的线荷载的矢量和作为计算依据。程序根据计算出的基础底面面积迭代两次。

“刚性独基进行抗剪计算”：按《建筑地基基础设计规范》（GB 50007—2011）规定，独立基础短边尺寸小于柱宽加两倍基础有效高度的时候，应该验算柱边或者基础变阶处的受剪承载力。程序执行这条规定的时候，还会同时检查独立基础长边尺寸是否也满足该条件，如果长边也满足该条件，则独立基础是一个刚性基础，程序默认不验算剪切承载力。只有勾选该选项，程序才执行抗剪切承载力验算。

“独基自动生成时做碰撞检查”：可以预先发现独立基础布置存在的问题，有效地提高了用户的工作效率。

“自动调整不满足的独立基础”：对验算不满足要求的独立基础进行尺寸调整。

5. 承台自动布置

本菜单用于输入承台自动布置的相关参数，如图 8-10 所示。

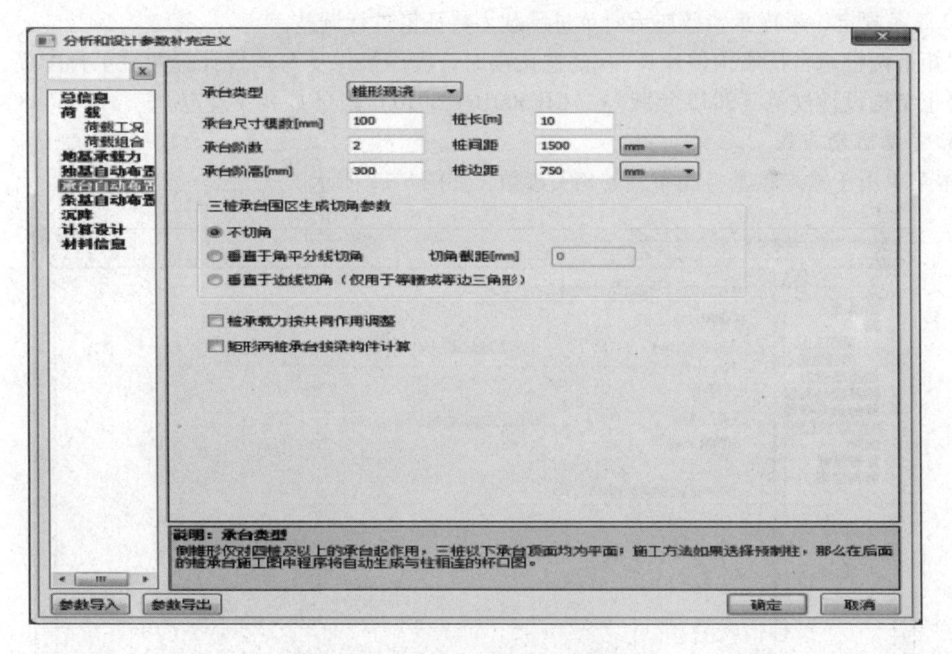

图 8-10　承台自动布置相关参数

“承台类型”：设置要生成的承台类型。目前程序自动布置的承台类型包括锥形现浇、锥形预制、阶形现浇和阶形预制四类。

“承台尺寸模数（mm）”：承台尺寸模数在计算承台底面面积时起作用，默认值为 100 mm，软件自动生成桩承台时，计算得到的承台尺寸为模数的倍数。

“承台阶数”：此参数设置自动生成承台的阶数。只对四桩以上矩形承台起作用。

“承台阶高（mm）”：该参数对所有承台均起作用，其值为承台每阶高的初值，承台最终的高度由冲切及剪切结果控制。

“桩长（m）”：该值用于为每根桩赋初始桩长值，初始值为 10 m，单桩桩长参数仅用来为桩长赋予初始值，最终选用的桩长还需要进行桩长计算及修改。

“桩间距”：是指承台内桩形心到桩形心的最小距离。单位为 mm 或桩径倍数，其初始值分别为 1 500 mm 或 3 倍桩径。单位的转换可单击右侧三角标志实现。此参数用来控制桩布置情况，程序在计算承台受弯时要根据此参数调整布桩情况，程序以用户填写的“桩间距”为最小距离计算抵抗弯矩所需的桩间距和桩布置。填写这个参数需满足规范要求，可参见《建筑桩基技术规范》（JGJ 94—2008）表 3. 3. 3 及第 4. 2. 1 条填写。

“桩边距”：是指承台内桩形心到承台边的最小距离。单位为 mm 或桩径倍数，其初始值分别为 750 mm 或 1 倍桩径。单位的转换可单击右侧三角标志实现。

三桩承台围区生成切角参数：

“不切角”：该参数只对通过“围桩承台”命令生成的承台有效。

“垂直于角平分线切角”：桩中心到切角边的垂直距离，切角线垂直于角平分线。该参数只对通过“围桩承台”命令生成的承台有效。

“垂直于边线切角”：桩中心到切角边的垂直距离，切角线垂直于等腰三角形或者等边三角形底边。该参数只对通过“围桩承台”命令生成的承台有效。

“桩承载力按共同作用调整”：勾选该项时，程序按《建筑桩基技术规范》（JGJ 94—2008）第 5. 2. 5 条规定，考虑承台效应后对单桩承载力特征值进行调整。

“矩形两桩承台按梁构件计算”：勾选该项时，程序按深受弯构件计算两桩承台配筋，参考《混凝土结构设计规范（2015 年版）》（GB 50010—2010）附录 G 相关规定。

6. 条基自动布置

本菜单用于输入条基自动布置的相关参数，如图 8-11 所示。

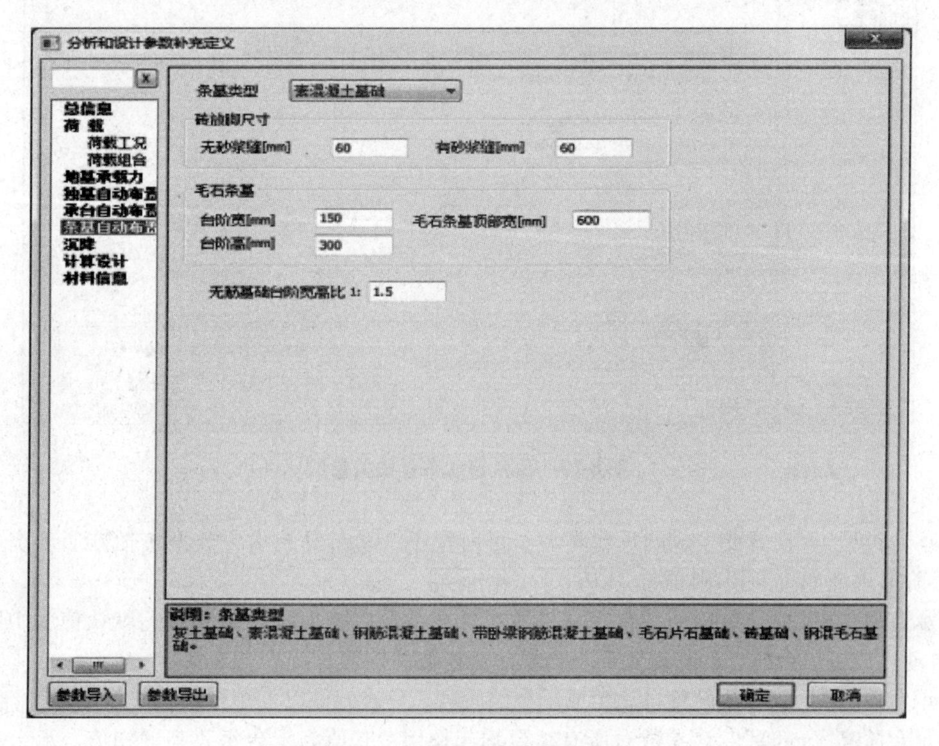

图 8-11　条基自动布置相关参数

“条基类型”：包括灰土基础、素混凝土基础、钢筋混凝土基础、带卧梁钢筋混凝土基础、毛石片石基础、砖基础、钢混毛石基础。

砖放脚尺寸：

“无砂浆缝（mm）”：设置无砂浆缝的砖基础放脚尺寸，其初始值为 60 mm。

“有砂浆缝（mm）”：设置有砂浆缝的砖基础放脚尺寸，其初始值为 60 mm。

毛石条基：

“台阶宽（mm）”：设置毛石条形基础台阶宽度，其初始值为 150 mm。

“台阶高（mm）”：设置毛石条形基础台阶高度，其初始值为 300 mm。

“毛石条基顶部宽（mm）”：设置毛石条形基础顶部宽度，其初始值为 600 mm。

“无筋基础台阶宽高比”：用来设置无筋基础台阶宽高比，初始值为 1∶1.5。

7. 沉降

本菜单用于输入沉降计算相关的参数，如图 8-12 所示。

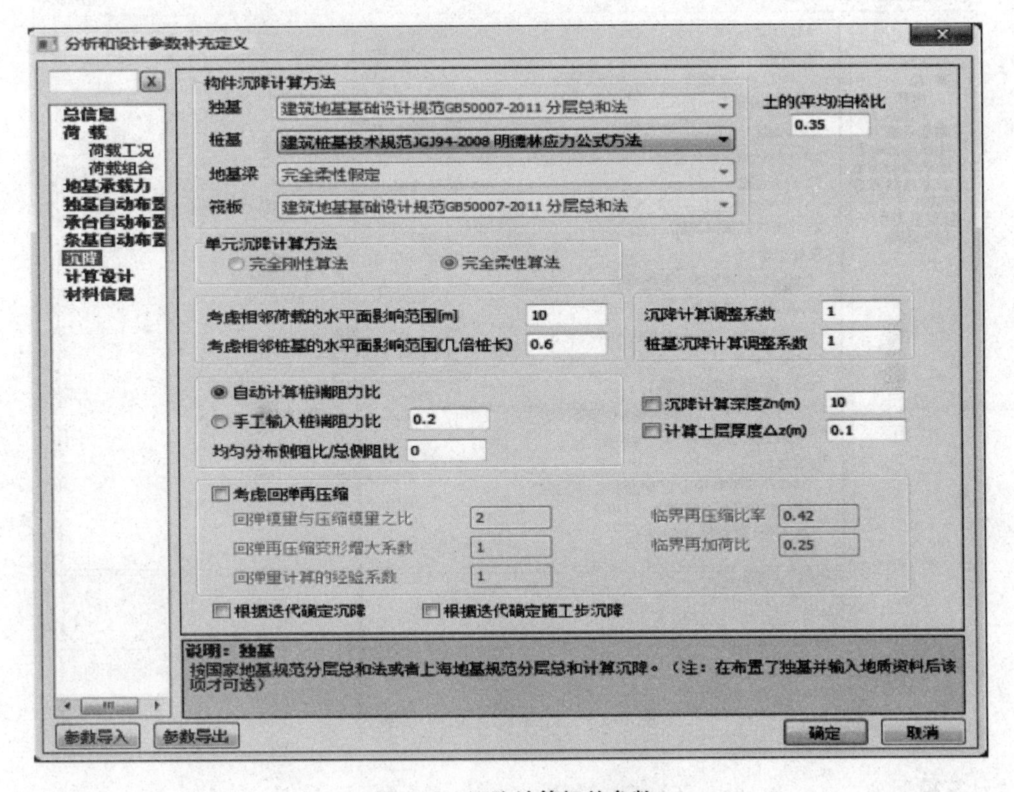

图 8-12　沉降计算相关参数

“构件沉降计算方法”：以单个构件为单位（独立基础、承台、单块筏板、地基梁、条形基础），按规范计算构件中心点沉降。计算时将单个基础视为刚性块，基础本身不变形。通常对于单柱下独基、桩承台等基础可以参考该沉降值。对于筏板、地基梁、条形基础的构件沉降计算结果，视工程具体情况适当参考。

“独基”：目前程序对于独基构件沉降提供两种计算方法，即《建筑地基基础设计规范》（GB 50007—2011）分层总和法及《地基基础设计标准》（DGJ 08-11-2018）分层总和法。

“桩基”：对于桩基，目前程序提供六种沉降计算方法：地基规范《建筑地基基础设计规范》（GB 50007—2011）等代墩基法，地基规范明德林（Mindlin）应力公式法，桩基规范《建筑桩基技术规范》（JGJ 94—2008）等效作用分层总和法，桩基规范明德林应力公式法，上海地基规范［《地基基础设计标准》（DGJ 08-11-2018）］等代实体法，上海地基规范明德林应力公式法。

“地基梁”：地基梁的构件沉降，程序提供了完全柔性假定和刚性假定两种算法。

“筏板”：筏板构件沉降计算程序提供了三种计算方法：地基规范分层总和法，箱基规范《高层建筑筏形与箱形基础技术规范》（JGJ 6—2011）弹性理论法，箱基规范分层总和法。

“单元沉降计算方法”：以有限元划分的网格单元为单位，计算单元中心点沉降。

“完全柔性算法”：假设整个基础为柔性基础计算沉降。

“完全刚性算法”：假设整个基础为刚性基础计算沉降。

8. 计算设计

本菜单用于输入分析设计的主要参数，如图 8-13 所示。

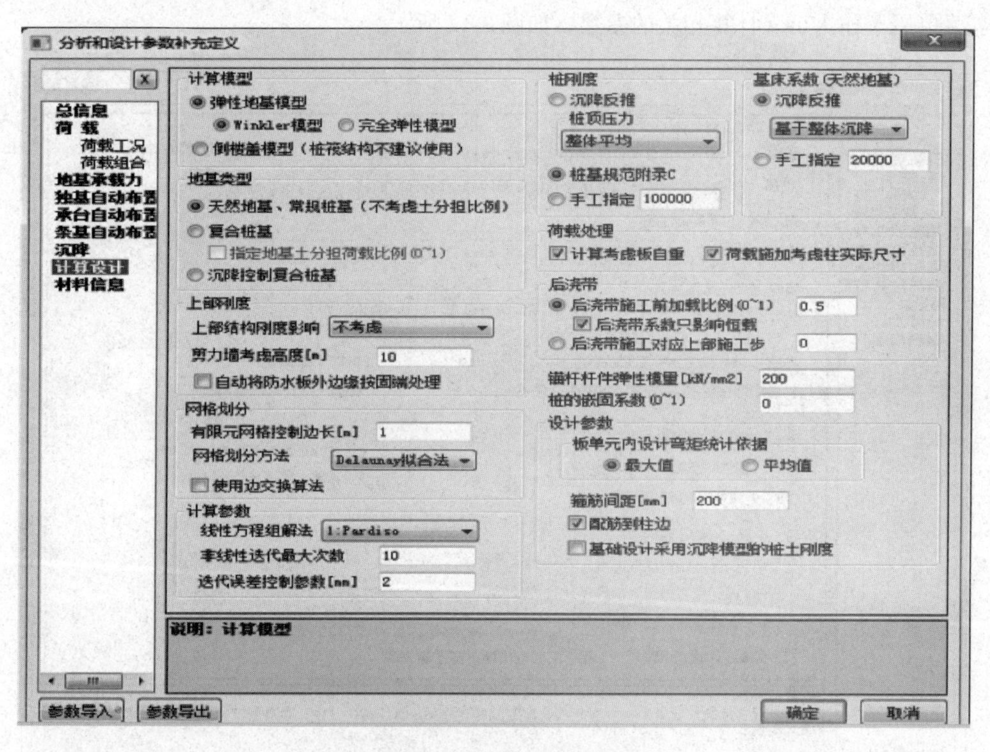

图 8-13 计算设计相关参数

“计算模型”：

弹性地基模型：适用于上部结构刚度较低的结构（如框架结构、多层框架剪力墙结构），其中 1 模型为简化模型，在计算中将土与桩假设为独立的弹簧；4 模型是对 3 模型的一种改进，与 3 模型不同的是对土应力值进行修正，即乘以 0. 5ln（D_e/S_a）。其中 S_a 为土表面结点间距，D_e 为有效最大影响距离。

“Winkler 模型”：假设土或者桩为独立弹簧，上部结构及基础作用在地基上，压缩“弹簧”产生变形及内力。它是工程设计常用模型，虽然简单，但受力明确。当考虑上部结构刚度时将比较符合实际情况。

“Mindlin 模型”：假设土与桩为弹性介质，采用 Mindlin 应力公式求取压缩层内的应力，利用分层总和法进行单元节点处沉降计算并求取柔度矩阵，根据柔度矩阵可求桩土刚度矩阵。由于是弹性解，计算结果中会出现筏板边角处反力过大，筏板中心沉降过大，筏板弯矩过大并出现配筋过大或无法配筋等情况。

“修正 Mindlin 模型”：是对“Mindlin 模型”的一种改进，与 3 模型不同的是对土应力值进行修正，即乘以 0.5ln（D_e/S_a）。其中 S_a 为土表面结点间距，D_e 为有效最大影响距离。它是考虑地基土非弹性的特点进行修正，在弹性应力相叠加时考虑应力扩散的局限性。它是根据建研院地基所多年研究成果编写的模型，可以参考使用。

“倒楼盖模型”：为早期手工计算常采用的模型，对于上部结构刚度较高的结构（如剪力墙结构、设有裙房的高层框架剪力墙结构），计算时不考虑整个基础的整体弯曲，只考虑局部弯曲作用。

“上部结构刚度影响”：考虑上下部结构共同作用计算比较准确反映实际受力情况，可以减少内力，节省钢筋。

因为平铺在地基上的大面积筏形基础（或其他整体式基础，如地基梁等）在其筏板平面外的刚度是很弱的，所以在上部结构不均匀荷载作用下容易产生较大的变形差，导致筏板内力和配筋的增加。考虑基础与上部结构工作的原理是将上部结构的刚度叠加到基础筏板上，使其基础平面外刚度大大增加，从而增加抵抗上部结构传来的不均匀荷载的能力，减少变形差，减少内力与配筋，达到设计的合理性。

要想考虑上部结构影响应在上部结构计算时，在 SATWE 分析设计模块—分析和设计参数—高级参数中，勾选“生成传给基础的刚度”，如图 8-14 所示。SATWE 软件生成的刚度文件是 SATFDK. SAT，PMSAP 软件生成的刚度文件是 SAPFDK. SAP。

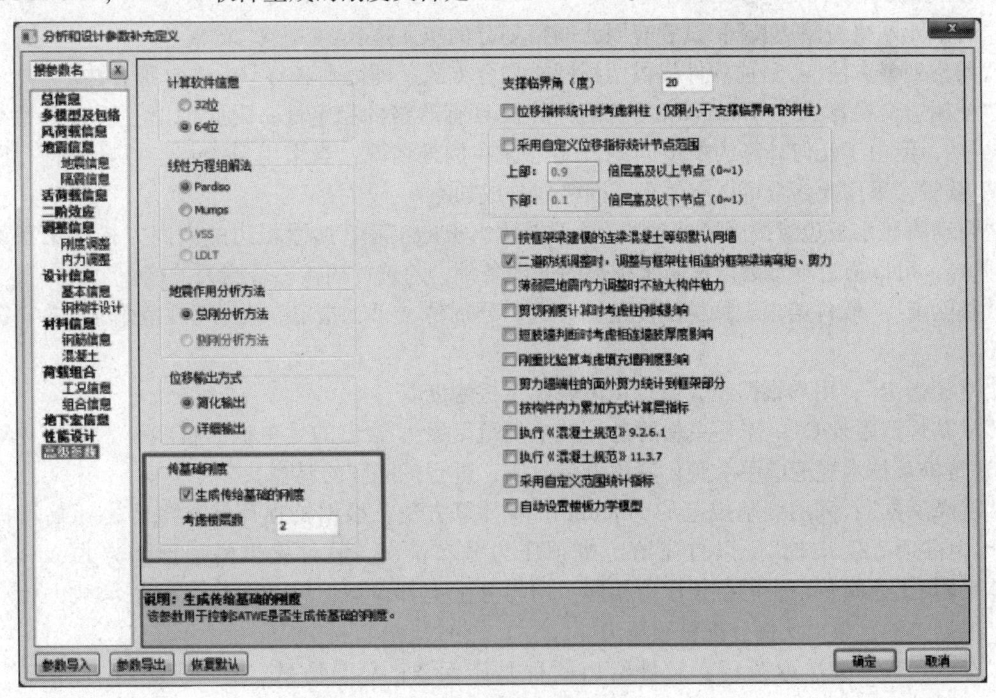

图 8-14　计算控制信息

“剪力墙考虑高度（m）”：基础计算时，考虑上部剪力墙对基础的约束影响，将剪力墙视为深梁，剪力墙高度即深梁高度。

“锚杆杆体弹性模量”：对于带锚杆的工程，程序会自动计算锚杆受拉刚度，程序按照《高压喷射扩大头锚杆技术规程》（JGJ/T 282—2012）计算锚杆刚度，其计算公式：

$$K_t = \frac{A_s E_s}{L_c}$$

式中 K_t——锚杆的轴向刚度系数（kN/m）；

A_s——锚杆杆体界面面积（m^2）；

E_s——锚杆杆体弹性模量（kN/m^2）；

L_c——锚杆杆体的变形计算长度（m）。

“桩的嵌固系数（铰接 0～1 刚接）”：该参数在 0～1 之间变化反映嵌固状况，无桩时此项系数不出现在对话框上，其隐含值为 0。对于铰接的理解比较容易，而对于桩顶和筏板现浇在一起也不能一概按刚接计算，要区分不同的情况，对于混凝土受弯构件（或节点），需要混凝土、纵向钢筋、箍筋一起受力才能完成弯矩的传递。由于一般工程施工时桩顶钢筋只将主筋伸入筏板，很难完成弯矩的传递，出现类似塑性铰的状态，只传递竖向力不传递弯矩。如果是钢桩或预应力管桩伸入筏板一倍桩径以上的深度，就可以认为是刚接。

“后浇带施工前加载比例（0～1）”：这个参数与后浇带的布置配合使用，解决由于后浇带设置后的内力、沉降计算和配筋计算、取值问题。后浇带将筏板分割成几块独立的筏板，程序将计算有、无后浇带两种情况。根据两种情况的结果求算内力、沉降及配筋。填 0 取整体计算结果，填 1 取分别计算结果，取中间值 a 计算结果按下式计算：

$$实际结果 = 整体计算结果 \times (1 - a) + 分别计算结果 \times a$$

a 值与浇后带时沉降完成的比例相关。

“有限元网格控制边长”：设置有限元网格划分的单元边长。

“网格划分方法”：目前软件提供两种网格划分方式，即铺砌法与 Delaunay 拟合法。

“使用边交换算法”：Delaunay 三角剖分算法具有严格的稳定性，因此理论上所有模型都可划分成功，但由于几何计算的精度问题，还是存在例外情况，当采用 Delaunay 拟合法进行网格划分失败时，采用此参数可以有效提高网格划分成功率。

“自动将防水板边缘按固端处理”：对于带防水板的工程，防水板边的嵌固方式因工程不同而有差异，可以通过本参数设置防水板边的嵌固条件，勾选为固接，否则为铰接。

“桩刚度”：软件给出三种桩刚度估算方式，分别是“手工指定”“桩基规范附录 C”“沉降反推”。

“手工指定”：用户根据经验或现场试验确定桩刚度。

“桩基规范附录 C”：需要注意的是，桩基规范附录 C 给出的是单桩的桩刚度，软件自动按照《建筑桩基技术规范应用手册》考虑群桩效应，进行桩刚度的调整。

“沉降反推”：采用桩基规范的 Mindlin 沉降计算方法，根据桩顶荷载与沉降之比估算桩刚度。因为桩顶荷载未知，所以首先给定桩顶压力分布情况，软件提供两种预估方式：一种是“整体平均”，是指每根桩的桩顶压力相同，均匀分配上部荷载；另一种是“按桩承载力相对比例”，根据桩的承载力比例分配桩顶压力。

“基床系数（天然地基）”：软件给出两种基床系数的估算方式，分别是“手工指定”和“沉降反推”。

“手工指定”：用户根据经验或现场试验确定基床系数。

“沉降反推”：采用地基规范分层总和法，根据基底压力与沉降之比估算基床系数。因为计算沉降的对象不同，计算的沉降也不同，所以软件提供了三种估算方式：基于整体沉降，基础所有相连区域作为一个整体进行沉降计算，根据平均基底压力与沉降之比估算土刚度；基于构件沉降，对于较为复杂的筏形基础，主要是指主裙楼或者上部荷载差异较大区域采用不同厚度的筏板，以满足承载力的需要，由于不同的筏板基底压力差异较大，采用统一的基床系数则可能与实际情况差异较大，此时可采用按照构件沉降的方式计算，各构件内的基床系数相同；基于单元沉降，假定土压力相同，对每个网格划分的单元进行沉降计算，对每个单元分别根据基底压力与单元沉降之比估算基床系数。

“荷载施加考虑柱实际尺寸”：当柱截面较大时，按照节点施加柱上荷载，节点处的应力集中被夸大，造成浪费。

“配筋到柱边”：勾选此项后，柱边的单元采用柱与单元交界面上内力最大值进行配筋，可有效缓解非由于网格尺寸引起的配筋差异。

“按柔性法确定基床系数”：勾选此项后，软件对各单元进行沉降计算并考虑相互影响，再反推基床系数。

“箍筋间距（mm）”：设置地基梁计算的箍筋间距。

“子筏板基床系数单独计算”：不勾选此项时，软件对相连或者相互包含的区域作为一个整体进行基床系数的计算；勾选此项后，软件对每块筏板单独计算基床系数。

“线性方程组解法”：软件提供了“PARDISO”和“MUMPS”两种线性方程组求解器，均为大型稀疏对称矩阵快速求解方法；支持并行计算，当内存充足时，CPU核心数越多，求解效率越高；“PARDISO”内存需求较“MUMPS”大，在32位下，由于内存容量存在限制，“PARDISO”虽相较于“MUMPS”求解更快，但求解规模略小。一般情况下，“PARDISO”求解器均能正确计算，若提示错误，可更换为“MUMPS”求解器。若由于结构规模太大仍然无法求解，则建议使用64位程序并增加机器内存以获取更高的计算效率。

“基础设计采用沉降模型桩土刚度”：当不勾选此项时，软件按照前处理中的基床系数与桩刚度直接计算内力并进行设计；勾选此项后，软件将会根据沉降结果反推基床系数，再进行内力计算与设计。

“板单元内弯矩剪力统计依据”：原有版本桩筏、筏板有限元计算结果弯矩与剪力统计依据是单元高斯点的最大值。软件提供了两种解决方案：第一种是取单元高斯点的最大值；第二种是平均值。

“非线性迭代最大次数”：此参数可控制沉降以及各组合计算的非线性迭代次数。

“迭代误差控制参数（mm）”：为了在允许误差范围内提高计算效率，以及基础设计自身的特点，软件按照位移差进行迭代控制，如需提高精度，用户可以进行修改。

9. 材料信息

材料信息菜单用于设置所有基础构件的混凝土强度等级、钢筋强度等级、保护层厚度及最小配筋率，如图8-15所示。

对于梁以外的混凝土构件承载力验算，计算构件有效高度（厚度）时，程序会用构件实际高度（厚度）-（材料信息表里的保护层厚度+12.5 mm）作为有效高度（厚度），其中12.5 mm为程序默认主筋的半径。在计算梁配筋时考虑到箍筋的影响，保护层厚度算法为梁的实际高度-（材料信息表里的保护层厚度+22.5 mm），其中22.5 mm为默认纵筋半径（12.5 mm）+箍筋直径（10 mm）。

最小配筋率如果在材料信息表里输入0，则程序按《混凝土结构设计规范（2015年版）》（GB 50010—2010）要求取0.2和$45f_t/f_y$（%）中的较大者。

8.2.4 独基

独立基础（独基）是一种分离式的浅基础。它承受一根或多根柱或者墙传来的荷载，基础

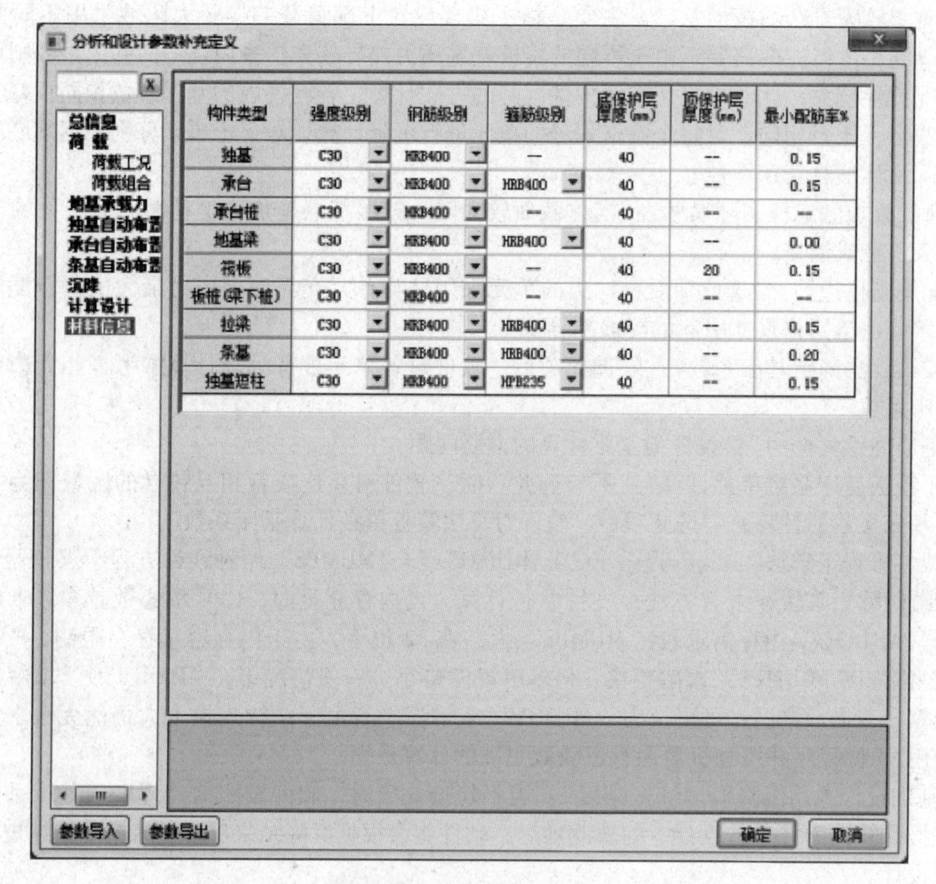

图 8-15　材料信息相关参数

之间可用拉梁连接在一起以增加其整体性。

1. 程序输入

本菜单用于独立基础模型输入，并提供根据设计参数和输入的荷载自动计算独基几何尺寸功能，也可人工定义布置。本菜单可实现功能如下：

（1）可自动将所有读入的上部荷载效应，按《建筑地基基础设计规范》（GB 50007—2011）要求选择基础设计需要的各种荷载组合值，并根据输入的参数和荷载信息自动生成独立基础数据。程序自动生成的基础设计内容包括地基承载力计算、冲剪计算、底板配筋计算。

（2）当程序生成的基础的角度和偏心与设计人员的期望不一致时，程序可按照用户修改的基础角度、偏心或者基础底面尺寸，重新验算。

（3）剪力墙下自动生成独基时，程序会将剪力墙简化成柱，再按柱下自动生成独基的方式生成独基，柱的截面形状取剪力墙的外接矩形。

（4）程序对布置的独立基础提供图形和文本两种验算结果。

（5）对于多柱独立程序提供上部钢筋计算功能。

注意：①当选中的柱上没有荷载作用（柱所在节点上无任何节点荷载）时，执行“自动生成”命令，程序将无法生成柱下独基，如需要则可用“独基布置”命令交互生成。②若设计的基础为混合基础时，如在柱下独基自动生成前布置了地基梁，程序将不再自动生成位于地基梁端柱下的独基。

2. 人工布置

用于人工布置独基之前，要布置的独基类型应该已经在类型列表中，独基类型可以是用户手工定义，也可以是用户通过“自动生成”方式生成的基础类型。单击“人工布置”按钮，程序会同时弹出“基础构件定义管理”菜单及基础布置参数菜单，如图 8-16 所示。

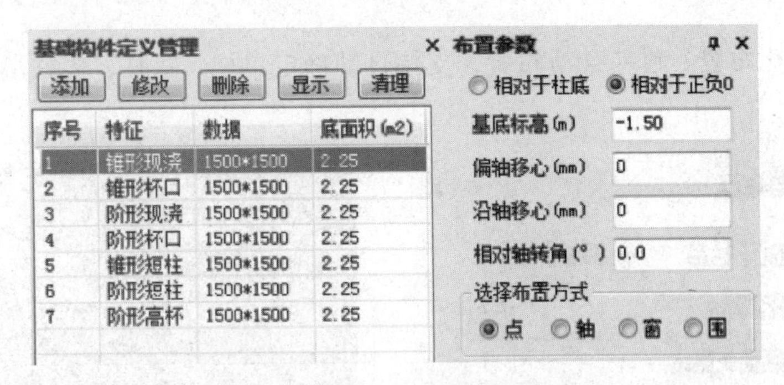

图 8-16 独基人工布置参数信息

可以通过两种方式修改基础定义：一种方式是在“基础构件定义管理”列表中选择相应的基础类型，单击“修改”按钮，这种方式是按基础类型修改基础定义；另一种方式是，双击需要修改的基础，程序弹出“构件信息”对话框，单击右上角的“修改定义”按钮，弹出如图 8-17 所示的独基定义对话框，在对话框中可输入或修改基础类型、尺寸、标高、移心等信息。

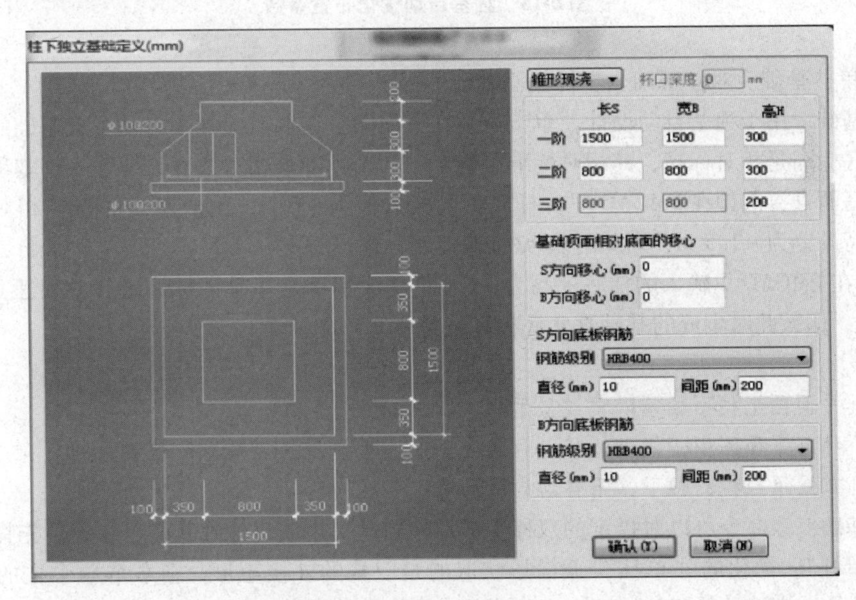

图 8-17 柱下独立基础定义对话框

对于人工布置的独基，程序会自动验算该独基是否满足设计要求，并自动调整不满足要求的独基尺寸，在基础平面图上输出每个独基的地基承载力、冲切剪切验算结果。

提示：

①柱下独基有 8 种类型，分别为锥形现浇、锥形杯口、阶形现浇、阶形杯口、锥形短柱、锥形高杯口、阶形短柱和阶形高杯口。

②在独基类别列表中，某类独基以其长宽尺寸显示。

③在已有的独基上也可进行独基布置，这样已有的独基被新的独基代替。

④“定义类别”和“独基布置”两个菜单也可用于人工设计独基。

⑤在对话框中，若某类独基被删除后，则程序也会删除其相应的柱下独基（即基础平面图上相应的柱

下独基也消失)。如删除所有独基类别，则等同于删除所有柱下独基。

⑥短柱或高杯口基础的短柱内的钢筋，程序没有计算，需用户另外补充。

3. 自动生成

(1) 自动优化布置。独基自动布置，支持自动确定单柱、双柱、多柱墙独基，如图 8-18 所示。

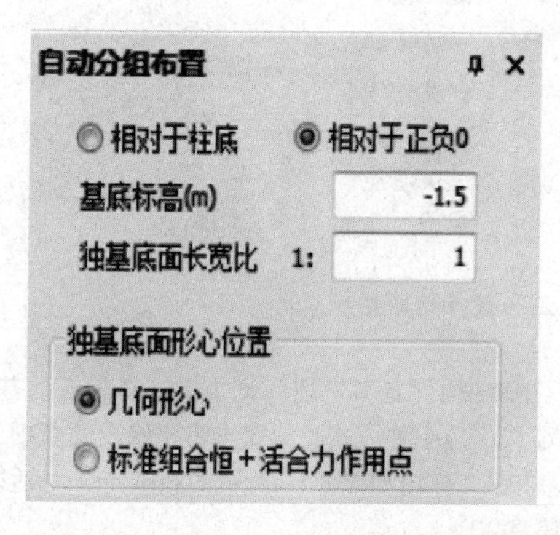

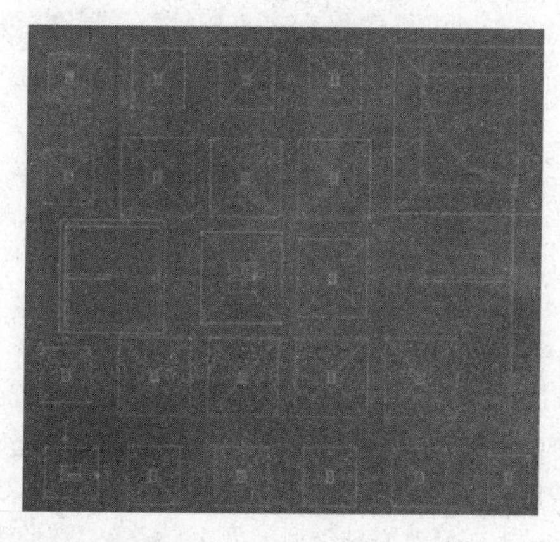

图 8-18　独基自动优化布置参数

(2) 单柱基础、双柱基础、多柱墙基础。

单柱基础：用于独基自动设计。单击后，在平面图上选取需要程序自动生成基础的柱、墙。

基础底标高是相对标高，其相对标准有两个：一个标准是相对柱底，即输入的基础底标高相对柱底标高而言，假如在 PMCAD 里，柱底标高输入值为 -6 m，生成基础时选择相对柱底，且基础底标高设置为 -1.5 m，则此时真实的基础底标高应该是 -7.5 m；另一个标准是相对正负 0，即如果在 PMCAD 里输入的柱底标高为 -6 m，生成基础是基础底标高选择相对正负 0，且输入 -6.5 m，那么此时生成的基础真实底标高就是 -6.5 m。

提示：

①基础平面图上柱下独基以黄线显示。

②柱下独基平面图中，将光标移动到某个独基上可显示其类别、形状和尺寸。

③在已布置承台桩的柱下，不自动生成独基。

双柱基础：该命令可以对指定的双柱生成双柱独基。生成双柱独基时，程序会先将双柱简化为一个“单柱”，简化的“单柱”截面形状取的是双柱的外接矩形，荷载取两个柱的轴力、剪力、弯矩叠加，弯矩叠加双柱轴力产生的附加弯矩。独基冲剪验算也是按简化后的柱及叠加后荷载计算。

多柱墙基础：该命令用于自动生成多柱、多墙、多柱墙下独基。生成多柱墙独基时，程序会先将多柱、多墙、多柱墙简化为一个“单柱”，简化的“单柱”截面形状取的是多柱、多墙、多柱墙的外接矩形，荷载取柱、墙的轴力、剪力、弯矩叠加，弯矩叠加柱墙轴力产生的附加弯矩。独基冲剪验算时也是按简化后的柱及叠加后荷载计算。

独基布置方向，如果是多柱独基则按简化后的“单柱”方向布置，如果是多柱墙基础或者是多墙基础，则独基按最长墙肢方向布置。

注意：程序限定自动生成的独基长宽尺寸不能超过 30 m。

双柱独基、多柱墙独基生成的还可以设置独基底面形心位置是按简化后的“单柱”形心布置还是按叠加后的合力作用点布置。通常来说，按荷载合力作用点布置受力更合理，更经济。

双柱、多柱墙独基命令自动计算基础顶面钢筋：程序将上部多柱荷载及基底反力作用于独基，每个方向按等间距取 10 个不利截面计算该方向基础顶部钢筋，最后单方向取包络值。

（3）独基归并。输入相应的归并差值尺寸，程序根据长度单位或归并系数对独基进行归并。用户可以选择按“长度单位归并”或者按“归并系数归并”，归并系数即长宽尺寸相差在相应的范围（0.2，即独基尺寸相差 20%）内，独基按类型归并到尺寸较大的独基。

（4）单独验算、计算书。本命令用于输出单个独基的详细验算、计算过程，单独计算书内容包括设计资料（独基类型、材料、尺寸、荷载、覆土、承载力、上部构件信息、参考规范），独基底面面积计算过程，独基冲剪计算过程，独基配筋计算过程。

独基单独计算命令默认输出每项计算内容里起控制作用的荷载组合的计算过程，如果想看所有荷载组合的计算过程，可以单击右下角工具栏的“输出控制”按钮，将“计算结果简略输出”项不勾选。

（5）总验算、计算书。支持多个独基单独验算计算书整合输出。

本命令用于输出所有独基的验算结果，内容包括平均反力、最大反力、受拉区面积百分比、冲切安全系数、剪切安全系数，并输出所有校核是否满足要求。

其中独基受拉区百分比如果超过“参数”“独基自动布置”参数里设定的允许受拉区百分比的话，程序会提示不满足。冲切安全系数及剪切安全系数大于等于 1 表示满足要求，小于 1 则不满足要求。

（6）删除独基。提供左右框选功能，删除用户所选择的独基。

8.2.5　筏板

1. 基本概念

本菜单用于布置筏形基础，并进行有关筏板计算。它可以定义并布置筏板、子筏板、修改板边挑出尺寸、定义布置相应荷载。

子筏板：在已有筏板范围内嵌套布置一块筏板，嵌套布置筏板的厚度、标高、板上荷载等的定义与常规筏板一致，嵌套布置范围内筏板属性是替代关系。

提示：

（1）筏板可以是有桩筏板、无桩筏板、带肋筏板、墙下筏板和柱下平板。

（2）在图上，常规筏板以白色边线围成的多边形表示，防水板以蓝色边线表示。

（3）子筏板与大筏板间的关系尽量是包含与被包含全子集关系。

（4）筏板内的加厚区、下沉的积水坑和电梯井都称为子筏板。子筏板应该在原筏板的内部。在每块筏板内，允许设置加厚区。

（5）积水坑、电梯井、加厚区的设置采用与布置筏板相同的方法输入。

2. 布置

（1）筏板防水板。筏板防水板用于布置各类筏板及防水板，如图 8-19 所示。筏板底标高按相对标高输入。筏板属性可以设置为“普通筏板”或者是“防水板”。对于普通天然地基筏板，程序会在后续“分析计算”菜单给出板底基床系数建议

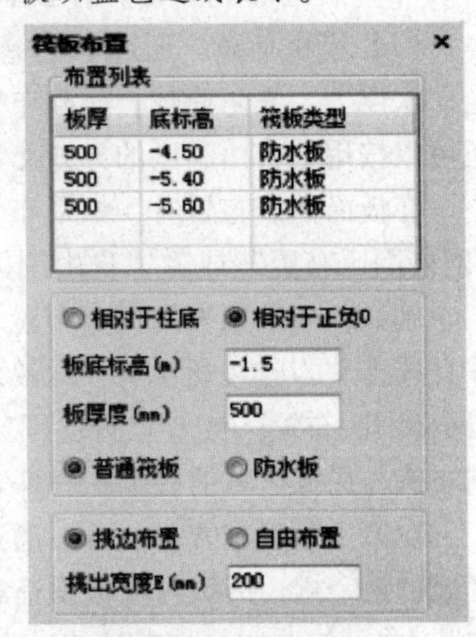

图 8-19　筏板布置参数

值，对于属性设置为“防水板”的基础及桩筏基础，程序默认将板底基床系数设置为 0，即筏板底没有土反力。

筏板的布置有两种方式：

“挑边布置”：依托网格生成筏板。

围区布置筏板对网格线的要求：筏板布置需要参照网格线，采用围区方式生成。要使给定的围区能形成筏板，那一定要满足所围区域内的网格线能形成闭合区域的要求。当网格线不能满足闭合要求时，用户需要补充网格线使其闭合。

补充输入网格线有两种方法：

①在 PMCAD 的“建筑模型和荷载输入”中，通过菜单项“轴线输入”提供的功能，将筏板布置需要的网格线补充输入。用户应优先考虑采用这种方法。

②在 JCCAD 的“基础模型”中，通过菜单项“网格节点”提供的功能，将筏板布置需要的网格线补充输入。

在上述对话框“挑出宽度”中，只提供一项“挑出宽度”参数，这是按一般情况下的筏板要求设置的，即假定多边线筏板的每一边挑出网线的距离是一样的。当实际工程的筏板周边挑出的宽度不同时，用户可以通过之后的“修改板边”菜单项，修改筏板边的挑出宽度。挑出宽度可以输入正值（板边向外挑），也可以输入负值（板边向内收缩）。

“自由布置”：用户可以在屏幕上按任意多边形布置筏板。

输入筏板厚度和板底标高后，单击“确认”按钮则生成或修改一种筏板类型。

（2）筏板局部加厚。本菜单用于对已有筏板布置局部加厚区，加厚方式为“上部加厚”及“下部加厚”。加厚值 h 表示在已有板厚的基础上增加的厚度。加厚区之间尽量不要局部搭接重叠。加厚区的荷载要重新布置，加厚区后续计算的时候基床系数默认取大板的基床系数。

（3）筏板局部减薄。本菜单用于对已有筏板布置局部布置减薄区域，减薄区域可以是“上部减薄”及“下部减薄”。减薄值 h 表示在已有板厚的基础上减少的厚度。减薄区之间尽量不要局部搭接重叠。如果筏板减薄值 h 大于等于筏板厚度，那么减薄区域程序自动按开洞处理。减薄区的荷载要重新布置，减薄区后续计算的时候基床系数默认取大板的基床系数。

（4）电梯井。本菜单用于在筏板上布置电梯井及集水坑，可以设置井底及坑底的筏板厚度及板底标高，可以像普通筏板一样设置电梯井或者集水坑的挑出宽度。

（5）筏板开洞。本菜单用于在筏板上布置洞口。

（6）后浇带。本菜单用于在基础上布置后浇带，后浇带可以不封闭。

（7）筏板荷载。通过本菜单定义、布置、编辑筏板上的荷载。荷载包括恒载、活荷载、覆土、水浮力、人防荷载。荷载布置方式可以是以整板为单位布置，也可以围区网格为单位布置，还可以按用户自由围区的方式布置荷载。

在板面荷载布置时，如果布置方式选择“点选筏板满布”，那么荷载是替换关系，如果选择“网格围区布置”或者“自由围区布置”，则荷载是叠加关系。

例如，如果原来筏板上布置了 10 kN/m^2 的恒荷载，这个时候重新定义一个恒荷载 5 kN/m^2，并且选择“点选筏板满布”，那么板面的恒载值由原来的 10 kN/m^2 替换为 5 kN/m^2，如果选择“网格围区布置”或者“自由围区布置”方式布置，那么相应的局部区域内的板面荷载计算值为满布值与局部区域值叠加 15 kN/m^2。

在覆土荷载布置时，可以通过勾选“挑出单独布置”选项，程序自动形成筏板的挑边局部区域，每个挑边区域内的覆土荷载可以通过“荷载修改”菜单单独修改。操作时“点选筏板满布”，并且勾选“挑檐单独修改”，覆土荷载布置后，选择荷载修改选项，点选或框选需要修改覆土的挑边范围，单击鼠标右键，在弹出的荷载值输入框里输入新的覆土荷载，计算时该区域荷载值与筏板满布值叠加处理（图 8-20）。

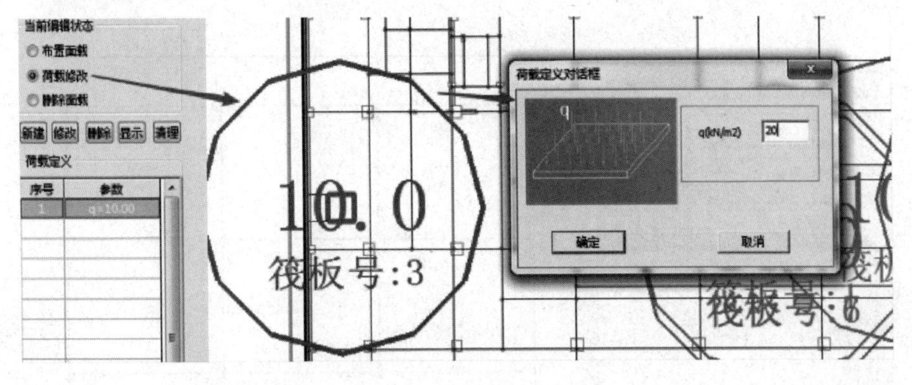

图 8-20　荷载修改流程

对于水浮力与人防荷载，需要在“参数”“荷载工况”菜单里，勾选相应的设置项。

勾选“历史最低水位”，并且输入相应的水位标高，程序会在“板面荷载”菜单里自动生成“水浮力 - 常规”的荷载工况，用户可以在筏板上按工程实际布置并且编辑该荷载工况。勾选“历史最高水位”，并且输入相应的水位标高，程序会在“板面荷载”菜单里自动生成“水浮力 - 抗浮”的荷载工况。对于同一个工程，抗浮水位标高不一样的情形（如坡地表水位不一样的情形），则可以在“板面荷载”定义不同“水浮力 - 抗浮”工况荷载值，并且布置到相应区域即可。

对于同一工程局部人防荷载不一样的情况，需要在“参数”“荷载工况”菜单里勾选考虑人防荷载，在“板面荷载”菜单里会自动生成“人防底板等效静荷载”的荷载工况，用户可以通过删除面载、荷载修改功能调整人防底板等效静荷载值和布置的区域，从而实现筏板局部人防的功能。

例如，某工程群楼下人防等级为核 6B 级，主楼下核 6 级，操作步骤如下：先在“参数”“荷载工况”下人防等级选择核 6B 级，人防底板等效静荷载输入 - 30。然后进入“筏板”“布置”菜单，单击“板面荷载”，工况选择“人防底板等效静荷载”，单击“新建”按钮，弹出的对话框里选择核 6 级，并且将核 6 级的底板等效静荷载布置到主楼范围即可。也可通过“荷载修改”功能将主楼下的人防荷载改为核 6 级即可。

3. 编辑

（1）综合编辑。通过本菜单可以对已经布置的筏板进行编辑修改，包括修改板边挑出、对筏板进行增补和切割，同时对已经布置的筏板还可以进行镜像、复制、移动。

对于筏板上已经布置的板面荷载，筏板的镜像、复制、移动功能同样有效，在镜像、复制、移动筏板的同时，筏板上的荷载也是随着一起镜像、复制、移动的。

（2）改板信息。对于已经布置筏板的板厚、板底标高及筏板的类型进行修改。

（3）重心校核。通过该项菜单，用户可以查看任何荷载组上部荷载作用点与基础形心的偏移。同时可以查看准永久组合下的偏心距比值是否符合规范要求。同时该菜单会显示每个组合下的荷载总值，筏板的最大反力、最小反力及平均反力（这里的反力是假设整个板是刚性板，没有变形计算出的反力值），对于初步校核基础承载力是否满足要求有一定参考价值，如图 8-21 所示。重心校核的结果可以输出为 Word 格式的文本计算书，同时在基础平面图上输出校核结果。图形结果自动保存在工程文件下的“地基基础”文件夹里。

重心校核功能具有子筏板控制选项，重心校核算法支持考虑墙平面外弯矩、考虑柱墩独基自重。

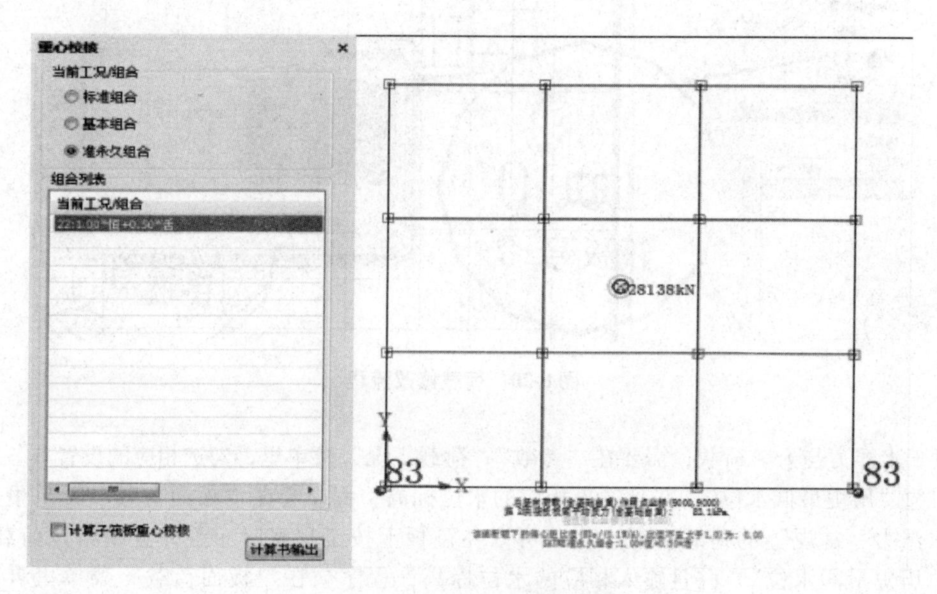

图 8-21　计算子筏板重心校核

具体操作步骤：执行“筏板”→“编辑”→“重心校核”命令，选择相应的荷载组合，程序会在平面里显示该荷载组合下的荷载总值、荷载作用点坐标、该荷载下基础的最大反力值、最小反力值及平均反力值（反力值都是假设基础为刚性基础而得到的，所以通过该菜单得到的基础的反力分布是线性分布）。如果选择的是标准组合，程序还会显示修正后的基底承载力值，以方便用于承载力校核。如果选择的是准永久组合，程序会显示荷载作用点与基础线性的偏心距比值，用于校核基础是否满足《建筑地基基础设计规范》（GB 50007—2011）第 8.4.2 的要求。

（4）抗浮验算。《建筑地基基础设计规范》（GB 50007—2011）第 5.4.3 条要求，建筑物基础存在浮力作用时，应进行抗浮稳定性验算。单击该菜单项，并且选择相应的筏板，程序将弹出图 8-22 所示的对话框。验算结果也可以输出为 Word 文本格式，方便整理计算书。

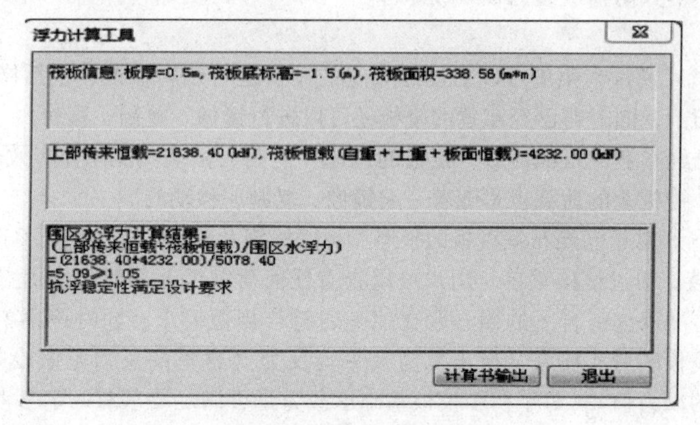

图 8-22　浮力计算工具

8.3 分析设计

分析设计模块对用户在建模模块中输入的基础模型进行处理并进行分析与设计，如图 8-23 所示。其主要功能如下所述：

生成设计模型：读取建模数据进行处理，生成设计模型，并提供设计模型的查看与修改功能。

生成分析模型：对设计模型进行网格划分并生成进行有限元计算所需数据。

分析模型查看与处理：分析模型的单元、节点、荷载等查看；桩土刚度的查看与修改。

有限元计算：进行有限元分析，计算位移、内力、桩土反力、沉降等。

基础设计：对独基、承台按照规范方法设计；对各类采用有限元方法计算的构件根据有限元结果进行设计。

图 8-23 界面

8.3.1 参数

这里的参数设置与“基础模型”里“参数”功能一样，只是保留了计算相关的参数，而去掉了与计算无关的参数，如图 8-24 所示。之所以在这里保留计算参数输入菜单，是因为考虑到部分用户习惯于在计算分析菜单中设置相关参数。这里设置的参数与“基础模型”里“参数”作用等效，两个菜单设置的参数互相联动。

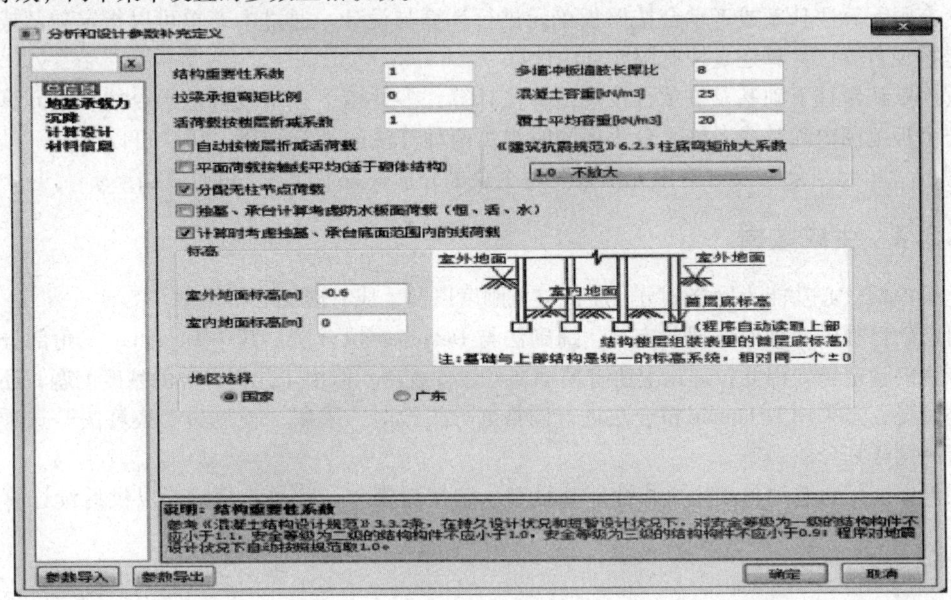

图 8-24 参数

8.3.2 模型信息

通过本菜单可以查看基础模型的基础类型信息、尺寸信息、材料信息、校核基础模型输入是否正确。单击“模型信息”，左侧树形菜单控制显示的基础类型及模型信息，如图 8-25 所示。

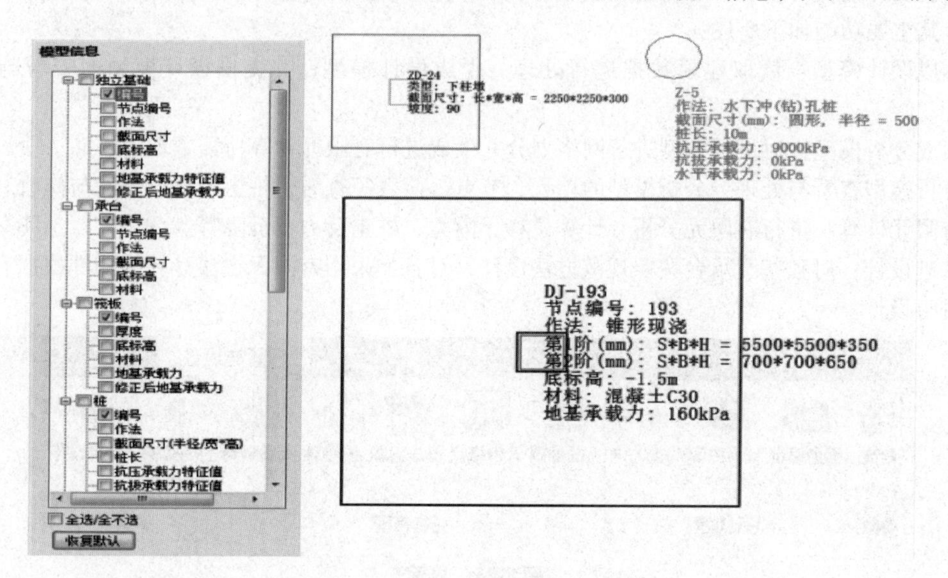

图 8-25 模型信息

8.3.3 计算内容

对于单柱下的独基或者桩承台，程序默认按规范算法计算和设计，即此时独基或者桩承台本身视为刚性体，各种荷载及效应作用下本身不变形，做刚体运动。对于多柱墙下独基或者桩承台，可能基础很难保证本身不变形，即刚性体假定可能不成立，此时可能按有限元算法计算更为合理，有限元算法独基或者承台按照板单元进行计算与设计。通过本菜单可以指定独基或者桩承台是按规范算法计算还是按有限元算法计算。

程序默认单柱下独基及桩承台按规范算法计算，多柱墙下独基或者桩承台按有限元算法计算，防水板范围内独基或者桩承台程序同时提供两种算法的计算结果，用户可以通过“结果查看”里的“单元结果”及“有限元结果”两个菜单分别查看不同算法的计算结果。

8.3.4 生成数据

此菜单的核心功能为网格划分、生成桩土刚度以及生成有限元分析模型。

目前软件提供两种网格划分方式：铺砌法与 Delaunay 拟合法。其中 Delaunay 三角剖分算法具有严格的稳定性，因此，理论上所有模型都可划分成功，但由于几何计算的精度问题，还是存在例外情况，当采用 Delaunay 拟合法进行网格划分失败时，采用“使用边交换算法”选项，可有效提高网格划分成功率。

软件根据用户选项自动生成弹性地基模型、倒楼盖模型、防水板模型，以供后续计算设计使用。

8.3.5　分析模型

执行“生成数据”命令后，程序会生成分析模型，单击“分析模型”按钮可以查看分析模型下的一些模型信息。

“有限元网格信息”：查看有限元网格划分结果，包括单元编号及节点编号。

“板单元”：查看每个单元格里的筏板厚度及筏板混凝土强度等级。

8.3.6　基床系数

本菜单用于查看、定义、修改基础基床系数，如图 8-26 所示。

基础基床系数修改操作过程：先在“基床系数”输入框里输入要修改的基床系数，然后单击“添加”按钮，这时在基床系数定义列表中会显示刚刚添加的基床系数。修改时先在列表选择相应的基床系数，然后“布置方式”可以选择“按有限元单元布置”直接框选单元布置，也可以选择“按构件布置”选择相应的构件布置。

需要注意的是，用户手工修改过的基床系数，程序会默认优先级较高，重新生成数据时，程序会优先选用上次用户修改过的基床系数。如果用户希望用程序默认的基床系数，可以通过“恢复默认”按钮实现。

8.3.7　桩刚度

本菜单用于查看修改桩、锚杆刚度、群桩放大系数，如图 8-27 所示。

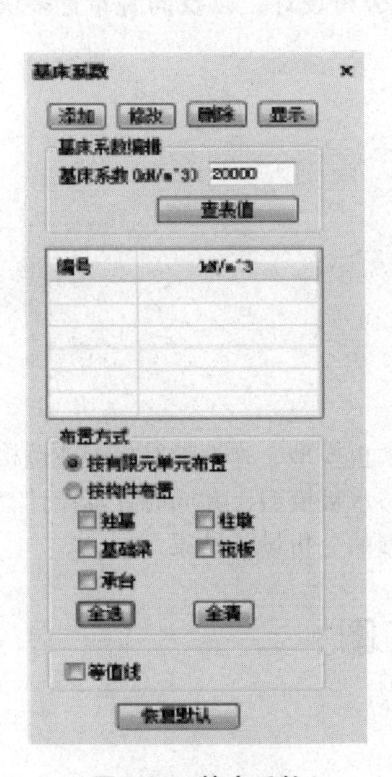

图 8-26　基床系数

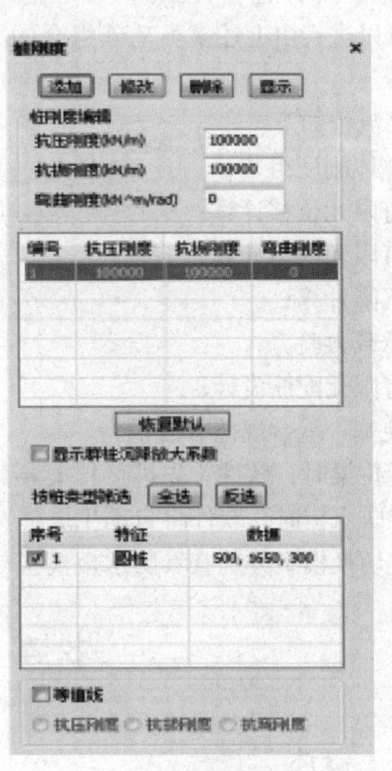

图 8-27　桩刚度

单桩弹性约束刚度 K 包含竖向、弯曲刚度及抗拔刚度，程序能根据地质资料计算单桩刚度，如果有输入地质资料，程序自动计算刚度值，其具体计算方法请参照技术条件。如果没有输入地质资料，则程序将按默认值 100 000kN/m 确定桩的刚度。

桩刚度修改操作过程：先在“桩刚度编辑”输入框里输入要修改的桩刚度，然后单击“添加”按钮，这时在桩刚度定义列表中会显示刚刚添加的桩刚度。修改的时候先在列表中选择相应的桩刚度，直接框选桩进行修改，为了提高用户的使用效率，软件提供了按照桩类型的筛选器。

需要注意的是，用户手工修改过的桩刚度，程序会默认优先级较高，重新生成数据时，程序会优先选用上次用户修改过的基床系数。如果用户希望用程序默认的基床系数，可以通过“恢复默认”按钮实现。

8.3.8 荷载查看

本菜单用于查看校核基础模型的荷载是否读取正确。“设计模型”会根据用户选择显示所有上部构件的荷载、自重等信息，“分析模型”会显示每个单元网格里的荷载信息及每个单元节点的荷载信息。

8.3.9 生成数据与计算设计整合

整合生成数据与计算设计两个功能，减少用户操作，提高效率。

8.3.10 计算设计

此菜单主要实现柱下独立基础、墙下条形基础、弹性地基梁基础、带肋筏形基础、柱下平板基础（板厚可不同）、墙下筏形基础、柱下独立桩基承台基础、桩筏基础、桩格梁基础等的分析设计，还可以进行由上述多类基础组合的大型混合基础分析设计，以及同时布置多块筏板的基础分析设计。

其主要流程如下：

（1）整体刚度组装；

（2）有限元位移计算；

（3）有限元内力计算；

（4）沉降计算；

（5）承载力验算；

（6）有限元配筋设计；

（7）独基、承台规范方法设计。

当布置拉梁时，软件首先进行拉梁导荷，再进行防水板模型、弹性地基模型或倒楼盖模型计算；当存在防水板时，软件将自动生成弹性地基模型与防水板模型，并同时计算设计，在后处理中可以通过切换模型分别查看防水板模型与弹性地基模型的分析设计结果。

8.4 基础施工图

8.4.1 概述

基础施工图程序可以承接基础建模程序中构件数据绘制基础平面施工图，也可以承接 JCCAD 软件基础计算程序绘制基础梁平法施工图、基础梁立剖面施工图、筏板施工图、基础大样图（桩承台独立基础墙下条基）、桩位平面图等施工图。程序将基础施工图的各个模块（基础平面施工图、基础梁平法、筏板、基础详图）整合在同一程序中，实现在一张施工图上绘制平面图、平法图、基础详图功能，减少了用户逐一进出各个模块的操作，并且采用了全新的菜单组织。程序的主界面如图 8-28 所示。

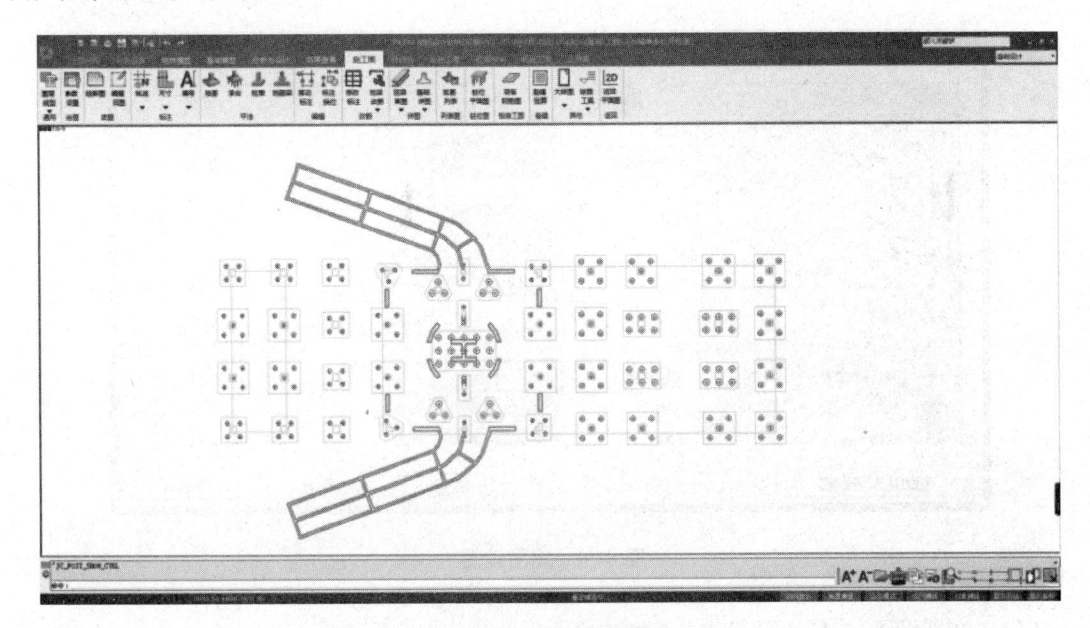

图 8-28　程序主界面

下面介绍运行基础施工图程序前需要了解的菜单项。

8.4.2　内容

1. 图层线型

“图层线型”菜单下分别设置“线型设置”“图层设置”“文字设置”“图纸模式设置”菜单。

(1)“线型设置”：用于设置基础施工图绘制线型信息，如图 8-29 所示。

线型设置

序号	线型名称	线型描述	线型说明
1	实线	0,0	实线 ______
2	点画线	12,-3,0.5,-3	点划线 __ . __ .
3	虚线	3,-2	虚线 _ _
4	双点画线	12,-3,0.5,-3,0.5,-3	双点划线 __ .. __ ..
5	长点画线	24,-3,0.5,-3	长点划线 ___ . ___ .
6	长双点画线	24,-3,0.5,-3,0.5,-3	长双点划线 ___ .. ___ ..
7	虚线2	-0.3,0.6,-0.3	虚线2 _ _ _ _

增加表行　删除表行　确认　取消　帮助(H)

图 8-29　线型设置

（2）“图层设置”：用于设置基础施工图图层的基本信息，包括图层名称设置、图层颜色设置、图层线型设置、图层线宽设置，如图 8-30 所示。

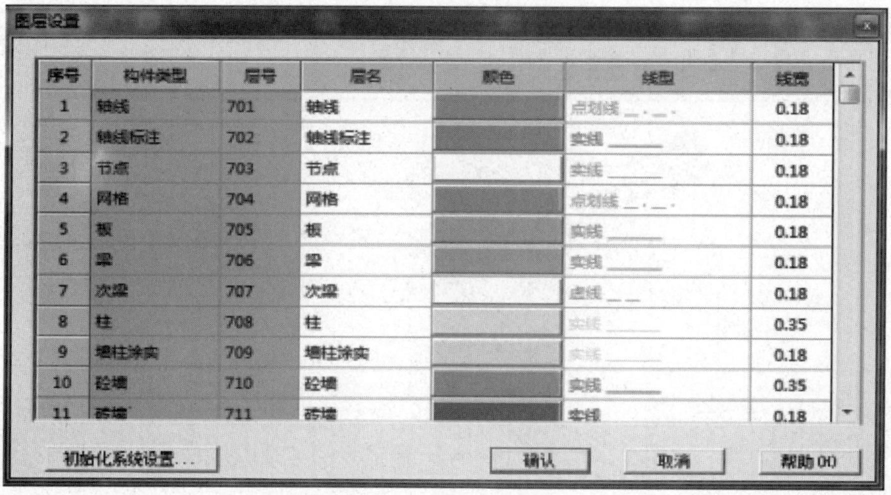

图层设置

序号	构件类型	层号	层名	颜色	线型	线宽
1	轴线	701	轴线		点划线	0.18
2	轴线标注	702	轴线标注		实线	0.18
3	节点	703	节点		实线	0.18
4	网格	704	网格		点划线	0.18
5	板	705	板		实线	0.18
6	梁	706	梁		实线	0.18
7	次梁	707	次梁		虚线	0.18
8	柱	708	柱		实线	0.35
9	墙柱涂实	709	墙柱涂实		实线	0.18
10	砼墙	710	砼墙		实线	0.35
11	砖墙	711	砖墙		实线	0.18

初始化系统设置...　确认　取消　帮助(H)

图 8-30　图层设置

（3）“文字设置”：用于设置相关绘图内容及尺寸标注的文字大小。

（4）“图纸模式设置”：用于设置基础施工图模式，分为“图纸空间模式”及“模型空间模式”。

2. 参数设置

用于设置基础施工图的绘制内容以及不同的基础类型相应的绘图参数的单独指定，程序会自动判断基础模型里有哪些基础类型，参数设置只显示已有的基础相关参数，不包括的基础类型参数设置将不再显示相关内容。基础类型参数包括“平面图参数”“地基梁标注”“独基设置”“承台设置”，如图 8-31 所示。

3. 绘新图

用来重新绘制一张新图，如果有旧图存在时，新生成的图会覆盖旧图。

4. 编辑旧图

打开旧的基础施工图文件，程序承接上次绘图的图形信息和钢筋信息，继续完成绘图工作。通过图 8-32 的对话框来进行选择要编辑的旧图。

5. 标注

“轴线”：本菜单的作用是标注各类轴线（包括弧轴线）间距、总尺寸、轴线号等，菜单如图 8-33 所示。

“尺寸”：本菜单实现对所有基础构件的尺寸与位置进行标注。

所有标注菜单的使用方法和功能说明如下：

“条基尺寸”：用于标注条形基础和上面墙体的宽度，使用时只需用光标点取任意条形基础的任意位置即可在该位置上标出相对于轴线的宽度。

“柱尺寸”：用于标注柱子及相对于轴线尺寸，使用时只需用光标点取任意一个柱子，光标偏向哪边，尺寸线就标在哪边。

“拉梁尺寸”：用于标注拉梁的宽度以及与轴线的关系。

“独基尺寸”：用于标注独立基础及相对于轴线尺寸，使用时只需用光标点取任意一个独立基础，光标偏向哪边，尺寸线就标在哪边。

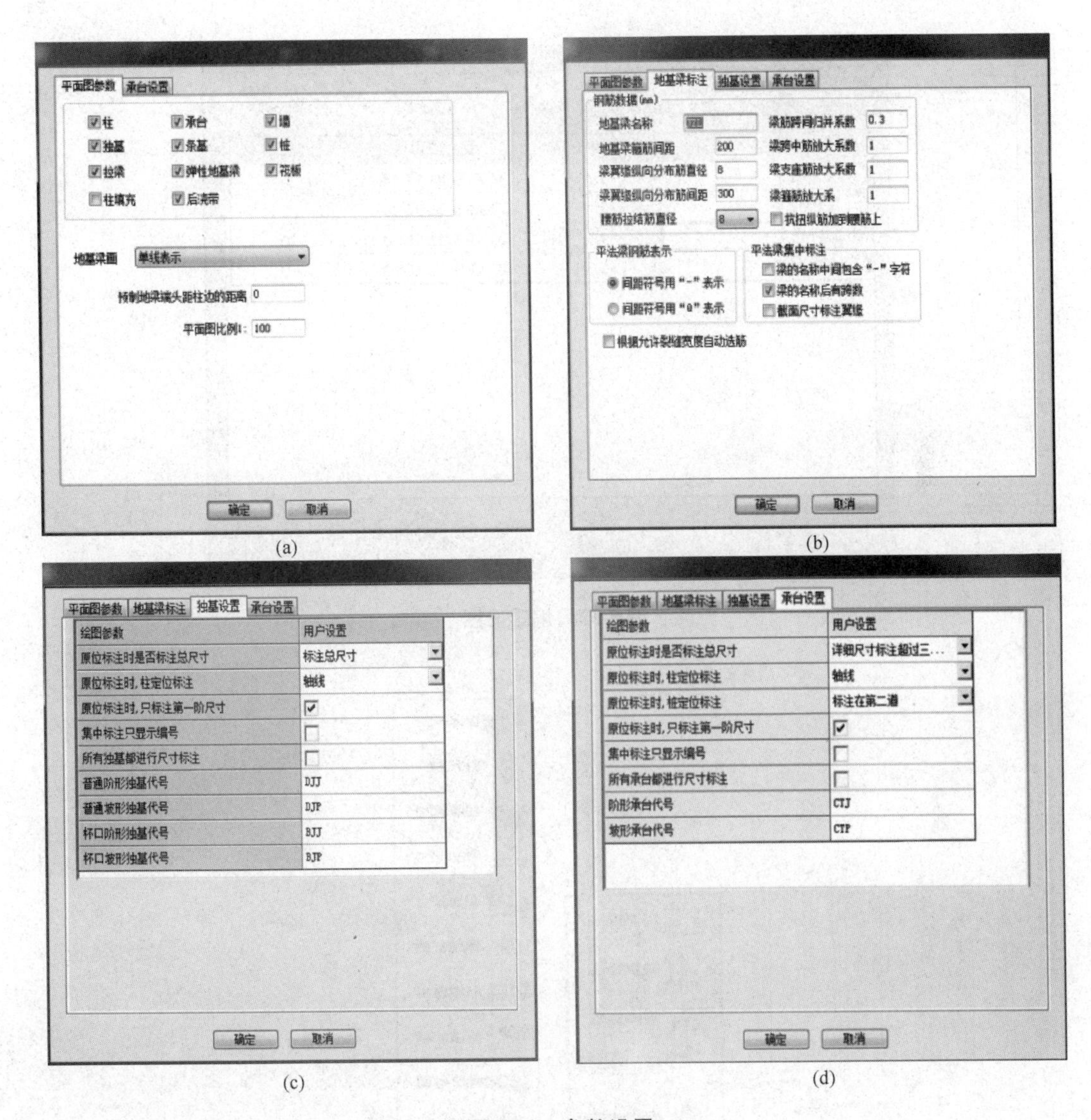

图 8-31　参数设置

(a) 平面图参数；(b) 地基梁标注；(c) 独基设置；(d) 承台设置

“承台尺寸”：用于标注桩基承台及相对于轴线尺寸，使用时只需用光标点取任意一个桩基承台，光标偏向哪边，尺寸线就标在哪边。

“地梁长度”：用于标注弹性地基梁（包括板上的肋梁）长度，使用时首先用光标点取任意一个弹性地基梁，然后用光标指定梁长尺寸线标注位置。一般此功能用于挑出梁。

“地梁宽度”：用于标注弹性地基梁（包括板上的肋梁）宽度及相对于轴线尺寸，使用时只需用光标点取任意一根弹性地基梁的任意位置即可在该位置上标出相对于轴线的宽度。

“标注加腋”：用于标注弹性地基梁（包括板上的肋梁）对柱子的加腋线尺寸，使用时只需用光标点取任意一个周边有加腋线的柱子，光标偏向柱子哪边，就标注哪边的加腋线尺寸。

“筏板剖面”：用于绘制筏板和肋梁的剖面，并标注板底标高。使用时须用光标在板上输入两点，程序即可在该处画出该两点切割出的剖面图。

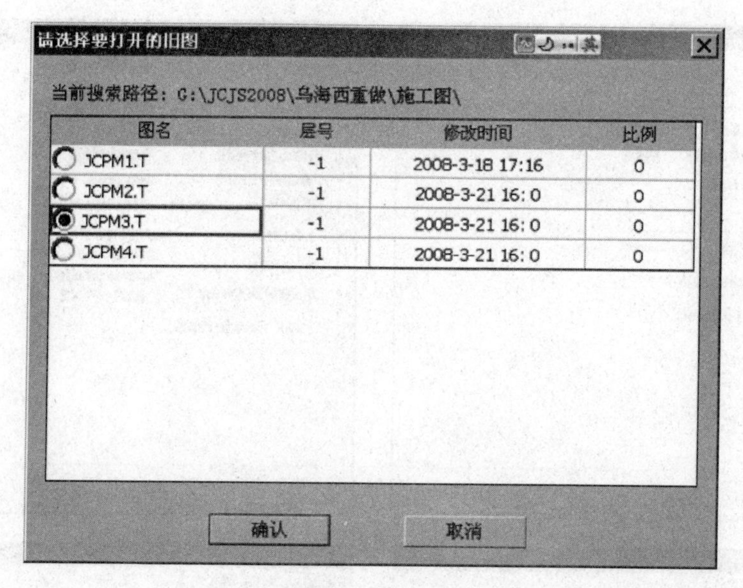

图 8-32　编辑旧图

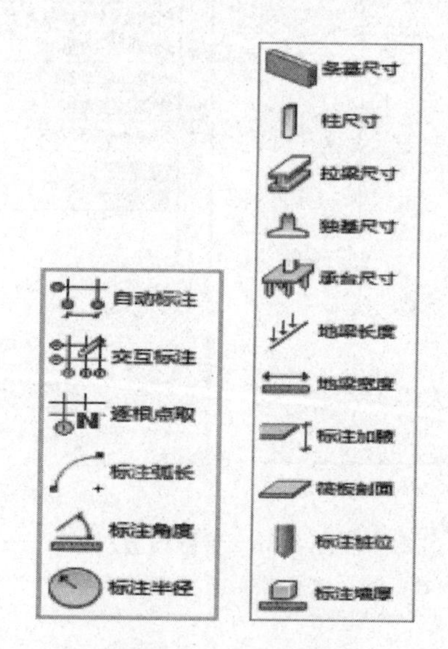

图 8-33　标注菜单

“标注桩位”：用于标注任意桩相对于轴线的位置，使用时先用多种方式（围区、窗口、轴线、直接）选取一个或多个桩，然后光标点取若干同向轴线，按 Esc 键退出后再用光标给出绘制尺寸线的位置即可标出桩相对这些轴线的位置。如轴线方向不同，可多次重复选取轴线、定尺寸线位置的步骤。

“标注墙厚”：用于标注底层墙体相对轴线位置和厚度。使用时只需用光标点取任意一道墙体的任意位置即可在该位置上标出相对于轴线的宽度。

“编号”：本菜单的功能是标注写出柱、梁、独基的编号和在墙上设置、标注预留洞口。

“平法”：本菜单用于根据图集要求，分别绘制独基、承台、柱墩、地基梁的平法施工图。

“编辑”：对施工图的标注进行移动或者换位编辑。

“改筋”：本菜单用于根据图集要求，分别绘制独基、承台、柱墩、地基梁的平法施工图。

“修改标注”：用于对施工图中的标注进行修改，修改是需要单击基础平面图上的标注，程序弹出编辑标注对话框，如图 8-34 所示。

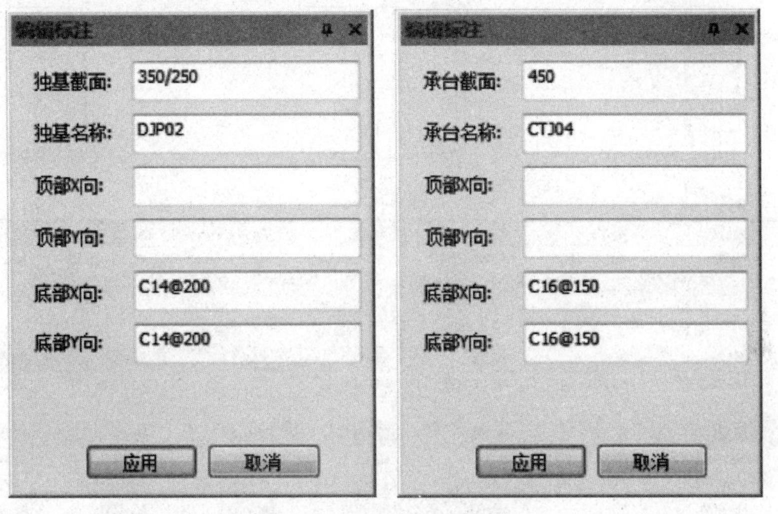

图 8-34 编辑标注对话框

6. 地梁改筋

单击“地梁改筋”按钮后，程序出现如图 8-35 所示的菜单界面。

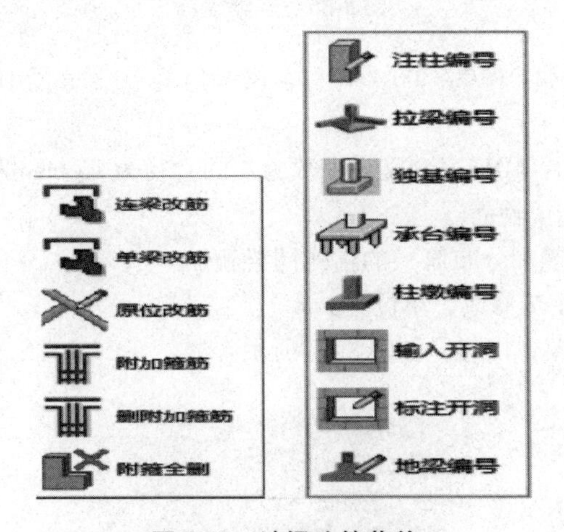

图 8-35 地梁改筋菜单

地梁改筋菜单的使用方法和功能说明如下：

(1) “连梁改筋”：采用表格方式修改连梁的钢筋，当单击“连梁改筋”按钮后，程序提示用户选取地基梁，当用鼠标选取地基梁后，程序弹出修改钢筋界面，如图 8-36 所示。

图上显示为地基梁当前跨左中右截面的剖面图，初值为第一跨，可以通过编辑下部分的 cell 表格来修改钢筋信息。按 Enter 键关闭本对话框，完成本连梁一次修改操作。

“梁纵筋”的输入格式如：12B25，6/6 或 4B25 + 4B22，2/6。其中允许输入两种钢筋直径，可以分上下两层，当为上部纵筋时，大直径钢筋放在上排，程序在上排自动布置钢筋最多为 6 根。当为下部纵筋时，大直径钢筋放在下排，程序在下排自动布置钢筋最多为 6 根。

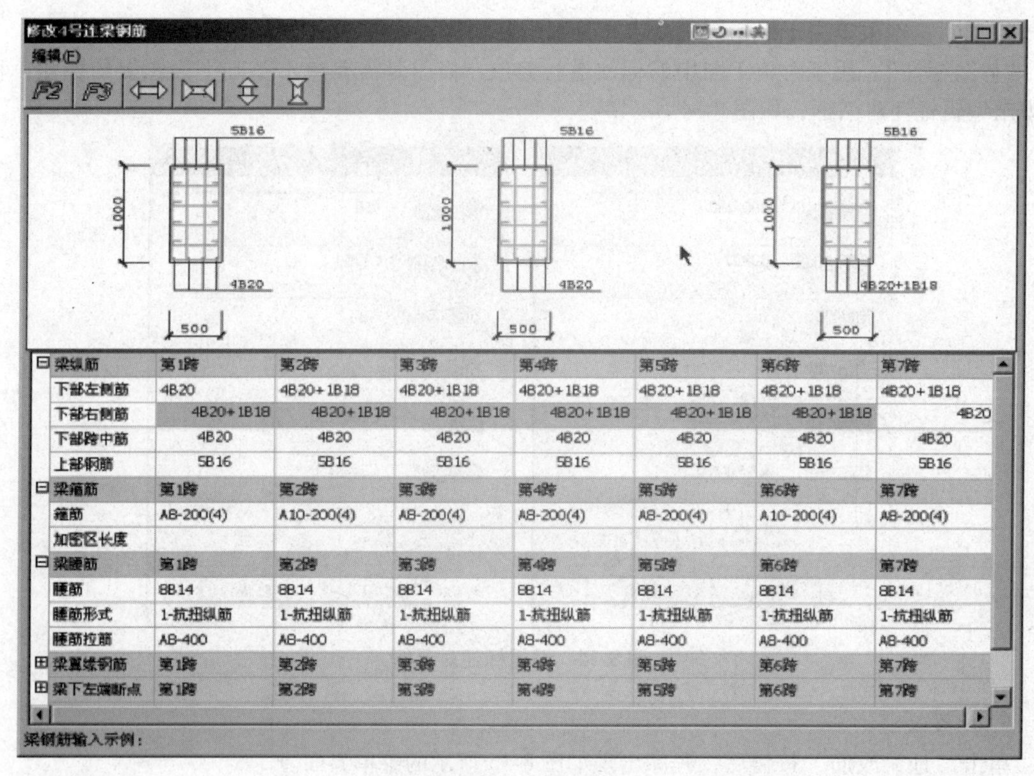

梁纵筋	第1跨	第2跨	第3跨	第4跨	第5跨	第6跨	第7跨
下部左侧筋	4B20	4B20+1B18	4B20+1B18	4B20+1B18	4B20+1B18	4B20+1B18	4B20+1B18
下部右侧筋	4B20+1B18	4B20+1B18	4B20+1B18	4B20+1B18	4B20+1B18	4B20+1B18	4B20
下部跨中筋	4B20	4B20	4B20	4B20	4B20	4B20	4B20
上部钢筋	5B16	5B16	5B16	5B16	5B16	5B16	5B16
梁箍筋	第1跨	第2跨	第3跨	第4跨	第5跨	第6跨	第7跨
箍筋	A8-200(4)	A10-200(4)	A8-200(4)	A8-200(4)	A8-200(4)	A10-200(4)	A8-200(4)
加密区长度							
梁腰筋	第1跨	第2跨	第3跨	第4跨	第5跨	第6跨	第7跨
腰筋	8B14	8B14	8B14	8B14	8B14	8B14	8B14
腰筋形式	1-抗扭纵筋	1-抗扭纵筋	1-抗扭纵筋	1-抗扭纵筋	1-抗扭纵筋	1-抗扭纵筋	1-抗扭纵筋
腰筋拉筋	A8-400	A8-400	A8-400	A8-400	A8-400	A8-400	A8-400
梁翼缘钢筋	第1跨	第2跨	第3跨	第4跨	第5跨	第6跨	第7跨
梁下左端断点	第1跨	第2跨	第3跨	第4跨	第5跨	第6跨	第7跨

图 8-36　连梁改筋

“梁箍筋”的输入格式如：B10－400（4），含义为直径 10 mm 的 HRB335 级钢筋间距 400 mm 为 4 肢箍。

“腰筋”的输入格式如：4B16，含义为根数为 4 的直径为 16 mm 的 HRB335 级钢筋。

“腰筋拉筋”的格式同梁箍筋。

“梁翼缘钢筋”（受力筋和分布筋）的格式同梁箍筋。

梁两端的截断长度可手工修改，单位为 mm。

对话框上的“编辑”菜单内容，如图 8-37 所示。

钢筋修改选项(S)	F2
钢筋复制(C)	F3
放大表格宽(+10%)	F5
缩小表格宽(-10%)	F6
放大表格高(+10%)	F7
缩小表格高(-10%)	F8

图 8-37　编辑

当“支座左右钢筋同时修改时”选项打勾时，则图 8-36“连梁钢筋”对话框的下部右侧筋内容变成灰色，其信息不能修改，其值同下一跨的下部左侧筋。

其中“钢筋复制”如图 8-38 所示。用于实现不同梁跨的钢筋复制功能。

（2）“单梁改筋”：采用手动选择连梁梁跨的修改方式，可以选择多个梁跨，用图 8-39 对话框修改相应的钢筋。程序可以只修改选中的梁跨的单项钢筋，如当选取的多个梁的顶部钢筋要

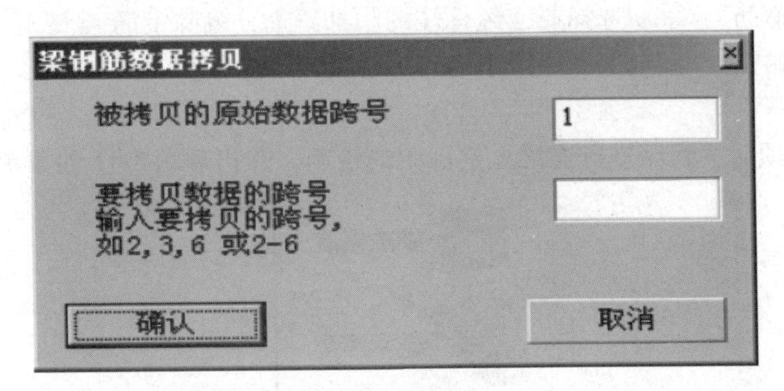

图 8-38　钢筋复制

改为相同值时，只要在“顶部钢筋”项中输入钢筋信息，然后，单击“修改”按钮即可完成修改工作。

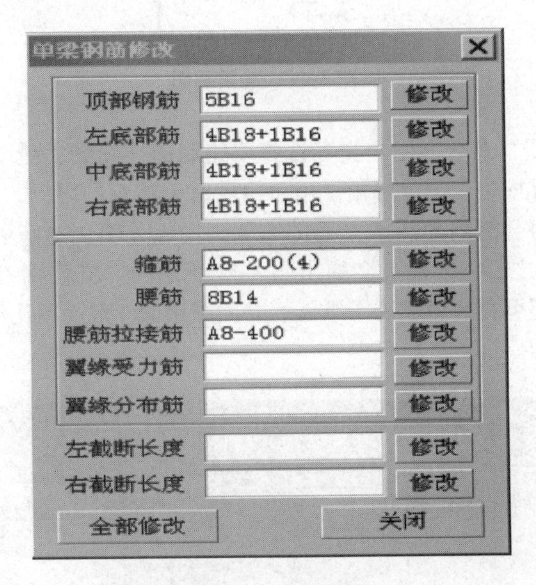

图 8-39　单梁改筋

（3）“原位改筋”：手动选择要修改的原位标注钢筋，然后在图 8-40 中的对话框中完成修改。

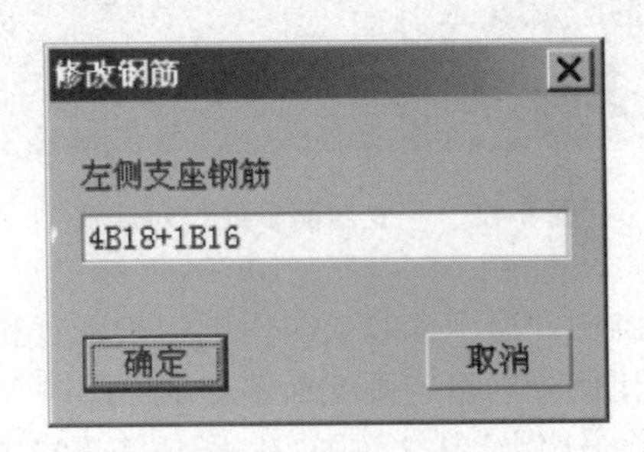

图 8-40　原位改筋

（4）“附加箍筋”：程序自动计算附加箍筋，并生成附加箍筋标注。

（5）“删附加箍筋”：手动选择要已经标注的附加箍筋，删除钢筋。

（6）“附箍全删”：一次全部删除图中已经标注的附加箍筋。

7. 选画梁图

当单击该菜单项后，程序进行连梁立剖面图的绘制，并出现图 8-41 的菜单。

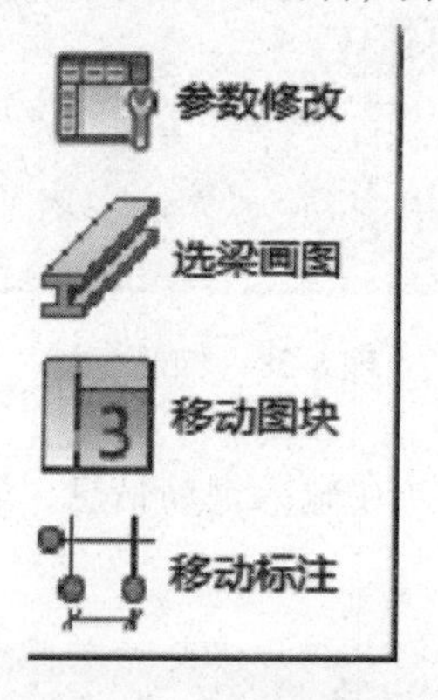

图 8-41　选梁画图

首先执行“选梁画图”命令，用户交互选择要绘制的连续梁，程序用红线标示将要出图的梁，一次选择的梁均会在同一张图上输出。由于出图时受图幅的限制，一次选择的梁不宜过多，否则布置图面时，软件将会把剖面图或立面图布置到图纸外面。选好梁后，单击鼠标右键或按 Esc 键，结束梁的选择。之后，屏幕上会弹出图 8-42 所示的“立剖面参数”对话框，用户可根据需求输入参数。用户还可在这里输入图纸号、立面图比例、剖面图比例等参数，程序依据这些参数进行布置图面和画图。

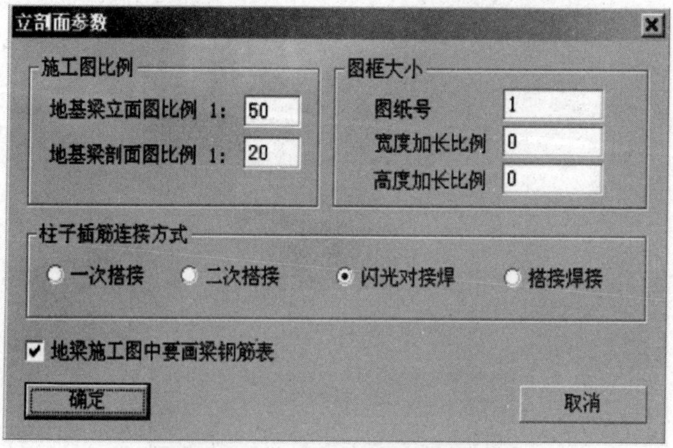

立剖面参数

施工图比例
地基梁立面图比例 1: 50
地基梁剖面图比例 1: 20

图框大小
图纸号 1
宽度加长比例 0
高度加长比例 0

柱子插筋连接方式
一次搭接　二次搭接　闪光对接焊　搭接焊接

地梁施工图中要画梁钢筋表

确定　取消

图 8-42　“立剖面参数”对话框

图纸号：是指用几号图纸画图，这个参数值与图纸加长系数和图纸加宽系数一起确定了图幅大小。立面图比例和剖面图比例分别指定画立面图和剖面图时采用的比例尺，例如图 8-42 中立面图比例为 50 是指用 1∶50 的比例绘制立面图。柱子插筋连接方式参数影响立面图中柱子钢筋的画法。

参数定义完毕后，就可以正式出图了。程序首先要进行图面布置的计算。布图过程中可能会出现某些梁长度过长超出图纸范围的情况，这时软件会提示是否分段。如果选择“分段”，则程序会将此梁分为几段绘制，如果选择“不分段”，则此梁会超出原来选定的图纸范围。布置计算完成后，用户按程序提示输入图名，然后程序会自动绘制出施工图，如图 8-43 所示。

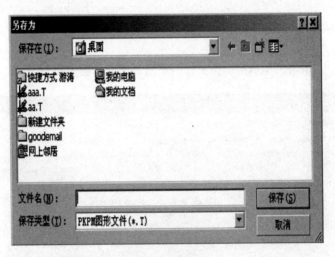

图 8-43　图纸保存

图 8-44 所示是一张立面剖面法绘制的施工图的示例。如果用户觉得自动布置的图面不满足要求，则可使用“参数修改”命令重新设定绘图参数，或使用“移动图块”和“移动标注”命令来调整各个图块和标注的位置，得到自己满意的施工图。

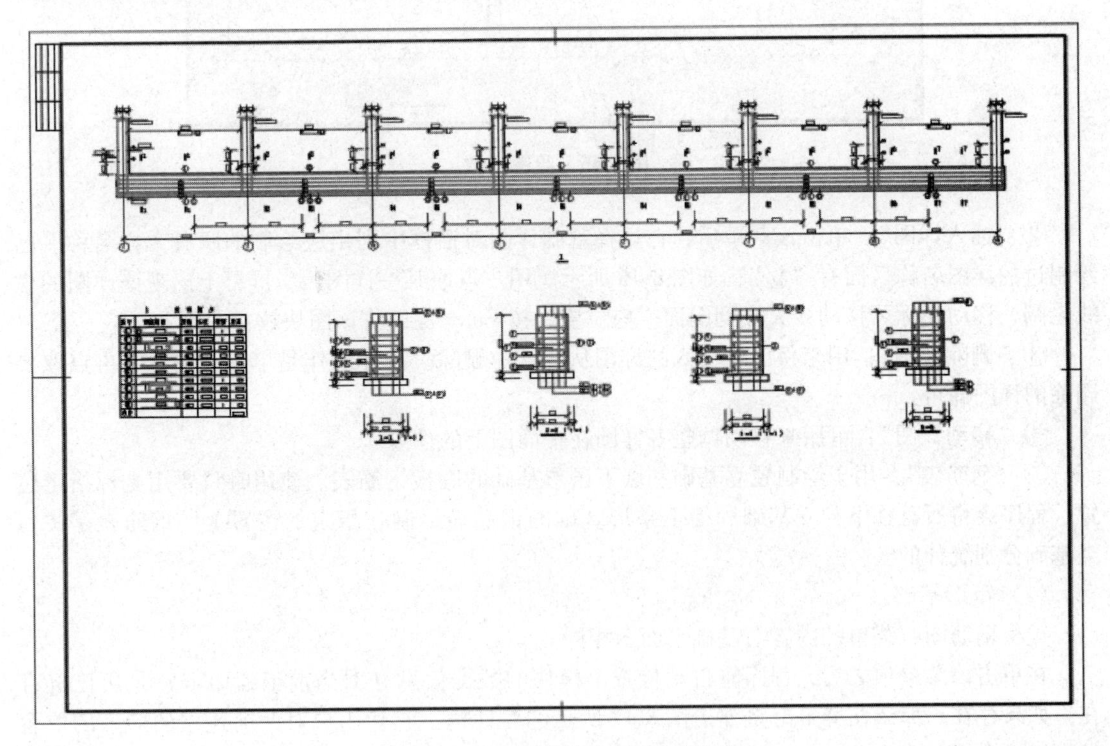

图 8-44　立面剖面法绘制施工图示例

8. 详图与基础详图

“详图”：绘制基础构件细部详图。

“基础详图”：菜单的功能是在当前图中或者新建图中添加绘制独立基础、条形基础、桩承台、桩的大样图。

9. 条形基础与筏形基础

（1）条形基础。各菜单功能如下：

①“绘图参数”：单击该菜单后，弹出详图绘制对话框，如图 8-45 所示。

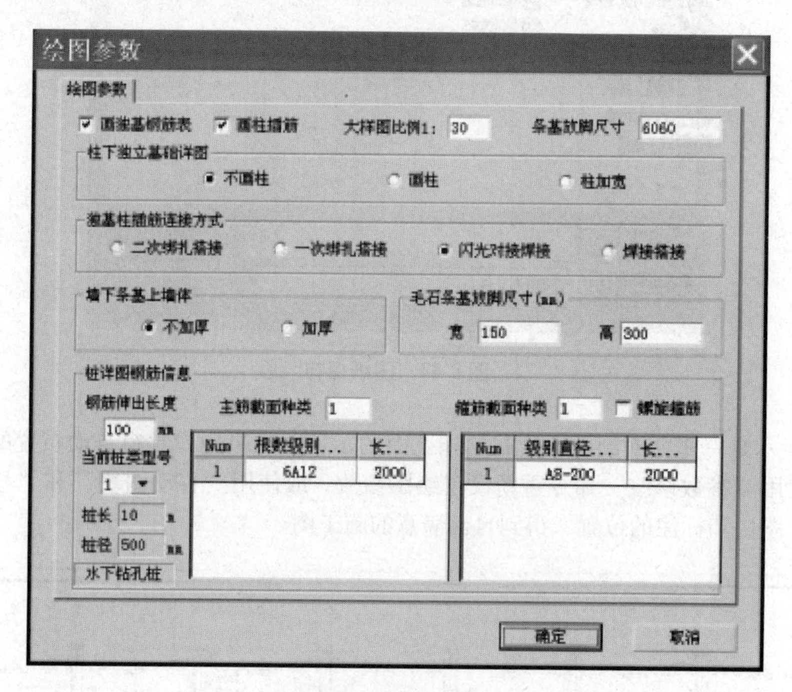

图 8-45　绘图参数

②“插入详图”：单击该菜单后，在选择基础详图对话框中列出应绘制的所有大样名称。已绘制过的详图名称后面有“√”，如图 8-46 所示。用户点取某一详图后，屏幕上出现该详图的虚线轮阔，移动光标可移动该大样到图面空白位置，按 Enter 键即将该图块放在图面上。

③“删除详图”：用来将已经插入的详图从图纸中删除。具体操作是单击菜单后，再点取要删除的详图即可。

④“移动详图”：可用来移动调整各详图在平面图上的位置。

⑤“钢筋表”：用于绘制独立基础和墙下条形基础的底板钢筋表。使用时只要用光标指定位置，程序会将所有柱下独立基础和墙下条形基础的钢筋表绘制在指定的位置上。钢筋表是按每类基础分别统计的。

（2）筏形基础。

筏板钢筋图：菜单的内容与基础平面图相同。

在单击该菜单项之后，程序将自动检查该模块的数据信息（对当前工程而言）是否已经存在。如果存在，那么在屏幕上将弹出图 8-47 所示的对话框，它让用户对此前建立的信息的取舍做出以下选择：

①选择“读取旧数据文件”项，表示此前建立的信息仍然有效。

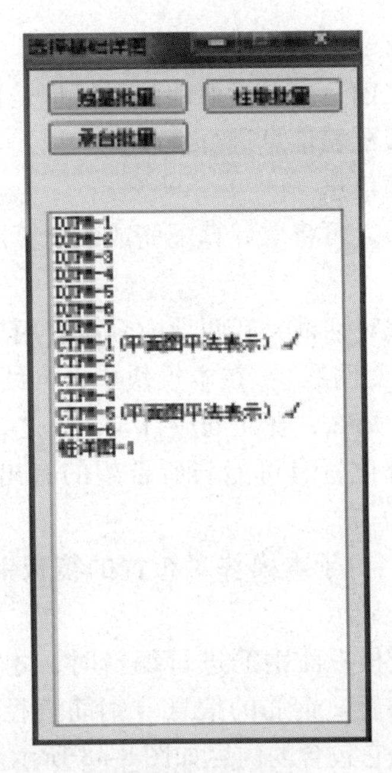

图8-46　插入详图

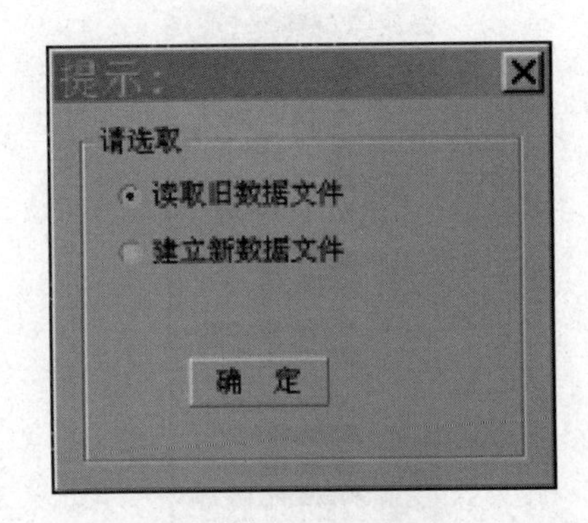

图8-47　筏板钢筋图

②选择“建立新数据文件”项，表示初始化本模块的信息；此前已经建立的信息都无效。

在单击“确认”按钮后，在屏幕上将显示出本模块程序的工作界面。

以下简述各子菜单项的功能：

①设计参数：该菜单项为对话框的操作，它位于屏幕顶部的下拉菜单中，用来让用户设定程序运行中使用的一些内定参数值，现按用途分为五类，即布置钢筋参数、钢筋显示参数、校核参数、统计钢筋量参数和剖面图参数。

注意：这些参数的初值是程序内定的，因此，这些菜单项是否执行，不会影响程序的正常运行（至多影响用户对施工图的满意度）。

②网线编辑：为了方便筏板钢筋的定位，可能需要对基础平面布置图的网线信息作一些编辑处理。只要编辑的网线信息与已布置的钢筋无关，那么，经过网线编辑后，已布置的钢筋信息仍然有效。

③取计算配筋：通过该菜单项，可选择筏板配筋图的配筋信息来自何种筏板计算程序的结果。为使该菜单项能正常运行，在此之前，应在筏板计算程序中执行钢筋实配或交互配筋。

④改计算配筋：该菜单项，有以下三个用途。

其一，可在具体绘制钢筋图之前，查看读取的配筋信息是否正确；

其二，可对计算时生成的筏板配筋信息进行修改；

其三，可在此自定义筏板配筋信息。

⑤画计算配筋：通过该菜单项，可将取计算配筋或改计算配筋中的筏板钢筋信息，直接绘制在平面图上。

单击该菜单项，屏幕上会出现对话框，有两项内容需要用户选择：

“计算程序中设定的区域边线变网线”：在本模块中，网线是钢筋定位的基础，如在计算程序中设定的区域不是已有的网线，那么，在此处应打勾，反之，则可不打勾。对前一种情况，如不打勾，则绘制出的筏板钢筋端部位置有可能与所希望的有出入；对后一种情况，打勾与不打勾，对布筋结果无影响。

“各区域的通长筋展开表示”：由于本模块对布置的筏板钢筋在图面上的显示有两种方法，此项目就是让用户选择用何种方法显示。

⑥布板上筋：只有当需要对筏板板面钢筋进行编辑时，才需要进入该菜单项。通过该菜单项，可以完成对筏板板面钢筋的布置。钢筋的信息（钢筋直径、间距、级别等）是由用户提供的。它与筏板计算结果不相关联，它包含的内容如图 8-48 所示。

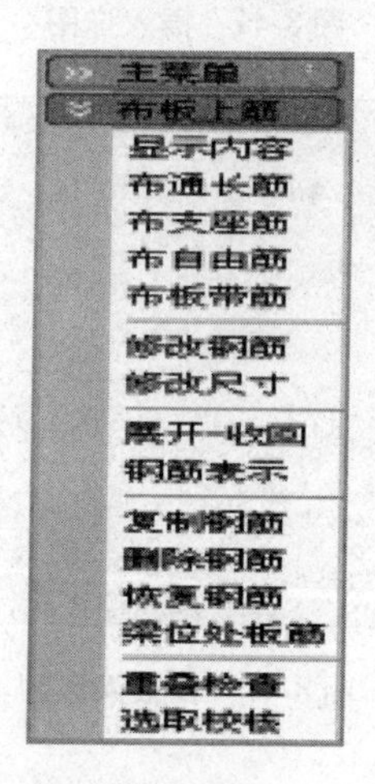

图 8-48　布板上筋

⑦布板中筋：该菜单项用来编辑筏板板厚中间层位置的钢筋。布置的钢筋信息，都需要用户指定（无程序计算选筋的功能）。

⑧布板下筋：通过该菜单项，编辑筏板的板底钢筋，操作步骤同“布板上筋”。

⑨裂缝计算：程序将根据板的实际配筋量，计算出板边界和板跨中的裂缝宽度。

注意：只有梁板式的筏板才有该项功能。

⑩画施工图：通过该菜单项，就可生成筏板配筋施工图，如图 8-49 所示。各菜单的功能具体如下所述：

绘制内容：单击该菜单项，在屏幕上会弹出图 8-50 所示对话框，它要求用户设定当前要绘制的筏板配筋图内容。程序根据用户指定的要求，每组钢筋以单线的形式绘制在平面图上，同时标出该组钢筋的编号、级别、直径、间距等信息。

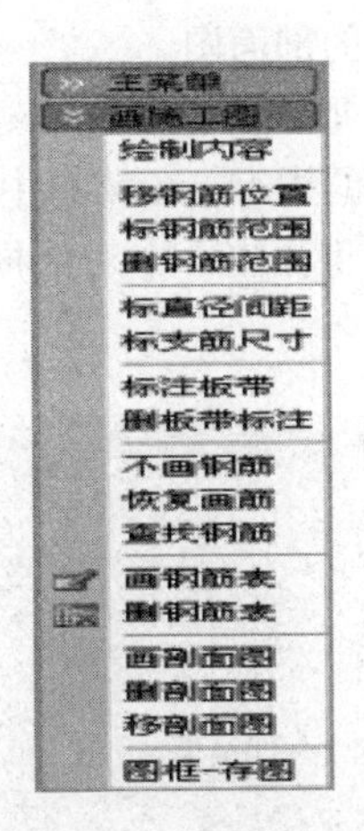

图 8-49 画施工图

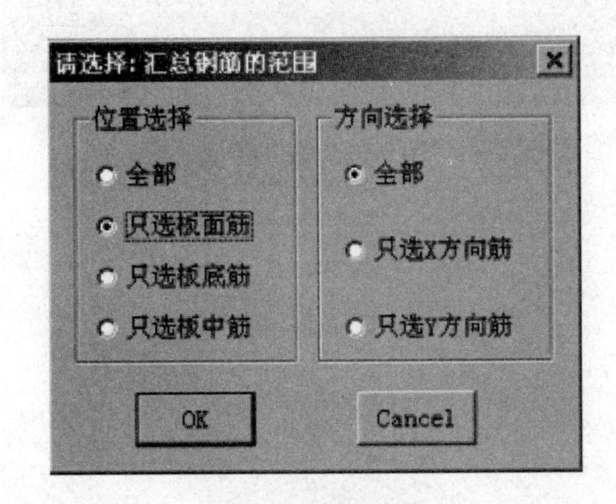

图 8-50 绘制内容

移钢筋位置：通过该菜单项，可以移动平面图上绘制钢筋的位置；不管如何移动，钢筋都不会跑出该钢筋的铺设区域；随着钢筋位置的变动，程序都将反映出新位置钢筋的全貌；如果该钢筋的布置位置已被标注，那么，其标注的信息也随机变动。

标钢筋范围：通过该菜单项，可以标注出某组钢筋的布置位置信息。

删钢筋范围：通过该菜单项，可以删除钢筋的布置位置标注。

标直径间距：对于图面上的钢筋，程序做了统计并给出了各钢筋的编号。对于某一钢筋号，程序只在一处给出钢筋的级别、直径和间距，其余位置只给出钢筋的编号。通过该菜单项，用户可以对钢筋的标注内容进行调整；同时，可对标注位置进行调整。

对于钢筋的标注信息，程序提供了选项，用户可根据实际需要选定标注内容。

标注支筋尺寸：通过该菜单项，程序可标注或删除支座钢筋的尺寸标注信息。

标注板带：用类似标注轴线的方法标出柱上板带和跨中板带的范围。

不画钢筋：可实现指定某些钢筋不会在施工图上画出，但其钢筋信息根据下拉菜单项“钢筋统计参数”中的“钢筋统计”页中参数的选择，决定其是否在钢筋表中出现。

恢复画筋：对菜单项不画钢筋的反向操作。

画钢筋表：对绘制在当前平面图上钢筋进行统计并给出钢筋明细表，钢筋表的位置由用户拖动指定。

画剖面图：该菜单项用来绘制筏板的剖面图。

程序通过用户在平面图上用光标点取两点，画出以这两点连线所在的筏板剖面图。剖面图的剖面号由用户输入；剖面图需要标注的内容，由菜单中的“剖面图参数”中设定的参数决定。

插入图框：单击该菜单项，屏幕上将弹出一个对话框，如图 8-51 所示。用户可根据当前施工图图面的大小，设定采用的图纸。

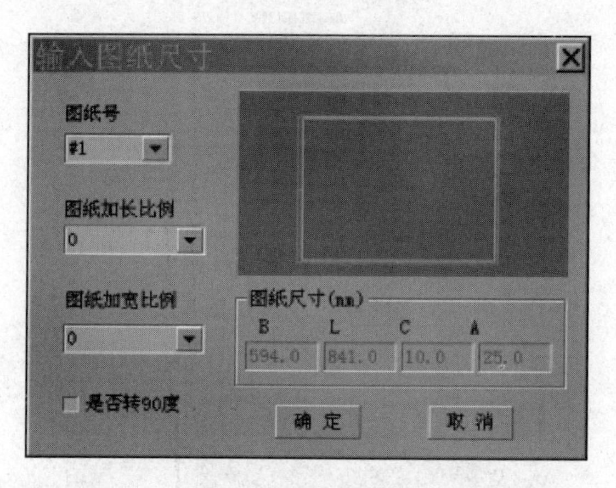

图 8-51　插入图框

参考文献

[1] 云海科技 . PKPM 结构设计新手快速入门 [M] . 北京：化学工业出版社，2013.

[2] 中华人民共和国住房和城乡建设部 . GB 50009—2012 建筑结构荷载规范 [S] . 北京：中国建筑工业出版社，2012.

[3] 中华人民共和国住房和城乡建设部 . GB 50010—2010 混凝土结构设计规范（2015 年版）[S] . 北京：中国建筑工业出版社，2015.

[4] 中华人民共和国住房和城乡建设部 . GB 50011—2010 建筑抗震设计规范（2016 年版）[S] . 北京：中国建筑工业出版社，2016.

[5] 中华人民共和国住房和城乡建设部 . GB 50007—2011 建筑地基基础设计规范 [S] . 北京：中国计划出版社，2012.

[6] 中华人民共和国住房和城乡建设部 . JGJ 3—2010 高层建筑混凝土结构技术规程 [S] . 北京：中国建筑工业出版社，2011.

[7] 王文栋 . 混凝土结构构造手册 [M] . 3 版 . 北京：中国建筑工业出版社，2003.

[8] 郁彦 . 高层建筑结构概念设计 [M] . 北京：中国铁道出版社，1999.

[9] 住房和城乡建设部工程质量安全监督司 . 全国民用建筑工程设计技术措施——结构（结构体系）[S] . 北京：中国计划出版社，2014.

[10] 中国建筑科学研究院 PKPMCAD 工程部 . PMCAD 用户手册及技术条件（2019 年版）[M] . 2019.

[11] 中国建筑科学研究院 PKPMCAD 工程部 . PKPM 结构系列软件用户手册及技术条件（2019 版）[M] . 2019.

[12] 姜学诗 . SATWE 结构整体计算时设计参数的合理选取 [J] . 建筑结构，2012（1）.

[13] 朱炳寅，娄宇，杨琦 . 建筑地基基础设计方法及实例分析 [M] . 2 版 . 北京：中国建筑工业出版社，2013.

[14]《建筑地基基础设计规范理解与应用》编委会 . 建筑地基基础设计规范理解与应用 [M] . 2 版 . 北京：中国建筑工业出版社，2012.

参考文献

[1] [illegible]

[2] [illegible]

[3] [illegible]

[4] [illegible]

[5] [illegible]

[6] [illegible]

[7] [illegible]

[8] [illegible]

[9] [illegible]

[10] [illegible]

[11] [illegible]

[12] [illegible]